全国高等职业教育规划教材

Windows Server 2008
操作系统应用教程

主编　汪荣斌

参编　芮素娟　肖　雪

机械工业出版社

编写本书的目的是使读者了解 Windows Server 2008 操作系统的应用与管理的基础知识。全书共分为 11 章，涉及到 Windows Server 2008 概述与安装、用户界面及基本操作、控制面板、管理账户与组策略、Windows 系统工具、系统管理与优化、硬件安装与管理、管理打印服务、Windows 系统注册表管理、Windows PowerShell 的使用，Windows PowerShell 编程初步等知识。这些知识基本涵盖了 Windows Server 2008 操作系统的基本操作与管理知识。

在内容编排上，尽量减少理论描述，增加实际操作过程的内容。书中采用以实现具体操作任务的形式，描述了利用 Windows Server 2008 进行系统管理和使用系统的详细步骤。同时书中配有大量操作图片，进一步增强了本书的可读性和易学性。

本书主要作为高职高专院校、短期培训班等开设的 Windows Server 2008 操作系统基础课程使用，也可作为广大的初学者及计算机类专业的 Windows Server 2008 操作系统基础教育培训使用。

本书配套授课电子课件，需要的教师可登录 www.cmpedu.com 免费注册、审核通过后下载，或联系编辑索取（QQ：81922385，电话：010-88379739）。

图书在版编目（CIP）数据

Windows Server 2008 操作系统应用教程 / 汪荣斌主编. —北京：机械工业出版社，2010.6

（全国高等职业教育规划教材）

ISBN 978-7-111-31052-5

Ⅰ．①W…　Ⅱ．①汪…　Ⅲ．①服务器—操作系统（软件），Windows Server 2008—高等学校：技术学校—教材　Ⅳ．①TP316.86

中国版本图书馆 CIP 数据核字（2010）第 115678 号

机械工业出版社（北京市百万庄大街 22 号　邮政编码 100037）

责任编辑：鹿　征

责任印制：杨　曦

北京市朝阳展望印刷厂印刷

2010 年 9 月第 1 版·第 1 次印刷

184mm×260mm·20 印张·495 千字

0001-3000 册

标准书号：ISBN 978-7-111-31052-5

定价：32.00 元

出 版 说 明

根据《教育部关于以就业为导向深化高等职业教育改革的若干意见》中提出的高等职业院校必须把培养学生动手能力、实践能力和可持续发展能力放在突出的地位，促进学生技能的培养，以及教材内容要紧密结合生产实际，并注意及时跟踪先进技术的发展等指导精神，机械工业出版社组织全国近 60 所高等职业院校的骨干教师对在 2001 年出版的"面向 21 世纪高职高专系列教材"进行了全面的修订和增补，并更名为"全国高等职业教育规划教材"。

本系列教材是由高职高专计算机专业、电子技术专业和机电专业教材编委会分别会同各高职高专院校的一线骨干教师，针对相关专业的课程设置，融合教学中的实践经验，同时吸收高等职业教育改革的成果而编写完成的，具有"定位准确、注重能力、内容创新、结构合理和叙述通俗"的编写特色。在几年的教学实践中，本系列教材获得了较高的评价，并有多个品种被评为普通高等教育"十一五"国家级规划教材。在修订和增补过程中，除了保持原有特色外，针对课程的不同性质采取了不同的优化措施。其中，核心基础课的教材在保持扎实的理论基础的同时，增加实训和习题；实践性较强的课程强调理论与实训紧密结合；涉及实用技术的课程则在教材中引入了最新的知识、技术、工艺和方法。同时，根据实际教学的需要对部分课程进行了整合。

归纳起来，本系列教材具有以下特点：

1）围绕培养学生的职业技能这条主线来设计教材的结构、内容和形式。

2）合理安排基础知识和实践知识的比例。基础知识以"必需、够用"为度，强调专业技术应用能力的训练，适当增加实训环节。

3）符合高职学生的学习特点和认知规律。对基本理论和方法的论述要容易理解、清晰简洁，多用图表来表达信息；增加相关技术在生产中的应用实例，引导学生主动学习。

4）教材内容紧随技术和经济的发展而更新，及时将新知识、新技术、新工艺和新案例等引入教材。同时注重吸收最新的教学理念，并积极支持新专业的教材建设。

5）注重立体化教材建设。通过主教材、电子教案、配套素材光盘、实训指导和习题及解答等教学资源的有机结合，提高教学服务水平，为高素质技能型人才的培养创造良好的条件。

由于我国高等职业教育改革和发展的速度很快，加之我们的水平和经验有限，因此在教材的编写和出版过程中难免出现问题和错误。我们恳请使用这套教材的师生及时向我们反馈质量信息，以利于我们今后不断提高教材的出版质量，为广大师生提供更多、更适用的教材。

机械工业出版社

前　言

操作系统是计算机的灵魂，在当今计算机普及的年代，掌握并运用操作系统已经成为每个计算机使用者的基础能力之一。在目前市场上，常见并为大家所熟悉的操作系统是 Microsoft 公司的 Windows 系列操作系统。目前 Microsoft 公司已推出 Windows Server 2008 新一代服务器版视窗操作系统。在新系统中，Microsoft 融合和创新了许多新的功能和应用，使操作系统的功能得到进一步的提升，而管理和使用却变得简单易用。

本书共分 11 章，内容包括 Windows Server 2008 概述与安装、用户界面及基本操作、控制面板、管理账户与组策略、Windows 系统工具、系统管理与优化、硬件安装与管理、管理打印服务、Windows 系统注册表管理、Windows PowerShell 的使用、Windows PowerShell 编程初步。每个章节的内容都是以贴合实际应用、深入浅出的方式介绍了 Windows Server 2008 操作系统的基础使用与日常管理。在内容编排上以实现具体操作任务的形式，详细介绍系统操作的实用知识，读者可以通过这些具体任务的学习，达到举一反三、触类旁通的效果。同时书中配有大量操作图片以提高可读性和易学性。此外为适应教学，每章后均配有适当的实训，以帮助读者提高应用能力。

本书的特点是详解了 Windows Server 2008 操作系统的基本知识，突出操作系统的应用与管理技能的内容，同时也为计算机类操作系统基础教育提供了一个知识平台。在知识结构上，各个章节既有联系，又相互独立，这为学校和培训单位灵活组织教学内容提供了基础。在内容剪裁上，本书尽力做到去繁就简、图文并茂、深入浅出，体现以动手应用、能力培养为目标的特色。

本书由汪荣斌任主编，芮素娟、肖雪参编。其中芮素娟负责第 3、4、5 章的编写，肖雪负责第 6、7、8 章的编写，汪荣斌负责其余各章的编写并负责全书的统稿。在筹划到编写过程中，得到了重庆大学计算机系胡世熙副教授，重庆电子工程职业学院包华林副院长、刘昌明主任等的关心和支持，李林、李法平等也对本书的架构设计提出了积极的建议，在此表示感谢！

由于编者水平有限，书中难免存在疏漏和不足之处，恳请广大读者批评指正。

编　者

目　　录

出版说明
前言
第 1 章　Windows Server 2008 概述
　　　　 与安装 ·························· 1
　1.1　Windows Server 2008 概述 ······ 1
　　1.1.1　Windows Server 2008 产品
　　　　　 介绍 ····················· 1
　　1.1.2　Windows Server 2008 新
　　　　　 特性 ····················· 2
　1.2　Windows Server 2008 安装 ······ 4
　　1.2.1　硬件要求 ················· 4
　　1.2.2　操作系统安装准备 ········· 4
　　1.2.3　安装 Windows Server 2008 · 7
　　1.2.4　Windows Server 2008 的
　　　　　 登录与退出 ············· 12
　1.3　实训 ····················· 13
　1.4　习题 ····················· 13
第 2 章　用户界面及基本操作 ········· 14
　2.1　个性化 ····················· 14
　　2.1.1　Windows 颜色和外观 ······· 17
　　2.1.2　桌面背景 ················· 17
　　2.1.3　屏幕保护 ················· 20
　　2.1.4　声音 ····················· 20
　　2.1.5　鼠标指针 ················· 21
　　2.1.6　主题 ····················· 21
　　2.1.7　显示设置 ················· 21
　2.2　计算机和资源管理器 ········· 22
　　2.2.1　文件与文件夹概念 ········· 22
　　2.2.2　管理文件与文件夹 ········· 26
　　2.2.3　文件的安全 ············· 30
　2.3　"开始"菜单与任务栏 ········· 34
　　2.3.1　任务栏的操作 ··········· 35
　　2.3.2　"开始"菜单的操作 ········· 37
　　2.3.3　通知区域设置 ··········· 41

　　2.3.4　工具栏 ················· 42
　2.4　窗口及窗口操作 ············· 43
　　2.4.1　窗口的基本知识 ········· 43
　　2.4.2　鼠标的基本操作 ········· 44
　　2.4.3　窗口操作 ··············· 44
　　2.4.4　对话框的操作 ··········· 48
　2.5　网络配置与上网 ············· 51
　　2.5.1　网卡安装与设置 ········· 51
　　2.5.2　网络环境配置 ··········· 55
　　2.5.3　浏览网页操作简介 ······· 58
　2.6　实训 ····················· 60
　2.7　习题 ····················· 60
第 3 章　控制面板 ················· 62
　3.1　控制面板概述 ············· 62
　3.2　辅助选项 ················· 63
　　3.2.1　键盘选项 ··············· 64
　　3.2.2　鼠标选项 ··············· 65
　　3.2.3　声音选项 ··············· 66
　　3.2.4　显示选项 ··············· 67
　3.3　添加硬件 ················· 68
　　3.3.1　即插即用设备 ··········· 68
　　3.3.2　需要安装设备 ··········· 69
　　3.3.3　硬件设备常见故障与
　　　　　 排除 ················· 69
　3.4　软件安装与卸载 ··········· 74
　　3.4.1　安装新软件 ··········· 74
　　3.4.2　更改或删除软件 ········· 76
　　3.4.3　添加或删除 Windows
　　　　　 组件 ················· 77
　3.5　设置系统时间与日期 ······· 79
　3.6　设置字体 ················· 81
　　3.6.1　字体基本知识 ··········· 81

3.6.2 安装新字体 ……………… 81
3.6.3 删除字体 …………………… 82
3.6.4 选用字体示例 ……………… 82
3.7 键盘与鼠标设置 ……………… 83
3.8 电源设置 …………………………… 85
3.9 系统设置 …………………………… 88
3.9.1 "计算机名"选项卡 ……… 88
3.9.2 "高级"选项卡 …………… 88
3.9.3 "远程"选项卡 …………… 91
3.10 实训 ……………………………… 92
3.11 习题 ……………………………… 92
第4章 管理账户与组策略 ……… 94
4.1 管理用户账户 …………………… 94
4.1.1 用户账户简介 ……………… 94
4.1.2 创建用户账户 ……………… 94
4.1.3 为用户账户更改属性 ……… 96
4.1.4 管理用户账户 ……………… 99
4.2 管理组账户 ……………………… 102
4.2.1 组简介 …………………… 102
4.2.2 建立本地组 ……………… 102
4.3 组策略 …………………………… 103
4.3.1 组策略简介 ……………… 103
4.3.2 组策略结构 ……………… 106
4.3.3 组策略应用 ……………… 106
4.3.4 组策略管理 ……………… 113
4.4 实训 ……………………………… 114
4.5 习题 ……………………………… 114
第5章 Windows 系统工具 ……… 115
5.1 系统备份 ………………………… 115
5.1.1 备份系统 ………………… 118
5.1.2 还原系统 ………………… 120
5.1.3 备份、还原高级选项 …… 121
5.2 磁盘维护 ………………………… 123
5.2.1 磁盘清理 ………………… 123
5.2.2 磁盘碎片整理 …………… 123
5.3 系统信息 ………………………… 124
5.3.1 显示系统信息数据 ……… 125
5.3.2 保存系统信息数据 ……… 125
5.3.3 系统信息工具 …………… 126

5.4 计算机管理 ……………………… 127
5.5 系统配置实用程序 ……………… 130
5.6 实训 ……………………………… 131
5.7 习题 ……………………………… 131
第6章 系统管理与优化 ………… 132
6.1 系统监视简介 …………………… 132
6.1.1 性能日志和警报概述 …… 133
6.1.2 性能数据的范围 ………… 133
6.1.3 数据收集器集 …………… 134
6.2 性能监视工具 …………………… 135
6.2.1 系统监视器 ……………… 135
6.2.2 性能日志和警报 ………… 140
6.3 事件查看器 ……………………… 143
6.3.1 查看日志 ………………… 144
6.3.2 设置事件查看器 ………… 146
6.4 任务管理器 ……………………… 148
6.4.1 "应用程序"选项卡 …… 149
6.4.2 "性能"选项卡 ………… 150
6.4.3 "进程"选项卡 ………… 151
6.5 优化系统 ………………………… 151
6.5.1 增大虚拟内存 …………… 152
6.5.2 故障恢复 ………………… 154
6.6 实训 ……………………………… 155
6.7 习题 ……………………………… 155
第7章 硬件安装与管理 ………… 157
7.1 添加硬件 ………………………… 158
7.1.1 系统自动安装新硬件 …… 159
7.1.2 手工添加新硬件 ………… 159
7.1.3 非即插即用硬件安装 …… 160
7.2 卸载硬件 ………………………… 160
7.3 配置硬件属性 …………………… 161
7.3.1 查看硬件常规属性 ……… 162
7.3.2 改变驱动程序 …………… 164
7.3.3 改变资源分配 …………… 165
7.4 解决硬件冲突 …………………… 166
7.4.1 使用"添加/删除硬件"
解决冲突 ………………… 166
7.4.2 卸载后重新安装 ………… 166
7.4.3 更改驱动程序 …………… 167

	7.4.4 改变设备资源分配………	167
7.5	实训 ……………………………	167
7.6	习题 ……………………………	168
第 8 章	**管理打印服务** ………………	169
8.1	打印简介 ………………………	169
	8.1.1 打印术语 ………………	170
	8.1.2 打印配置 ………………	170
8.2	设置打印机 ……………………	172
	8.2.1 安装本地打印机 ………	172
	8.2.2 安装网络打印机 ………	176
	8.2.3 共享已经存在的打印机 …	177
8.3	管理网络打印机 ………………	178
	8.3.1 访问打印机 ……………	178
	8.3.2 管理打印机 ……………	179
	8.3.3 管理文档 ………………	179
	8.3.4 通过 Web 浏览器管理	
	打印机……………………	180
	8.3.5 安装打印机池 …………	181
	8.3.6 设置打印优先级 ………	183
	8.3.7 常见打印故障诊断………	185
8.4	连接网络打印机 ………………	185
	8.4.1 使用"添加打印机"	
	向导 ……………………	185
	8.4.2 使用 Web 浏览器 ………	186
	8.4.3 下载打印机驱动程序………	187
8.5	实训 ……………………………	187
8.6	习题 ……………………………	188
第 9 章	**Windows 系统注册表**	
	管理 …………………………	189
9.1	注册表基础 ……………………	189
	9.1.1 注册表概述 ……………	189
	9.1.2 注册表结构 ……………	190
	9.1.3 编辑注册表 ……………	191
	9.1.4 维护注册表 ……………	195
9.2	常见注册表使用实例 …………	199
	9.2.1 系统设置类 ……………	199
	9.2.2 系统安全设置类 ………	204
	9.2.3 注册表优化 ……………	207
9.3	实训 ……………………………	209

9.4	习题 ……………………………	209
第 10 章	**Windows PowerShell 的**	
	使用 …………………………	210
10.1	Windows PowerShell	
	简介 …………………………	210
10.2	Windows PowerShell 安装与	
	运行 …………………………	213
	10.2.1 Windows PowerShell 的	
	安装 …………………	213
	10.2.2 Windows PowerShell 的	
	运行与关闭……………	215
10.3	Windows PowerShell	
	基本概念 ……………………	217
	10.3.1 命令格式综述 …………	217
	10.3.2 命令类型 ……………	219
	10.3.3 获取命令信息的命令 …	221
	10.3.4 获取命令帮助的命令 …	223
	10.3.5 别名 …………………	225
	10.3.6 使用 Tab 扩展 ………	228
10.4	对象管道 ……………………	229
	10.4.1 了解 Windows PowerShell	
	管道 …………………	229
	10.4.2 查看对象结构 …………	230
	10.4.3 使用命令格式更改	
	输出 …………………	232
	10.4.4 使用输出命令重定向	
	数据 …………………	237
10.5	Windows PowerShell	
	导航 …………………………	240
	10.5.1 管理当前位置 …………	241
	10.5.2 管理 Windows PowerShell	
	驱动器 ………………	244
	10.5.3 处理文件、文件夹和	
	注册表项 ……………	247
	10.5.4 直接对项进行操作 ……	250
10.6	使用 Windows PowerShell	
	管理计算机 …………………	254
	10.6.1 使用进程 Cmdlet 管理	
	进程 …………………	254

10.6.2　收集计算机信息 ……… 257

10.6.3　处理软件安装 ………… 262

10.6.4　处理文件和文件夹 …… 265

10.6.5　处理注册表项 ………… 268

10.6.6　处理注册表条目 ……… 270

10.7　实训 ……………………… 274

10.8　习题 ……………………… 274

第 11 章　Windows PowerShell 编程

初步 ………………… 275

11.1　Windows PowerShell 数据

类型概述 ……………… 275

11.1.1　Windows PowerShell

变量 ………………… 275

11.1.2　字符串类型 …………… 277

11.1.3　数值类型 ……………… 281

11.1.4　集合类型——哈希表 … 282

11.1.5　集合类型——数组 …… 286

11.2　运算符与表达式 ………… 290

11.2.1　算术运算符 …………… 290

11.2.2　赋值运算符 …………… 293

11.2.3　比较运算符 …………… 294

11.2.4　逻辑运算符 …………… 297

11.3　流程控制语句 …………… 298

11.3.1　分支语句 ……………… 298

11.3.2　循环语句 ……………… 300

11.4　函数定义与调用 ………… 303

11.5　实训 ……………………… 308

11.6　习题 ……………………… 308

参考文献 ……………………… 310

第1章　Windows Server 2008 概述与安装

本章要点：
- Windows Server 2008 的版本与特性
- Windows Server 2008 的安装介绍

1.1　Windows Server 2008 概述

Microsoft Windows Server 2008 代表了下一代 Windows Server 操作系统。由于 Windows Server 2008 加强了对服务器和网络基础结构的控制能力，从而使 IT 专业人员可重点关注关键业务的需求。Windows Server 2008 通过加强操作系统和保护网络环境提高了安全性。它通过加快 IT 系统的部署与维护，使服务器和应用程序的合并与虚拟化更加简单，同时也为组织服务器和网络基础结构奠定了较好的基础。

1.1.1　Windows Server 2008 产品介绍

Windows Server 2008 有多种发行版本，以支持各种规模的企业对服务器不断变化的需求，如下所述。

1）Windows Server 2008 Standard（标准版）：Windows Server 2008 Standard 是迄今最稳固的 Windows Server 操作系统，其内建的强化 Web 和虚拟化功能，是专为增加服务器基础架构的可靠性和弹性而设计的，从而可节省时间及降低成本。利用其功能强大的工具，使用户拥有更佳的服务器控制能力，并简化设定和管理工作，而增强的安全性功能则可强化操作系统，以协助保护数据和网络，并可为用户提供扎实且高度信赖的基础。

2）Windows Server 2008 Enterprise（企业版）：Windows Server 2008 Enterprise 可提供企业级的平台，部署关键性的业务应用程序。其所具备的丛集和热新增（Hot-Add）处理器功能，可协助改善可用性，而整合的身份识别管理功能，可协助改善安全性，利用虚拟化授权权限整合应用程序，则可减少基础架构的成本。因此 Windows Server 2008 Enterprise 能为高度动态、可扩充的 IT 基础架构提供良好的基础。

3）Windows Server 2008 Datacenter（数据中心版）：Windows Server 2008 Datacenter 所提供的企业级平台，可在小型和大型服务器上部署关键性的业务应用程序及大规模的虚拟化。其所具备的丛集和动态硬件分割功能，可改善可用性，而利用无限制的虚拟化授权权限整合而成的应用程序，则可减少基础架构的成本。此外，此版本可支持最多 64 颗处理器，而最新版本 Windows Server 2008 SP2（目前处于 β 测试阶段）最多可支持 256 颗处理器，因此 Windows Server 2008 Datacenter 能够提供良好的基础，用以建置企业级虚拟化以及扩充解决方案。

4）Windows Server 2008 Web 版：Windows Server 2008 Web 是特别为单一用途的 Web 服

1

务器而设计的系统，其整合了重新设计架构的 IIS（Internet 信息服务）7.0、ASP.NET 和 Microsoft .NET Framework，以便任何企业能够快速部署网页、网站、Web 应用程序和 Web 服务。

5）Windows Server 2008 for Itanium-Based System（基于 Itanium 的系统 Windows Server 2008 企业版）：Windows Server 2008 for Itanium-Based System 已针对大型数据库、各种企业和自订应用程序进行最佳化，可提供高可用性和多达 64 颗处理器的可扩充性，能符合高要求且具关键性的解决方案的需求。

6）Windows Server 2008 HPC 版：Windows Server 2008 HPC 具备主流的高性能计算（HPC）特性，为高生产力的 HPC 环境提供企业级的工具，由于其建立于 Windows Server 2008 及 64 位技术上，因此可有效地扩充至数以千计的处理核心，并可提供管理主控台，协助用户主动监督和维护系统健康状况及稳定性。其具备的工作进程互通性和弹性，可让 Windows 和 Linux 的 HPC 平台进行整合，亦可支持批次作业以及服务导向架构（SOA）工作负载，而增强可扩充的效能以及容易使用等特色，则可使 Windows Server 2008 HPC 成为同级中最佳的 Windows 环境。

此外，Windows Server 2008 还包括不支持 Windows Server Hyper-V 技术的三个版本：Windows Server 2008 Standard without Hyper-V、Windows Server 2008 Enterprise without Hyper-V 和 Windows Server 2008 Datacenter without Hyper-V。

1.1.2　Windows Server 2008 新特性

Windows Server 2008 带有内置式网络和虚拟化技术，使企业能够有效提高服务器基础设施的可靠性和灵活性。虚拟化工具、网络资源以及强大的安全保障，可以帮助企业节省时间，降低成本，并提供一个更加简单优化的数据中心平台。功能强大的 Windows Server 2008，包含了诸多应用如 IIS 7.0 和服务器管理，提供了更多的控制服务器，从而简化网络、配置和管理任务。以下是 Windows Server 2008 的 11 大特征。

1．Hyper-V 虚拟技术

大多数服务器在运行时，其资源利用率都非常低，一般一台服务器的资源平均利用率仅 10%～20%。利用 Microsoft 的 Hyper-V 虚拟技术，Windows Server 2008 提供了很好的虚拟化解决方案，在一台服务器上可以运行相当于多台服务器上运行的企业服务。Hyper-V 虚拟技术帮助企业用户达到最佳硬件资源利用率，并提供所需的灵活性，以适应不断变化的需要。新的管理工具简化了部署过程，并允许 IT 部门管理虚拟服务器，同时利用熟知的工具来管理网络中的服务器。

2．远程用户灵活应用访问

Windows Server 2008 软件改善和创新终端服务与解决方案，如终端服务 RemoteApp（TS RemoteApp），使得用户能够获得个人申请权利，而不是针对一台桌面计算机的在一个终端服务器的协议。这些应用程序运行在服务器，并只将应用程序窗口委派给用户，而且对客户端系统资源要求不高，并且降低管理和部署成本。

3．Server Core

许多网络服务器执行特定专用且关键性任务的角色。Windows Server 2008 软件上新的服务器核心安装选项提供了一个最小的环境运行特定服务器角色。这样既有利于提高可靠性和效率，从而使 IT 部门更好地利用现有的硬件。同时也通过更新不需要的文件和功能简化了同步管理和补丁管理的要求。

新的服务器核心安装选项提供了一个高度可靠的平台，起到了服务器核心负载所需组件的基础设施的作用。

4．网络信息连接与应用

随着网页内容越来越丰富，Web 成为提供商业应用软件一个可行的平台，网络服务器正在向网络中心发展。IIS 7.0 为当今日益增长的内容提供了解决方案，包括流媒体和 Web 应用的开发语言 ASP 以及 PHP。软件的新界面使操作更容易，新模块化设计的 IIS 7.0 能使管理员通过安装需要的组件减少受到的网络攻击。

5．提高网络性能和控制

能否有效地使用带宽对于远程连接服务器的访问有着直接影响，而包含在 Windows Server 2008 中的"下一代"TCP/IP 协议，大幅度提高了性能，提供了更快的吞吐率，并可更有效地路由网络流量。结合使用 Windows Server 2008 及 Windows Vista 操作系统，可以提供超过广域网连接 3 倍的吞吐量。

6．NAP 技术

随着越来越多的移动用户和企业的合作伙伴需要连接到企业网络，为很好保护用户的数据安全不受到外部威胁，使用 NAP（网络访问保护）技术和 Windows Server 2008 软件结合，可有效防止非允许条件下进入网络。

7．支持苛刻工作量的持续商业应用

Windows Server 2008 为大多数苛刻商业解决方案提供增强的可测性，并且通过高可用性以帮助保持非计划停止期的商业运行。通过支持容错群集、网络负载平衡、动态硬盘分区、高级 achine-check 架构，Windows Server 2008 可防止单点失效问题。

8．启用安全协作

企业需要与合作者或客户共享信息，而且不能失去对这些信息的控制。权力管理服务用来组织文件如何被利用——在内部或者外部用户中，哪些用户可以浏览、打印、转发或者删除文件。

9．连接不同环境

Windows Server 2008 包含基于 UNIX 应用程序的子系统（SUA），这个子系统是一个多用户 UNIX 环境，支持超过 300 条 UNIX 命令、应用和 Shell 脚本。用户在 Windows 域和 UNIX 系统中可以使用统一的用户名和密码，当其中一个发生改变时，会自动同步用户证书。SUA 运行于 Windows Server 系统并且没有任何冲突，提供了本地的 UNIX 性能，并且 UNIX 应用程序可以兼容 Windows API 和组件。

10．Top-Shelf 服务器支持远程搭建

远程站点访问，如异地办公成为产品的挑战。当没有专业 IT 人员时，部署软件和更新安全系统变得耗时耗力。Windows Server 2008 通过使用远程管理，使用管理员能够正确、容易地处理很多问题。其中的只读域控制器提供了一种更安全的方式——动态域名来解决远程访问。

11．易操作、自动化 PowerShell 管理

Windows Server 2008 服务器管理控制台提供了统一的服务器配置和系统信息，同时很好

地显示服务器状态并及时发现问题，并管理所有在服务器上安装的软件。基于 SML（Service Modeling Language，服务建模语言）平台，Windows Server 2008 提供了方便用户界面操作的管理软件，使系统管理员在完成任务时减少不必要的浏览安装程序。此外用户管理界面，把软件直接与 PowerShell，命令行和脚本语言并发运行，使得所有服务器管理功能广泛用于界面并可供 PowerShell 脚本调用，甚至可以帮助管理员记录操作步骤。

1.2　Windows Server 2008 安装

安装 Windows Server 2008 操作系统，首先需要了解该操作系统对硬件环境的最低需求，其次要根据用户的使用需要，在安装向导中做出相应的设置选择，以满足当前系统安装需要。

1.2.1　硬件要求

为使 Windows Server 2008 能够更好地进行工作，Microsoft 公司公布了该系统的硬件配置需求如下。

● 处理器：最低 1.0GHz（32 位）或 1.4GHz（64 位），推荐 2.0GHz 或更高。
● 内存：最低 512MB，推荐 2GB 或更多；32 位系统中，标准版支持的最大内存为 4GB，企业版和数据中心版为 64GB；64 位系统中，标准版为 32GB，其他版本为 2TB。
● 硬盘：最少 10GB，推荐 40GB 或更多。内存大于 16GB 的系统需要更多空间用于页面、休眠和转存储文件。

此外，光驱要求 DVD-ROM，显示器要求至少 SVGA 800×600 分辨率或更高。

1.2.2　操作系统安装准备

在计算机上安装操作系统可以通过多种方式实现，如光驱安装、U 盘安装、网络安装、远程安装等。目前用户选择通过光驱安装的方式比较普遍。下面就以光驱安装为例讲解系统安装前的准备工作。

选择用光驱安装操作系统，首先要设置计算机默认启动为光驱启动。而这种设置是通过配置 BIOS 来实现的。

BIOS 是基本输入输出系统（Basic Input and Output System）的英文缩写。BIOS 利用主板上的 CMOS 芯片，记录系统各项硬件设备的设定参数，主要功能为开机自我测试（Power-On Self-Test，POST）、保存系统设定值及加载操作系统等。BIOS 包含了 BIOS 设定程序，供使用者根据需求自行设定系统参数，使计算机正常工作或执行特定的功能。

由于不同的主板拥有不尽相同的 BIOS，所以 BIOS 设置也略有区别，下面是以技嘉 GA- P55A-UD3P 主板为例，讲解 BIOS 配置方法。

【任务 1-1】　通过配置 BIOS 设置光驱为第一启动设备。

（1）打开 BIOS 配置界面

计算机启动后，会出现如图 1-1 所示的界面。

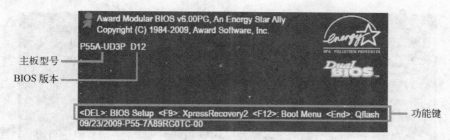

主板型号
BIOS 版本
功能键

图 1-1   计算机开机界面

在图 1-1 中，显示了 4 个功能键，其功能说明如下。

1）"〈DEL〉：BIOS Setup"，这是指键盘上的〈Delete〉键，按下〈Delete〉键则进入 BIOS 设置界面。

2）"〈F9〉：XpressRecovery2"，这是指键盘上的〈F9〉键，其功能是一键还原，即安装系统的目标计算机之前曾使用驱动程序光盘进入一键还原程序（Xpress Recovery2）执行过数据备份，之后即可在图 1-1 画面里按〈F9〉键进入一键还原程序。

3）"〈F12〉：Boot Menu"，其功能是不需进入 BIOS 设定程序就直接设定第一优先开机设备。使用〈h〉或〈i〉键选择要作为第一优先开机的设备，然后按〈Enter〉键确认。按〈Esc〉键可以退出此画面，系统将根据此菜单所设定的设备开机。

4）"〈End〉：Qflash"，按〈End〉键可以不需进入 BIOS 设定程序就能直接进入 BIOS 快速刷新（Q-Flash）。

（2）BIOS 配置主界面

进入 BIOS 设定程序时，便可看到如图 1-2 所示的主画面。在主画面中，用户可以用方向键来选择各种不同的菜单选项，然后通过按〈Enter〉键即可进入到相应的子菜单功能设置界面中。其中各功能键及说明见表 1-1。

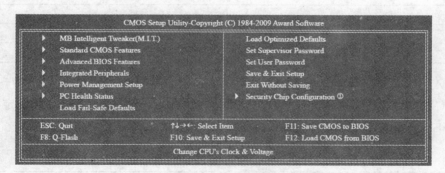

图 1-2   BIOS 主界面

通过键盘上的方向键，选中"Advanced BIOS Features"菜单项，可进入到设置第一优先开机设备界面。

（3）进入设置第一优先开机设置界面

用户可以通过在图 1-1 中按〈F12〉键或在图 1-2 中选择"Advanced BIOS Features"菜单项来进入设置开机设备启动优先次序界面，如图 1-3 所示。

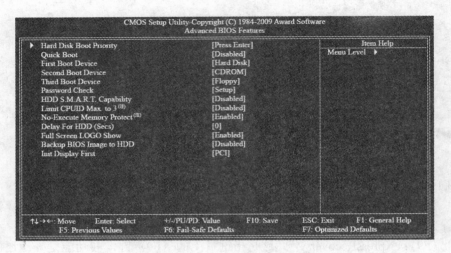

图 1-3　设置计算机设备启动优先次序界面

设置计算机设备启动优先次序界面中的菜单"First Boot Device"用来设置计算机启动第一优先设备；"Second Boot Device"设置计算机启动第二优先的设备；"Third Boot Device"设置计算机启动第三优先的设备。本任务是设定光驱是第一优先启动设备，因此通过方向键选中"First Boot Device"菜单，并按下〈Enter〉键。

表 1-1　BIOS 设置界面功能键

功　能　键	说　　明
〈Esc〉	退出
〈↑〉、〈↓〉、〈←〉、〈→〉	向上、向下、向左或向右移动光标以选择项目
〈F11〉	将 CMOS 内容保存为一个配置文件
〈F8〉	进入 BIOS 快速刷新（Q-Flash）功能
〈F10〉	是否保存设定并退出 BIOS 设定程序
〈F12〉	加载 CMOS 预存的配置文件

在进入设定第一优先启动设备界面中，系统会依次顺序搜寻开机设备以进行开机，按〈↑〉或〈↓〉键选择 CDROM 作为开机的设备，然后按〈Enter〉键确认。可设定的设备如表 1-2 所示。

表 1-2　计算机启动设备列表

设　备　名　称	说　　明
Floppy	设定软盘为优先开机设备
LS120	设定 LS120 磁盘驱动器为优先开机设备
Hard Disk	设定硬盘为优先开机设备
CDROM	设定光驱为优先开机设备
ZIP	设定 ZIP 为优先开机设备
USB-FDD	设定 USB 软盘驱动器为优先开机设备

设 备 名 称	说 明
USB-ZIP	设定 USB ZIP 磁盘驱动器为优先开机设备
USB-CDROM	设定 USB 光驱为优先开机设备
USB-HDD	设定 USB 硬盘为优先开机设备
Legacy LAN	设定网络卡为优先开机设备
Disabled	关闭此功能

（4）退出 BIOS 设置并保存此前的设置

设置好后，通过按〈ESC〉键，直到回到如图 1-2 所示的初始界面，然后选择"Save & Exit Setup"菜单项，并按〈Enter〉键确认，然后按〈Y〉键，如图 1-4 所示。即可保存所有设定结果并退出 BIOS 设定程序。若不想保存，按〈N〉键或〈ESC〉键即可回到主画面中。

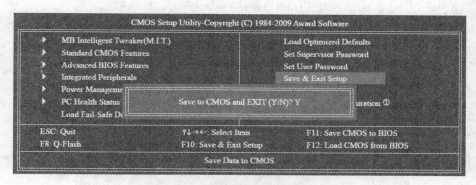

图 1-4 退出并保存 BIOS 设置

1.2.3 安装 Windows Server 2008

任务 1-1 已经设置了计算机以光驱为第一优先启动设备，接着将 Windows Server 2008 操作系统 DVD 光盘放入计算机的光驱中，并启动计算机。下面讲解安装 Windows Server 2008 的完整过程。

【任务 1-2】 通过光驱安装 Windows Server 2008 操作系统。

1）将 Windows Server 2008 操作系统 DVD 光盘放入目标计算机的光驱中，重新启动计算机。启动计算机后，计算机将从光盘中加载安装文件，然后启动安装过程向导。

2）计算机加载安装文件后，将出现如图 1-5 所示的界面，在其中可以选择设置需要安装的语言、时间和货币格式、键盘和输入方法。根据实际需要设置后单击"下一步"按钮。

3）进入准备安装界面，如图 1-6 所示，单击"现在安装"链接即可进入下一步安装。

4）选择需要安装的 Windows Server 2008 版本，在这里选择"Windows Server 2008 Enterprise（完全安装）"，单击"下一步"按钮，如图 1-7 所示。

5）阅读并勾选"我接受许可条款"，单击"下一步"按钮，如图 1-8 所示。

6）选择安装类型，由于采用的是直接安装，所以升级安装被禁用了，如图 1-9 所示。

7）选择安装磁盘及分区路径，如图 1-10 所示。

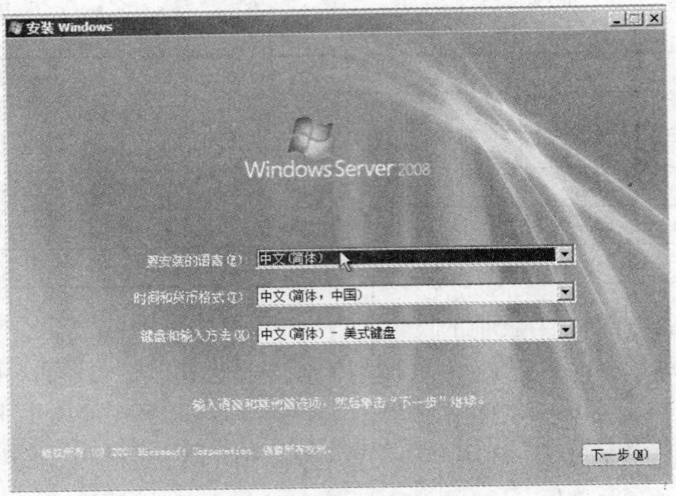

图 1-5　设置语言等格式界面

图 1-6　准备安装界面

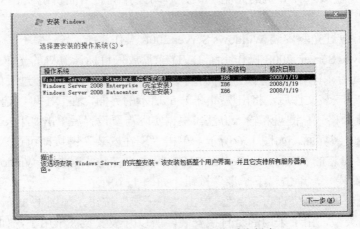

图 1-7　选择要安装的操作系统版本

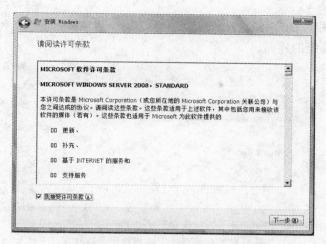

图 1-8 阅读并接受许可条款

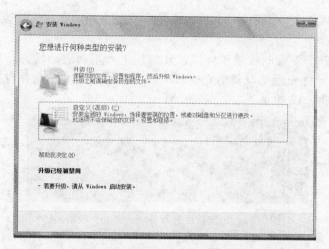

图 1-9 选择安装类型

图 1-10 选择安装磁盘及分区路径

8）在图 1-10 中，确定好安装磁盘后，单击"下一步"按钮便进入如图 1-11 所示的复制系统文件并安装系统的界面。

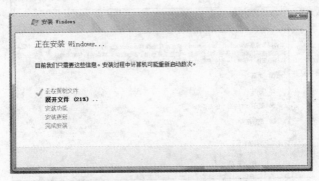

图 1-11　复制系统文件并安装系统界面

在依次完成复制文件、展开文件、安装功能、安装更新、完成安装等过程后，计算机的安装阶段就完成了。

9）完成前面 8 个步骤的安装工作后，计算机进入重新启动状态。这里需要再次设置 BIOS，将计算机第一优先启动设备由光驱启动改为由硬盘启动。保存设置后，系统首次启动呈现的界面，如图 1-12 所示。

图 1-12　用户首次进入系统前需要更改密码

初次使用系统时，系统提示要求用户更改系统的登录密码。单击"确定"按钮后进入设置密码界面，如图 1-13 所示。

图 1-13　创建系统登录密码界面

10）设置 Windows Server 2008 密码的复杂性被加强，要求输入的密码必须至少包含数字字符、大写字母、小写字母、特殊符号（如!、@、#、$、%等）这 4 类中的至少 3 类。否则系统将不接受新设密码。

新密码设置成功后，单击图标![icon]，则系统首次进入操作系统界面。由于是第一次进入 Windows Server 2008 操作系统，因此还需要继续完成初始配置任务和服务器管理两项任务。

11）初始配置任务。初始配置任务是针对计算机系统进行配置的，用户可以通过如图 1-14 所示的配置窗口对计算机网络、时间、键盘、登录用户等进行初设置。如果用户希望下次启动计算机时，"初始配置任务"窗口不打开，可以选中该窗口中的"登录时不显示此窗口"选项。

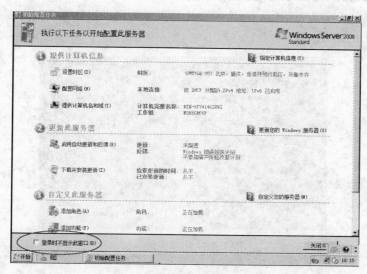

图 1-14　"初始配置任务"窗口

12）设置服务器管理器。当关闭"初始配置任务"窗口后，系统接着自动打开"服务器管理器"窗口，如图 1-15 所示。

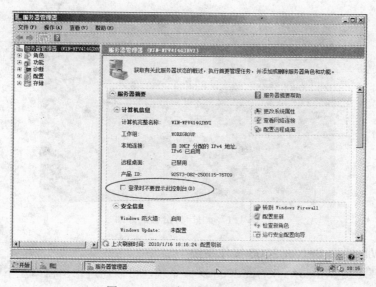

图 1-15　"服务器管理器"窗口

11

"服务器管理器"窗口是针对服务器进行设置的界面。与"初始配置任务"窗口一样，如果用户下次启动计算机时，不想再次看到"服务器管理器"这个窗口，只要选中图 1-15 中的"登录时不要显示此控制台"选项即可。关闭此窗口后，呈现出来的是操作系统的桌面。至此 Windows Server 2008 操作系统安装过程全部完成。

1.2.4 Windows Server 2008 的登录与退出

1. 登录 Windows Server 2008 操作系统

计算机操作系统安装完毕后，再次启动计算机，则进入操作系统时，首先呈现的是用户登录界面，如图 1-16 所示。

图 1-16 用户登录界面

这时用户只要同时按下〈Ctrl〉、〈Alt〉、〈Del〉3 个键，即切换到用户身份验证界面，如图 1-17 所示。

在用户身份验证界面中的输入框中输入首次登录时设置的密码，即可以 Administrator 身份进入系统。

图 1-17 用户身份验证界面

2. 退出 Windows Server 2008 操作系统

用户如果要退出 Windows Server 2008 操作系统，可以通过单击窗口左下方的 ![开始]按钮，在弹出菜单中选择 ![○]按钮或者"关机"菜单即可，如图 1-18 所示。

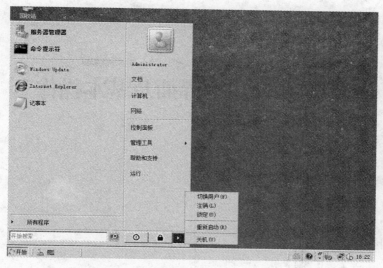

图 1-18 "关机"操作

由于 Windows Server 2008 是一款服务器操作系统，在多数情况下是将当前登录者退出系统而不是停止系统运行。当用户需要停止系统运行时，可以选择"关机"菜单命令；如果需要重新启动计算机，则可选择"重新启动"菜单命令；如果切换当前登录身份，则选择"切换用户"菜单命令；如果只是将当前登录入系统的账户退出系统，则选择执行"注销"菜单命令；如果只是锁定计算机系统，则选择"锁定"菜单命令。

1.3 实训

1．在虚拟机上模拟安装 Windows Server 2008 操作系统。
（1）下载并安装一款虚拟机（如 VMware 虚拟机）。
（2）下载一款试用版 Windows Server 2008 镜像文件。
（3）通过虚拟机安装 Windows Server 2008 操作系统。
2．在裸机上安装 Windows Server 2008 操作系统。
3．在计算机上升级安装 Windows Server 2008 操作系统。

1.4 习题

1．与 Windows Server 2003 相比，Windows Server 2008 系统有哪些新特点？
2．收集 Microsoft 关于 Windows Server 2008 操作系统所发布的新闻，试整理出该系统展现的路线图。
3．自学设置 BIOS，通过 BIOS 设置，实现计算机在进入系统前进行密码验证。
4．对比 Windows Server 2008 系统安装步骤与其他 Windows 系统安装的差异，前者有什么优点？
5．如何设置当前计算机的第一优先启动设备？

第2章 用户界面及基本操作

本章要点：
- 设置用户操作界面
- 管理计算机文件
- 设置窗体的开始菜单与任务栏
- 窗口的基本操作
- 配置网络与上网

正确操纵 Windows Server 2008 系统的界面，是正常使用 Windows Server 2008 操作系统的基础。本章从操作系统窗口、设置窗口外观等基本操作着手，介绍应用 Windows Server 2008 操作系统的基本技能。

2.1 个性化

个性化是指操作系统界面和桌面的设置，是用户根据个性需求设置诸如窗口颜色、字体、桌面背景、声音设置、屏保设置等。

在 Windows Server 2008 中提供了一个名为"个性化"的集成控制台，通过这个"个性化"控制台可以对当前系统的桌面等进行个性设置。

【任务 2-1】 打开个性化控制台。

下面介绍两种常用的打开个性化控制台的方法。

1. 通过桌面弹出式菜单方法打开

1）在桌面空白区域单击鼠标右键，这样会在桌面上显示一个弹出式菜单（又被称为快捷菜单），如图 2-1 所示。

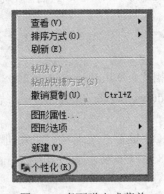

图 2-1 桌面弹出式菜单

2）在弹出式菜单中选择"个性化"选项。

2. 通过控制面板打开

1）打开"开始"菜单。在系统桌面的左下角（一般系统安装后默认的位置），有一个"开始"菜单。单击"开始"菜单，则弹出如图 2-2 所示的弹出式菜单。

图 2-2 从"开始"菜单定位"控制面板"

然后在"开始"菜单中，找到"控制面板"菜单项。

2）单击"控制面板"菜单，则桌面会显现出"控制面板"窗口，如图 2-3 所示。

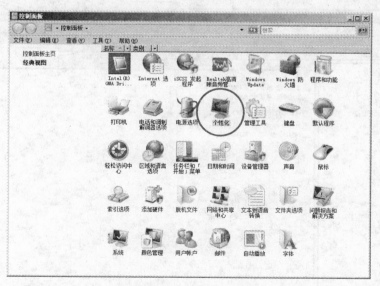

图 2-3 "控制面板"窗口

在"控制面板"窗口中选中"个性化"选项，即可打开"个性化"控制台窗口，如图 2-4 所示。

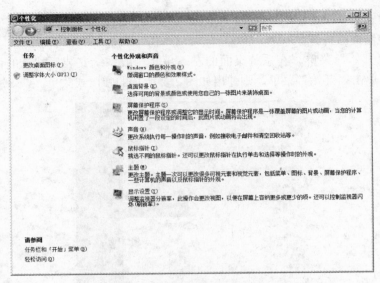

图 2-4 "个性化"控制台窗口

【知识补充】

使用过 Windows Server 2003、Windows XP 等操作系统的用户，会感觉出 Windows Server 2008 操作系统的窗口与以前版本的窗口在布局与外观存在较大的差异。下面对 Windows Server 2008 操作系统的窗口布局进行简要介绍。

如图 2-5 所示，一个窗口大致分为标题栏、导航栏、菜单栏、工具栏、导航窗格和正常工作窗格几个部分。

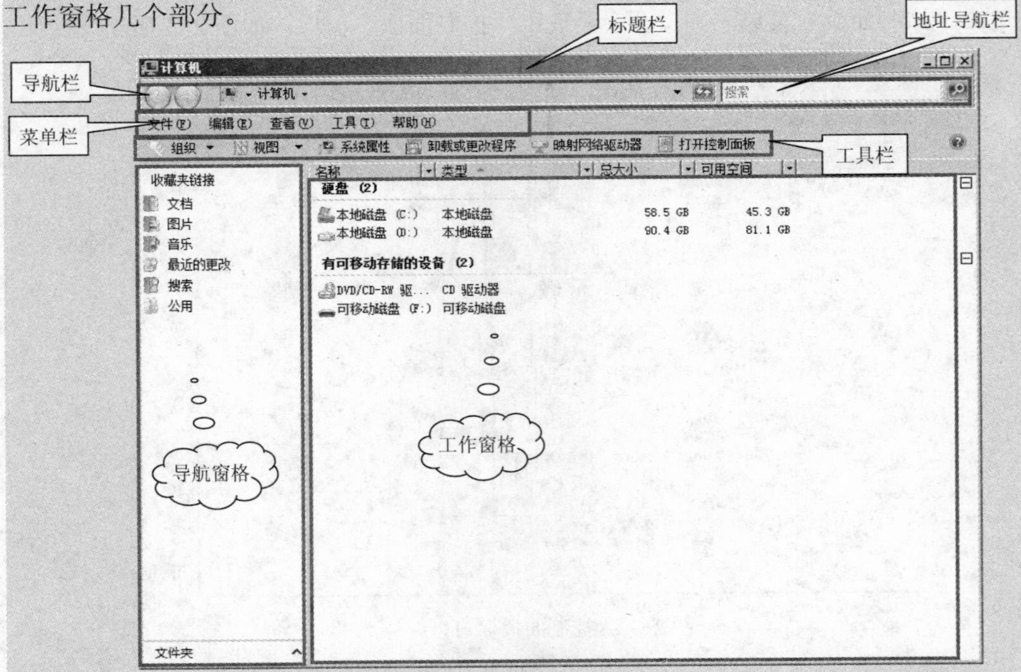

图 2-5 "计算机"窗口

1. 标题栏

在窗口顶部包含窗口名称的水平栏。在许多窗口中，标题栏一般包含程序图标、"最小化"、"最大化"和"关闭"按钮。

2. 导航栏

图标◎用于后退到进入此界面前的界面，图标◎用于前进到当前界面此前退出的界面。例如用户刚开始打开的是"计算机"窗口界面，然后进入到"文档"窗口界面，这时在"文档"窗口中，◎图标就由灰色变成蓝色，成为可用状态。如果此时用户单击◎图标，则当前窗口就由"文档"窗口返回到"计算机"窗口。当用户退回到"计算机"窗口后，则表示前进的图标◎显示为可用状态，如果此时用户单击◎图标，则窗口又返回到"文档"窗口中。

图标 █ ▾ 计算机 ▾   ▾ ◎ 是地址栏，用户在地址栏中输入相应的文档或网页地址并按〈Enter〉键后，系统会直接导航到相应的窗口。其中，◎图标用于刷新窗口内容，▾图标是以下拉的方式打开地址栏。

图标 搜索 ◎ 是搜索文件框。用户在输入框内输入搜索信息后，系统会自动根据用户提供的信息进行搜索，并将搜索出的信息显示在窗口的工作窗格内。

3. 菜单栏

菜单栏是针对当前窗口操作的命令选项的菜单命令集，每个窗口因其工作内容与需求有别，菜单命令也有较大的区别，但大部分窗口都包含有"文件"、"编辑"、"查看"、"帮助"等几个主菜单。用户可以根据自己的操作需要，在菜单项中选择相应的菜单命令进入到相应的操作环境中。

4. 工具栏

工具栏是位图式按钮行的控制条，是一些常用命令快捷方式的位图按钮的集合。Windows Server 2008 窗口中的工具栏与以前版本的较为明显的区别是，Windows Server 2008 窗口中的工具栏中显示的工具与用户在工作窗格中选中的内容相关联，即用户在窗格中选中的内容变化，会导致出现在工具栏中的工具变化。

例如，当用户在文件管理窗口中选中了一个普通文件（如一个 DOC 文档），则在工具栏中会出现"打开"、"打印"、"共享"等工具；而如果用户选中的是一个文件夹，则会出现如"资源管理器"、"共享"等工具。

2.1.1 Windows 颜色和外观

在"个性化"控制台窗口中，"Windows 颜色和外观"是对窗口在颜色、外观等显示效果方面进行调整，如图 2-6 所示。

"效果"按钮可以打开"效果"窗口。在"效果"窗口里可以设置屏幕字体边缘平滑方式、设置菜单下的阴影、拖动窗口时是否显示窗口内容。

"高级"按钮可以打开"高级外观"窗口。在"高级外观"窗口里可以设置窗口在不同状态（活动窗口、非活动窗口）下各组成部分（如边框、标题按钮、菜单、窗口）的颜色，以及窗口中字体格式。

2.1.2 桌面背景

计算机的桌面犹如一个人的书房布置，反映了一个人的情趣、爱好。设置个人计算机桌面的操作，相信是每个计算机使用者都曾经做过的事情之一。下面介绍如何利用"桌面背景"选项设置个人计算机桌面。

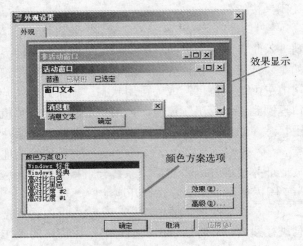

图 2-6 "外观设置"窗口

【任务 2-2】 设置个人桌面。

1）打开"个性化"控制台窗口，并单击"桌面背景"超链接，打开"桌面背景"窗口，如图 2-7 所示。

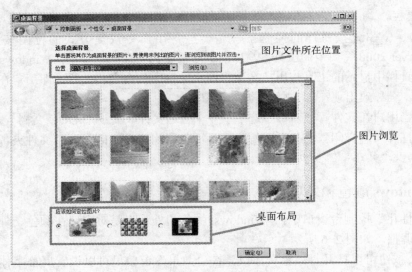

图 2-7 "桌面背景"窗口

2）在"桌面背景"窗口的"位置"下拉框中选择所需图片所在的文件夹位置或通过单击"浏览"按钮，打开"浏览"窗口，然后查找、定位、浏览相关图片。

3）在图片浏览区域中单击图片，即可选中图片，接着执行第 4 步，进行图片桌面布局设置；如果双击某图片则完成设置背景的任务，且默认的桌面布局为"适应屏幕"。

4）设置图片布局样式，在桌面布局中选中"适应屏幕"、"平铺"、"居中"3 个选项之一，最后单击"确定"按钮，实现桌面背景图片设置。

【知识补充】

　　由于图片以缩略图的方式打开，会耗用计算机的计算资源，因此 Windows Server 2008 默认方式并不是以缩略图的方式显示图片，也就是在图片浏览区域中，看不到图片的具体内容。这会给设置背景工作带来一些麻烦。用户可以通过设置"系统属性"方式，让图片以缩略图的方式显示出来。具体设置操作如下。

　　（1）打开"系统"窗口

　　先打开"控制面板"窗口，在"控制面板"窗口中单击"系统"图标，打开"系统"窗口，如图 2-8 所示。

　　（2）打开"系统属性"窗口

　　在"系统"窗口中，单击"高级系统设置"选项，打开"系统属性"窗口，在系统窗口中选择"高级"选项卡，并单击"性能"组中的"设置"按钮。如图 2-9 所示。

图 2-8　"系统"窗口　　　　　　　　　　图 2-9　"系统属性"窗口

　　（3）打开"性能选项"窗口

　　在"系统属性"窗口的"高级"选项卡中，单击"性能"组中的"设置"按钮后，系统弹出"性能选项"窗口。在"视觉效果"选项卡中，选择"调整为最佳外观"，或者直接在选择框中选中"显示缩略图，而不是显示图标"，如图 2-10 所示。

图 2-10　"性能选项"窗口

2.1.3 屏幕保护

屏幕保护程序是指当用户在设定的时间长度内没有操作动作，系统自动启动屏幕保护程序，进入屏幕保护状态。屏幕保护状态一方面可以美化桌面，为使用者带来视觉方面的享受，另一方面还起到隐藏用户工作内容的作用。

设置屏幕保护程序，可在"个性化"控制台窗口中单击"屏幕保护程序"超链接，打开"屏幕保护程序设置"窗口，如图 2-11 所示。

通过"屏幕保护程序"中的下拉列表框，可以选择不同的屏幕保护程序；"等待"标记后的输入框是设置系统激活屏幕保护程序前的系统空闲时间长度；复选框"在恢复时显示登录屏幕"是设置当从屏幕保护程序中退出时，显示出用户登录系统的界面，这对信息安全可以起到一定的保护作用；"设置"按钮可以根据屏幕保护程序提供的功能，设置屏幕保护特效显示。

值得提醒的是，不是每个屏幕保护程序都有特效设置界面。Windows Server 2008 系统中所提供的屏幕保护程序都没有相应的设置选项。

此外，屏幕保护程序仍然要消耗计算机的资源，它并不能使计算机处于休息状态，另外屏幕保护程序也不利于节能。因此在较长时间不使用计算机的情况下，建议使用更为节能的方案，如在"屏幕保护程序设置"窗口中单击电源管理组下的"更改电源设置"超链接，并在弹出的"电源选项"窗口中，设置更为合理节能的方案。

2.1.4 声音

声音功能在系统已经安装了声音相关的硬件以及正确安装了驱动软件时才可用。声音功能一方面用于查看声音功能是否正常；另外一方面用于设置系统提醒声音。

在"个性化"控制台窗口中单击"声音"超链接，即可打开"声音"窗口，如图 2-12 所示。

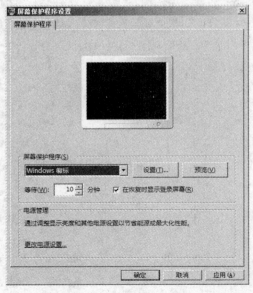

图 2-11 "屏幕保护程序设置"窗口

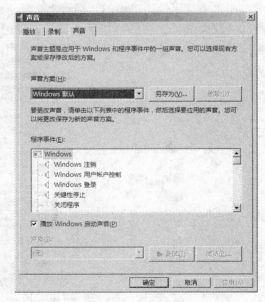

图 2-12 "声音"窗口

在"声音"窗口的"播放"选项卡中，显示"扬声器"是否正常工作，或者其工作状态；在"录制"选项卡中，显示"麦克风"是否正常工作；在"声音"选项卡中，用户可以设置系统各种事件的提示声音。

2.1.5　鼠标指针

鼠标指针是指在图形界面系统中，鼠标位置指示、系统忙闲指示、拖移等所显示的系列图标方案。用户可以根据自己个性需求，设置一套鼠标指针显示方案。

在"个性化"控制台窗口中单击"鼠标指针"超链接，打开"鼠标属性"窗口。在"鼠标属性"窗口中，选择"指针"选项卡。在"方案"下拉列表中选择一个鼠标指针显示方案。

2.1.6　主题

桌面主题是指一组计算机元素，包括图标、字体、颜色、声音及其他窗口元素，可以使桌面外观统一并满足用户的个性化需求。

桌面主题设置是在"主题桌面"窗口中实现的。在"个性化"控制台窗口，通过单击"主题"超链接，即可打开"主题桌面"窗口。在"主题桌面"窗口中的"主题"下拉列表框中选择相应主题即可。

2.1.7　显示设置

显示设置是用于设置显示器显示属性的，其目标是使显示器的显示达到最优的效果。显示设置包括显示适配器选择、分辨率设置、色彩方案选择等。

在"个性化"控制台窗口中单击"显示设置"超连接，即可打开"显示设置"窗口。显示设置窗口如图 2-13 所示。

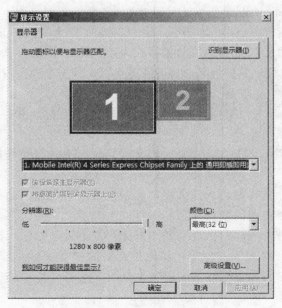

图 2-13　"显示设置"窗口

"识别显示器"按钮是用于系统识别当前显示器类型，并给出选用建议；图 2-13 中被选中的下拉列表是对显示硬件的选择。

显示器的分辨率可以通过"显示设置"窗口中的滑动条来设置；显示器的色彩方案可在"颜色"下拉列表中选择。

对于更多的设置（如屏幕刷新频率、显示适配器状态、色彩管理等），可以通过单击"高级设置"按钮，在弹出的"通用即插即用监视器"窗口进行。

2.2　计算机和资源管理器

计算机系统中的各种数据、信息都是以文件的形式组织并保存在存储介质上（如硬盘、光盘、U 盘等）。Windows Server 2008 提供了"计算机"文件管理工具实现对存储介质上的文件进行管理。通过"计算机"用户可以浏览计算机中有哪些文件，可以根据给出的条件进行文件搜索，还可以对文件进行复制、移动、删除等操作。

2.2.1　文件与文件夹概念

1. 文件与文件夹

文件是以单个独立名称保存在计算机上的信息集合。文件可以是文本文档、图片、程序、一组数据等。一个文件名通常由两段组成，两段之间用"."间隔。如果文件名称中出现多个"."符号，则最后一个"."为间隔符，而其余的符号则为文件名称的组成部分。文件名的前段就是通常意义上的文件名，而文件名的后段通常由三个字符构成，即为表示文件类型的标识符，通常被称为文件扩展名。文件扩展名通常与打开文件的程序相关联，在显示文件图标时，具有相同文件扩展名的文件显示图标相同，文件图标显示如图 2-14 所示。

【知识补充】

系统显示文件时，默认设置是不显示已知文件类型的扩展名称。所谓已知文件类型是指系统默认设置了打开指定扩展名称文件的程序。例如扩展名称为"doc"的文件被默认设置为用 Word 程序打开，"pdf"扩展名文件被设置为用 Adobe Reader 软件打开。如果希望系统显示文件名称的同时也显示其扩展名，可能通过在"文件夹选项"窗口中去除"隐藏已知文件类型的扩展名"选项来实现。

具体操作是，在如图 2-14 窗口中单击"组织"工具图标，并在其下弹出的菜单中选择"文件夹和搜索选项"菜单，打开"文件夹选项"窗口。然后在"文件夹选项"窗口中选中"查看"选项卡，并在高级设置的列表框中找到"隐藏已知文件类型的扩展名"选项，去除其被选中状态即可。

一般而言，存储介质容量越大（如现在普通的硬盘容量就高达到 320GB），其上存储文件数量就越多。一个普通的硬盘通常能保存成千上万个文件。为了便于管理和查找这些文件，就需要对文件进行梳理归档，犹如图书馆对图书管理方法一样。在计算机系统中，系统提供一种名叫"文件夹"的分类存储电子文件的独立目录。"文件夹"就是一个目录名称，它提供了指向对应磁盘空间的映射。文件夹名称与文件名称相比，文件夹名没有扩展名。

文件夹的功能是用于保存存放在这个文件夹中的文件和其他文件夹的信息，一个文件夹中可以存放多个文件和文件夹。被包含的文件夹通常被称为子文件夹，而包含子文件夹的文件夹，相对子文件夹而言，通常被称为父文件夹。

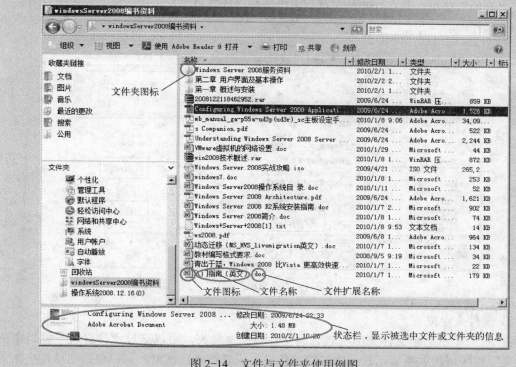

图 2-14　文件与文件夹使用例图

2．文件与文件夹的命名规则

Windows Server 2008 对于长文件名的命名规则与 Windows 95 以后的 Windows 版本的文件命名规则相同。在 Windows Server 2008 中用户可以使用长文件名，甚至可以在文件名中使用空格，Windows Server 2008 允许文件名及扩展名长达 255 个字符。注意，同一文件夹中的文件不能同名。

Windows 文件命名有自己的命名协议规则：文件名中可以包含多个间隔符；文件名中可以有空格，但不能出现如\、/、<、>、*、:、"、?、|等符号；Windows Server 2008 不区分文件名中的字母大小写（即假设文件取名为"ABC"与"Abc"在系统认被为是相同的），但在显示时可以保留大小写格式；文件名可以混合使用汉字、数字和英文字母，在查找的时候支持通配符*、?。

☞注意：

　　一般文件名称有扩展名，而文件夹没有扩展名。

3．使用"计算机"

"计算机"是系统的最顶级文件夹，其包含了计算机的所有资源。与之前的 Windows Server 2003 及以前版本相比，Windows Server 2008 中用"计算机"代替了以前版本中的"我的电脑"，且将"资源管理器"与"计算机"窗口进行了统一。

如图 2-15 所示，用户通过"计算机"可以访问每一个分区和文件夹，可以访问"系统属性"、"添加删除程序"、"映射网络驱动器"、"文档"和"控制面板"等功能。用户可以通过单击"开始"菜单，并在打开的菜单列表中选择"计算机"菜单项，便可进入"计算机"进行相关操作。

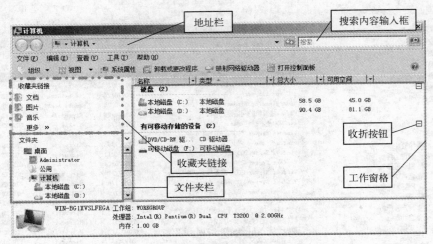

图 2-15 "计算机"窗口

（1）文件夹定位

用户希望显示某个文件夹中所包含的文件或子文件夹，可以通过"计算机"窗口中的"文件夹"栏区域选中要显示其下内容的文件夹；或者在"计算机"窗口中的地址栏中输入文件夹的具体路径，然后按下〈Enter〉键。

"文件夹"栏中显示的是计算机资源树，当用户双击某个节点时，在"文件夹"栏中则会展开这个节点所代表的文件夹，并显示出该结点下的所有子文件夹结点；同时在右边的工作窗格中，则会显示被选中的结点所代表的文件夹下包含的所有文件和文件夹，如图 2-15所示。

在"文件夹"栏，如果用户双击已经展开的结点，则系统会自动收起其展开的所有子文件夹结点，并在右边的工作窗格中，显示当前被双击的文件夹内的所有子文件和文件的信息。

知识补充：

文件或文件夹的路径是指从磁盘盘符开始到指定的文件或文件夹所需要历经的文件夹路线，假设在当前计算机中存在一个名叫 Boot 的文件夹，其位置是在 C 盘下的 Windows 目录里，则打开 Boot 文件夹的路径就写成"C:\Windows\Boot"，其中"\"是用于间隔文件夹与其子文件夹或文件的间隔符；符号":"用于标识盘符，直接放在盘符标识后。

（2）查看文件及文件夹

在"计算机"窗口显示文件夹内容的显示区域，系统提供了"特大图标"、"大图标"、"中等图标"、"小图标"、"列表"、"详细信息"和"平铺"共 7 种显示方式可供用户选择。用户可以单击"视图"工具或单击"查看"菜单，选择显示方式。

（3）文件的分组和排序

为了更方便地寻找在同一个文件夹中的文件或文件夹，可以根据文件的某一特征（如文件的名称、文件的类型、文件的大小等）对文件或文件夹进行排序。例如，根据文件类型排序，可以选择"查看"→"排序方式"→"类型"菜单项，如图 2-16 所示。

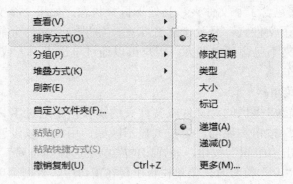

图 2-16　文件和文件夹排序设置

要更清楚方便地查看文件和文件夹，还可以对文件和文件夹进行分组设置，其操作方法，如图 2-16 所示，选择"分组"即可看到按类型分组后的显示结果。

值得注意的是，如果按名称分组的文件夹中包含中文文件或者文件夹，则前面为英文文件和文件夹，并且按字母分组，而中文文件或者文件夹在后面，按汉语拼音分组。

（4）文件与文件夹的查找

随着计算机中保存文件数量的增长和存放时间的变长，用户经常会遇到找不到文件具体放置位置的问题，这时就需要借助系统提供的搜索工具进行查找。在 Windows 系统中提供了查找文件和文件夹的多种方法，如知道在哪里查找的情况下利用"搜索"文件夹查找、使用"开始"菜单查找，在不同的情况下可以使用不同的方法。

通常用户可能知道要查找的文件存储在某个特定的文件夹中，如 Documents 或 Music 文件夹，但由于实际上查找需要浏览数百个文件或文件夹，为了节约时间与精力，此时用户选择使用"计算机"窗口里的"搜索"框为最佳选择。

"搜索"框位于每个文件夹显示窗口的顶部（如图 2-15 所示）以及"开始"菜单底部，可以根据用户键入的文本筛选当前视图。搜索可以基于文件名和文件自身中的文本、标记以及其他文件属性，可在当前文件夹及其所有的子文件夹中查找。使用"搜索"框查找文件或文件夹的操作如下。

在"搜索"框中输入字词或字词的一部分。在"搜索"框中输入字词后，无需按〈Enter〉键，系统将自动根据用户输入的连续字符对文件夹中的内容进行筛选。当用户看到所需查找的文件或文件夹后，即可停止输入。

☞注意：

使用"搜索"框搜索的范围是当前被打开的文件夹包含的范围，即在当前的文件夹和其下包含的子文件夹中进行搜索。在"开始"菜单中的"搜索"框，则对整个系统所包含的文件资源进行搜索。

（5）展开与折叠文件夹栏中的文件夹树

在"计算机"窗口中，"导航窗格"中的"文件夹"栏中显示磁盘上文件夹的层次组织呈现树型结构，表明文件夹的包含与被包含的上下层次组织关系。当鼠标光标移动到"文件夹"栏中时，该栏中的文件夹树结点前就会出现"＋"或"－"。如果一个文件夹前呈现"＋"则表示此文件夹包含了子文件夹，且处于折叠状态；如果一个文件夹前呈现"－"则表示此文件夹包含了子文件夹，且处于展开状态；如果一个文件夹前既没有"＋"也没有"－"，则表示此文件夹不包含子文件夹。用户可以通过单击"＋"或"－"，来实现对此文件夹的展开与折叠操作。

（6）设置和取消菜单栏

由于"计算机"窗口提供的对文件或文件夹的操作，是通过工具栏上的"组织"、"视图"以及"导航窗格"按钮实现的，为扩大显示区域，用户可以设置隐藏或显示"菜单"栏。具体操作是，单击"组织"按钮，在弹出的菜单中选择"布局"→"菜单栏"，当"菜单栏"菜单项前出现"√"符号时，菜单栏将出现在窗口中，否则菜单栏被隐藏。

（7）设置"计算机"的布局

在显示文件夹的窗口中，除了导航窗格和详细信息显示面板之外，还可以根据需要添加搜索窗格、预览窗格。添加搜索窗格与预览窗格与增加菜单栏一样，通过单击"组织"按钮，在弹出的菜单中选择"布局"，并在"布局"级联菜单中选择或取消"搜索窗格"、"预览窗格"、"导航窗格"、"工作窗格"。

"搜索窗格"是在顶部增加搜索功能菜单选项，如图 2-17 所示。通过"搜索窗格"可以进行更多条件综合查询。"预览窗格"主要用于图片类文件缩略显示的，这种功能对于取消图片的缩略图显示功能之后，能够比较方便查看图片文件内容。

图 2-17　增加搜索窗格的窗口

2.2.2　管理文件与文件夹

Windows Server 2008 提供了很多方便易用的功能来管理文件和文件夹。除了文件和文件夹的创建、删除、复制和移动这些基本操作外，Windows Server 2008 还提供了一些与特定任务链接的文件夹，如"图片收藏"和"我的音乐"文件夹提供协助管理图片和音乐文件的任务链接。

1. 文件与文件夹的基本操作

用户在使用 Windows Server 2008 操作系统时，对文件的管理主要就是对文件或文件夹的创建、选择、复制、移动和删除等操作。下面就这些基本操作分别进行说明。

（1）选定文件或文件夹

在对文件或文件夹操作之前，首先要选定它们。选定文件或文件夹的方法有如下几种。

1）被选的文件或文件夹已经在"工作窗格"中，则用户只要有鼠标单击需要选中的文件或文件夹即可；如果需要在"工作窗格"中选择多个文件，可按住〈Ctrl〉键，同时单击需要选取的文件或文件夹；如果被选的文件恰好相邻连续排列，则可以先单击第一个文件或文件夹，然后按住〈Shift〉键，同时单击最后一个文件或文件夹；此外也可以用按下鼠标左键同时拖动鼠标，将需要选中的文件框住，然后放开鼠标左键即可选中。

2）利用"文件夹"栏选中文件夹。在窗口的"文件夹"栏中，展开文件夹树结构，然后单击需要选中的文件夹。此时在窗口的右边的"工作窗格"中将显示被选中的文件夹中的文件和文件夹。

3）全选详细面板中的文件和文件夹。全选的方式有两种，一种是单击"组织"按钮，在其菜单列表中选择"全选"菜单项；另外一种是单击"编辑"→"全选"菜单。

当然，除了用鼠标选取文件和文件夹以外，也可以通过键盘来进行。使用方向键可以在文件和文件夹之间移动，按下文件名的首字母，将选中第一个名称以该字母开始的文件或文件夹。

（2）创建文件或文件夹

操作系统在安装软件时都会自动在默认位置创建新的文件夹，以保存软件中的相关文件和文件夹，系统用户也可以根据自己的需要，在特定的文件夹下创建自己的文件或文件夹。创建文件或文件夹的步骤如下。

1）打开"新建"菜单项。"新建"菜单项可以由以下几种方法找到。一是通过在"工作窗格"的空白处单击鼠标右键，然后在弹出式菜单中找到"新建"菜单项；二是通过单击窗口中的"文件"菜单项，在其下拉菜单中找到"新建"菜单项；三是在窗口左边的"文件夹"栏中，选中要在其下创建子文件夹的文件夹，单击鼠标右键也会在其弹出菜单中找到"新建"菜单项。前两种方法所找到的"新建"菜单项提供的级联菜单既可以创建文件夹，也可以创建文件，如图 2-18 所示；而最后一种方法中找到的"新建"菜单的级联菜单只提供了文件夹创建选项，因此只能创建文件夹。

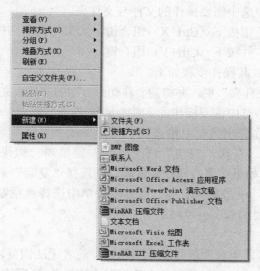

图 2-18 "新建"菜单及其级联菜单

2）选择创建文件或文件夹。单击"新建"菜单，在其级联菜单中选择需要新建的文件种类或文件夹菜单项。

3）为新建的文件或文件夹命名。在新建文件或文件夹时，系统会自动赋予一个默认名称，这个名称一般不能反映文件或文件夹的具体意义，从而造成难以满足用户对其管理的需求，因此为了反映文件或文件夹的真实用途或具体意义，用户需要掌握对文件或文件夹进行重新命名的操作。

如果是新建文件夹，则在窗口中会出现一个"新建文件夹"的文件夹，且其名称处于更改状态，用户此时只要输入新文件夹的名字即可。

如果是新建一个文件，则系统会打开相应的文件编辑程序，在程序窗口中，选择"文件"→"保存"菜单项，并在弹出的保存对话框中，输入新的文件名即可。

（3）复制、移动文件或文件夹

复制是指原来位置上的文件或文件夹仍然保留，而在指定的位置上（或者说文件夹下）建立被复制文件或文件夹的副本；移动是指删除原来位置上的文件或文件夹，而在指定的位置上（或者说文件夹下）建立被删除文件或文件夹的副本。

文件或文件夹的复制、移动方法有多种，可以使用鼠标直接拖动也可以使用菜单或快捷菜单来完成。操作方法如下。

1）鼠标拖动法，其操作步骤如下。

● 在窗口中展开"文件夹"栏，并将需要移动或复制的文件或文件夹的父文件夹打开。

● 在"文件夹"栏中展开文件夹树，令移动或复制操作的目标文件夹显现出来。

● 在"工作窗格"中选中需要移动或复制的文件与文件夹。

● 将上面步骤中选中的文件或文件夹拖曳到左边的"文件夹"栏中。如果是复制的话，在拖曳时同时按下〈Ctrl〉键。

2）鼠标与键盘配合法，其操作步骤如下。

● 在窗口中展开"文件夹"栏，并将需要移动或复制的文件或文件夹的父文件夹打开。

● 在"工作窗格"中选中需要操作的文件与文件夹。

● 如果是移动操作，则按下〈Ctrl+X〉组合键；如果是复制则按下〈Ctrl+C〉组合键。

● 打开目标文件夹，并按下〈Ctrl+V〉组合键。

3）使用菜单操作法，其操作步骤如下。

● 在窗口中展开"文件夹"栏，并将需要移动或复制的文件或文件夹的父文件夹打开。

● 在"工作窗格"中选中需要操作的文件与文件夹。

● 单击鼠标右键，在弹出式菜单中查找"剪切"或"复制"菜单项；也可以单击窗口的"编辑"菜单，查找"剪切"或"复制"菜单项。如果是实现移动操作则选择"剪切"菜单项，如果实现的操作是复制，则选择"复制"菜单项。

● 打开目标文件夹，单击鼠标右键，在弹出菜单中选择"粘贴"菜单项；也可以在窗口主菜单中选择"编辑"→"粘贴"菜单项。

（4）删除文件或文件夹

删除文件可分为两种，永久删除和放入回收站，前者无法恢复，后者可以将删除的文件还原。删除文件的具体方法与复制和移动文件类似，直接执行"删除"命令便可将文件移动到回收站了。如果按住〈Shift〉键进行上述操作则进行的是永久删除而无法从回收站中恢复。另外，使用键盘上的〈Delete〉键和使用菜单命令完成是一样的效果。

2. 更改文件或文件夹名称

对于已经创建好的文件或文件夹，用户也可以更改其名称。更改名称的操作步骤如下。

1）选中要更名的文件或文件夹。

2）单击鼠标右键，在弹出式菜单中选择"重命名"；或者选择"文件"→"重命名"菜单项；或者两次单击要更名的文件或文件夹。注意，两次单击指的是鼠标单击两次，其时间间隔比双击鼠标的间隔时间稍长。

3）输入新的文件或文件夹名称，然后按〈Enter〉键即可。

3. 回收站

系统中回收站的作用是暂时存放用户删除的文件。只要回收站的空间未满，在回收站中的文件就随时可以恢复到原来的位置；当回收站满时，则新删除的文件会"挤掉"更早删除的文件。

Windows Server 2008 为每一个分区分配一个"回收站"，利用"回收站"可以安全地删除文件或文件夹。默认情况下，使用〈Delete〉键或者使用"编辑"菜单中的"删除"命令从硬盘删除任何项目时，Windows 都将该项目放在"回收站"中。双击桌面上的"回收站"图标可以打开"回收站"窗口，如图 2-19 所示。

如果计算机中有多个硬盘或硬盘分区，则系统为每个磁盘或磁盘分区都设定一个"回收站"，且容量大小不同。用鼠标右键单击"回收站"图标，打开其属性对话框，可以对回收站做相关设置，如图 2-20 所示。

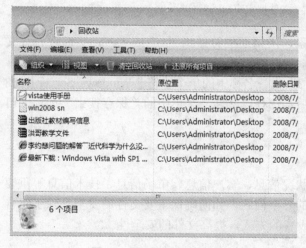

图 2-19 "回收站"窗口

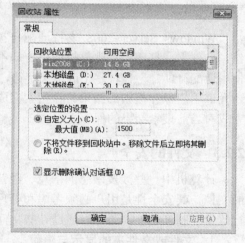

图 2-20 "回收站 属性"对话框

【任务 2-3】 恢复回收站里的文件。

1）双击桌面上的回收站图标，打开"回收站"窗口。

2）选中需要恢复的文件或文件夹。

3）单击鼠标右键，在弹出式菜单中选择"还原"菜单项。

【任务 2-4】 删除回收站中的文件。

在回收站中删除文件，被删除文件将无法恢复。用户请慎重使用此操作。

1）双击桌面上的回收站图标，打开"回收站"窗口。

2）选中需要删除的文件或文件夹。

3）单击鼠标右键，在弹出式菜单中选择"删除"菜单项，或者按下〈Delete〉键。如果要删除回收站中所有文件，则在弹出式菜单中选择执行"清空回收站"菜单项。

4．文件或文件夹的搜索

在第 2.2.1 节中曾经讲解已知存储位置来查找文件的搜索方法，而对于文件位置不清楚的，则需要利用其他搜索方法，下面讲解用"开始"菜单中的"搜索"菜单项查找文件与文件夹。

在"开始"菜单中选择"搜索"选项，在打开的"搜索"窗口中选择"所有"文件和文件夹选项，然后键入要搜索的文件或文件夹的全名或部分名称，或者键入文件中所包含的词或短语就可以进行搜索了，如图 2-21 所示。

图 2-21　文件搜索窗口

Windows Server 2008 支持通配符搜索，所谓通配符是指"*"或"?"，当需要查找文件、文件夹、打印机、计算机或用户却不知道其完整的名字或者不想键入完整名称时，常常使用通配符。"*"代替零个或多个字符，"?"代替名称中的单个字符。Windows Server 2008 还允许用户保存搜索的结果。在搜索完成后，选择"文件"菜单中的"保存搜索"选项即可完成对当前搜索结果的保存。

2.2.3　文件的安全

计算机中一些涉及敏感的信息、经营状况信息、客户信息、市场信息、技术信息等重要的文档，其安全性是用户必须考虑和处理的一个问题。如何确保重要文件的安全，除了完善行政管理制度之外，还可以通过一些文件设置的方式，提高文件的安全性。

1．文件或文件夹的显示与隐藏

将文件或文件夹设置为隐藏状态，是一种简单实用的安全方案之一。设置为隐藏状态的文件或文件夹一般不会直接显示出来，因此就不能直接被复制、删除、移动，从而确保文件的安全。

【任务 2-5】　设置文件或文件夹隐藏状态。

1）首先将要隐藏的文件或文件夹设置成"隐藏"属性。用鼠标右键单击要隐藏的文件或文件夹，在弹出的快捷菜单中选择"属性"选项，在弹出的对话框中选择"常规"选项卡，选中"隐藏"复选框。

2）选择"工具"→"文件夹选项"菜单项，打开"文件夹选项"对话框。

3）单击"查看"选项卡，在"隐藏文件和文件夹"栏中，选中"不显示隐藏的文件和文件夹"单选按钮。

4）单击"确定"按钮，即可将具有"隐藏"属性的文件隐藏。

这种设置文件安全的方法并不完美，因为只要有人将第 3 步中的"不显示隐藏的文件和文件夹"选中状态取消，则隐藏文件又会显现出来。

2．文件或文件夹的 NTFS 权限

NTFS 是 New Technology File System 的首字母缩写，其表示的是计算机的一种文件组织管理系统类型。

在 NTFS 磁盘分区中的文件或文件夹，可以设置用户或组对这些文件或文件夹的使用权限，只有具备权限的用户或组才可以访问这些文件或文件夹。NTFS 权限的类型有如下几种。

- 读取：此权限允许用户读取文件内的数据，查看文件的属性、所有者和权限。
- 写入：此权限包括覆盖文件、改变文件的属性、查看文件的所有者和权限等。
- 读取及运行：除了具有"读取"的所有权限，还具有运行应用程序的权限。
- 修改：此权限除了拥有"写入"、"读取及运行"的所有的权限外，还能够更改文件内的数据、删除文件、改变文件名等。
- 完全控制：拥有所有的 NTFS 文件的权限，也就是拥有上面所提到的所有权限，此外，还拥有"修改权限"和"取得所有"权限。

【任务 2-6】 文件和文件夹权限的设置。

为了保证文件和文件夹在使用过程中的安全，有必要对文件和文件夹权限进行设置，具体操作方法如下。

1）打开"计算机"，在要设置权限的文件或文件夹上单击鼠标右键，然后在弹出的快捷菜单中选择"属性"选项，在弹出的对话框中单击"安全"选项卡。

2）单击"添加"按钮，打开"选择用户、计算机或组"对话框，在"输入对象名称来选择"文本框中输入要设置权限的用户名称或者组名称，如图 2-22 所示。

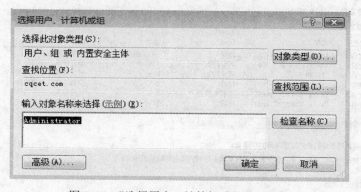

图 2-22 "选择用户、计算机或组"对话框

3）单击"确定"按钮，返回到属性对话框，在下面的列表框中可以更改用户的权限。如图 2-23 所示。

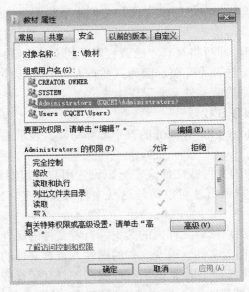

图 2-23　用户权限设置

4）设置完成后，单击"确定"按钮即可完成。

【任务 2-7】 高级权限的设置。

为了进一步保证文件或文件夹的安全，可以设置文件或文件夹的高级权限，其操作方法
如下。

1）在图 2-23 所示的对话框中，单击"高级"按钮，打开高级安全设置对话框，如
图 2-24 所示。

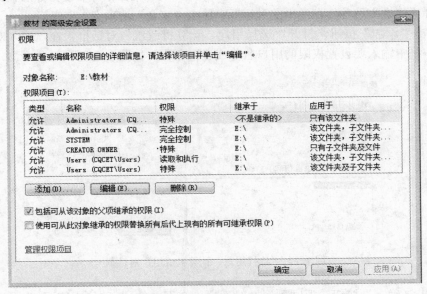

图 2-24　高级安全设置

在该对话框中有两个复选框，其含义如下。

- "包括可从该对象的父项继承的权限"复选框：选中该复选框，表示该文件或文件夹的权限可以继承其上一层的权限。
- "使用可从此对象继承的权限替换所有后代上现有的所有可继承权限"复选框：指定是否重置子对象的权限项，子对象从父对象获取所有继承权限。

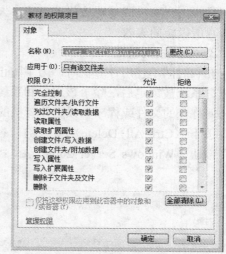

图 2-25　权限项目设置

2）单击"编辑"按钮，打开权限项目对话框。如图 2-25 所示。

3）设置完成后，单击"确定"按钮即可。

【任务 2-8】 审核文件或文件夹权限的访问操作。

建立审核的跟踪记录是安全性的重要内容。监视对象的创建和修改可为用户提供追踪潜在安全性问题的方法，帮助用户确保用户账户的可用性并在可能出现安全性破坏事件时提供证据。需要审核的文件或文件夹，必须以 Administrators 组的成员登录，或在"组策略"中被授予了"管理审核和安全日志"的权限，而且审核只对 NTFS 分区有效。其具体操作方法如下。

1）打开"计算机"，在想要审核的文件或文件夹上单击鼠标右键，从弹出的快捷菜单中选择"属性"选项，然后在弹出对话框的"安全"选项卡中单击"高级"按钮，打开"高级安全设置"对话框，再单击"审核"选项卡，如图 2-26 所示。

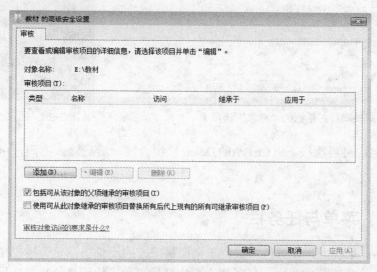

图 2-26　高级安全设置对话框的"审核"选项卡

2）要设置对组或者用户的审核，可以单击"添加"按钮，打开"选择用户或组"对话框。

3）选择想要进行审核的用户，单击"确定"按钮，打开审核项目对话框的"对象"选项卡，如图 2-27 所示。在"访问"列表中，选择要审核的访问项目"成功"或"失败"，或者同时选择两项。单击"确定"按钮，可完成对文件或文件夹使用权限的审核。其中，成功的访问是指用户可以成功地访问该对象；失败的访问是指用户试图访问该对象，但没有必需的权限，所以访问失败。

3．计算机的锁定

在长时间不使用计算机时，为了防止他人获取计算机中的文件等信息，用户可以锁定计算机。系统被锁定后，除了该用户和系统管理员之外，任何人都无权对计算机解除锁定并查看任何打开的文件或程序。锁定计算机的操作方法如下。

按下〈Ctrl+Alt+Delete〉组合键，在弹出的如图 2-28 所示界面中单击"锁定该计算机"按钮，Windows Server 2008 显示"计算机已锁定"对话框，表明计算机已经处于锁定状态。

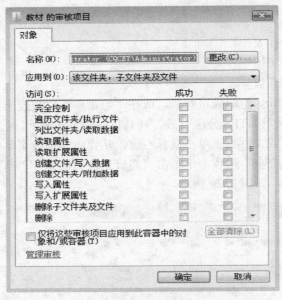

图 2-27　审核项目对话框的"对象"选项卡

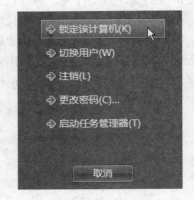

图 2-28　锁定计算机操作

要解除锁定，可再次按下〈Ctrl+Alt+Delete〉组合键，然后输入密码，单击"确定"按钮即可恢复。

2.3 "开始"菜单与任务栏

在 Windows 系统下，任务栏一般位于桌面最下方的小长条，是为用户快捷运行系统中的软件提供的一个集成化的界面。任务栏主要由开始菜单、快速启动栏、应用程序区、语言选项区和通知区域 5 个部分组成，如图 2-29 所示。

图 2-29　Windows 桌面的任务栏

任务栏中的"开始"菜单中存放着操作系统或设置系统的绝大多数命令，而且还可以使用安装到当前系统里面的所有的程序。从技术上来讲，"开始"菜单并非非用不可，因为所有的程序都可以在 Windows Explorer（即 Windows 资源管理器）等文件夹查看器中打开。但通过"开始"菜单会给用户启动程序带来极大方便。

快速启动栏存放着一些迅速启动应用程序的链接，用户可以手动将自己使用频率较高的应用程序添加到快速启动栏中，从而提高用户启动应用程序的效率。

应用程序区是显示当前正在运行的应用程序，在此区域用户可以对正运行的程序进行一些基本的操作，如打开、关闭等。

语言选项区用于显示当前系统提供的输入方法。用户可以通过此区域设置输入法（如确定当前是英文输入或拼音输入等）。

通知区域通常用于显示时间、网络连接状态、即插即用硬件状态以及驻留内存的应用程序等。

任务栏中的显示图标以及可以链接的程序与操作系统和软件安装、系统配置有关，用户也可以根据自己的喜好设置任务栏。

2.3.1 任务栏的操作

1．改变任务栏的位置

一般安装完操作系统后，任务栏是显示在屏幕的下边缘处，但用户也可以根据自己的需要将任务栏放置到屏幕的上、下、左、右四个边缘的任意一处。具体操作如下。

用鼠标左键按住任务栏的空白区域不放，拖动鼠标在屏幕上移动，当新位置出现时，在屏幕的边上会出现一个阴影边框，松开鼠标左键，任务栏就会显示在新的位置。

2．改变任务栏的大小

在屏幕上显示的任务栏一般只能显示一行信息，当出现任务栏显示的信息过多时，任务栏上就会出现具有翻页功能的图标^ᵈ和扩大显示范围的图标[«]，当前用户也可以改变任务栏的大小，来确实显示内容的多寡。

要改变任务栏的大小非常简单，只要将鼠标光标移动至任务栏的边缘，当鼠标光标变成双向箭头时，按下鼠标左键并拖动就可以改变任务栏的显示大小了。

任务栏最大可以扩展到从任务栏所在的屏幕边缘到屏幕中间分界线的位置，最小可以缩小到只能显示一行图标的大小。

3．隐藏任务栏

用户可以隐藏任务栏，以扩展屏幕显示的区域空间。下面以设置隐藏任务栏为任务，详解设置隐藏任务栏的操作。

【任务 2-9】 隐藏任务栏。

1）将鼠标光标移到任务栏的空白区域，单击鼠标右键，然后从弹出的快捷菜单中选择"属性"命令，这时会弹出"任务栏和「开始」菜单属性"窗口，如图 2-30 所示。

2）在"任务栏和「开始」菜单属性"窗口中选中"自动隐藏任务栏"选项，并单击"确定"按钮即可。

隐藏任务栏之后，桌面上的任务栏就"消失"了，只有将鼠标光标移至这条线时，隐藏的任务栏才能够显示出来。

4．任务栏上添加工具栏

任务栏中内置了五个工具栏，即"地址"、"链接"、"语言栏"、"桌面"和"快速启动"工具栏，另外还可以新建工具栏。添加已有的工具栏的操作方法为：在任务栏的空白区域内单击鼠标右键，选择"工具栏"命令，在级联菜单中会看到这些选项，如图 2-31 所示，如果某一工具栏显示在任务栏上，则在相应的菜单选项前面以"√"作标记。要关闭相应的工具栏，单击前面有"√"标记的相应选项即可。

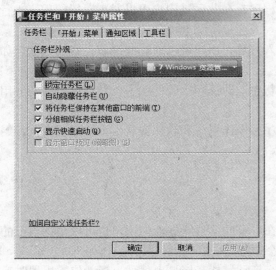

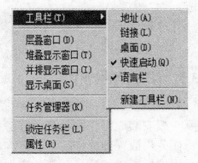

图 2-30 "任务栏和「开始」菜单属性"窗口　　　　　　图 2-31 "工具栏"选项

要添加新工具栏，则选择"新建工具栏"命令。随后计算机会打开一个名为"新工具栏－选择文件夹"窗口，如图 2-32 所示。在"新工具栏－选择文件夹"窗口中选中作为新工具栏的文件夹后，单击"选择文件夹"按钮即可。

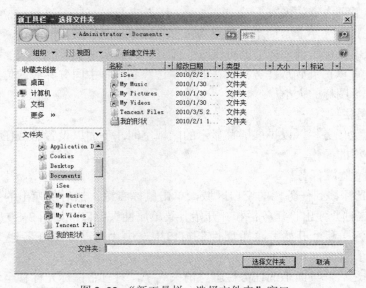

图 2-32 "新工具栏－选择文件夹"窗口

5. 自定义任务托盘

在任务托盘上显示的图标也可以由用户自己控制，如通过"任务栏属性"窗口可以选择不显示时间，通过"控制面板"中的"声音和音频设置"属性可以显示或关闭音量控制图标，通过"语言栏"设置对话框可以启动或隐藏输入法指示器。通过"控制面板"中的"电源选项"可以设置电源指示图标。对于其他许多软件有时也会添加相应的图标到任务托盘，如网络连接状态、杀毒软件、系统检验测试软件等，通过设置也可以打开或隐藏这些图标。这些图标的加入同样为用户的操作提供了方便和快捷。

2.3.2 "开始"菜单的操作

1. 了解"开始"菜单构成

"开始"菜单位于任务栏的最左边，日常使用的绝大多数程序都可以通过"开始"菜单启动。用鼠标单击任务栏左边的"开始"图标，即弹出"开始"菜单，如图 2-33 所示。"开始"菜单大致有如下几个部分组成。

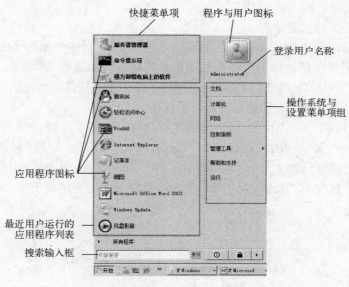

图 2-33 "开始"菜单

- 在"开始"菜单的左侧顶部是用户常用的应用程序的快捷启动项。在分组线下所显示的是用户最近启动应用程序列表，这些列表也是一种快捷启动应用程序项。计算机系统根据用户最近启用应用程序的时间远近与启用的次数，将用户最近启用次数最多的应用程序快捷启动项显示在左侧中间部分。通过这些快捷启动项，用户可以快速启动应用程序。
- "开始"菜单右侧顶部标明了当前登录计算机系统的用户，由一个漂亮的小图片和用户名称组成。在鼠标没有落在右侧菜单选项上时，则小图片显示的是登录用户指示图标；当鼠标落在右侧具体的菜单选项上，则小图片会根据菜单项的不同，显现出不同的图标。
- 在右侧显示区域，除了计算机用户名以外，还有就是一些常用的系统操作与管理的菜单。系统根据其操作与应用的不同，用分组线将其分隔成若干块，比如"计算机"、"网络"为一块，"控制面板"、"管理工具"、"帮助和支持"、"运行"为一块。通过这些菜单项用户可以实现对计算机的操作与管理。

● 在开始菜单的左侧底部的"所有程序"菜单项中，包含了计算机系统中安装的全部应用程序。用户可以通过单击"所有程序"菜单项，打开隐藏其中的应用程序快捷启动项。

● 在"开始"菜单最下方是计算机控制菜单区域，包括"查找"、"关机"和"锁定"几个部分，"查找"搜索框不仅可以帮助用户快速地找到所需的文档（如 Word 文件、浏览过的网页），而且更重要的是，用户可以在此输入想要运行的程序名称，甚至是名称的前几个字母，只要开始输入，搜索便即时进行，帮助用户迅速地定位到相应的程序。"关机"和"锁定"按钮分别实现关闭和锁定计算机的操作。

2．认识"开始"菜单的标识

在"开始"菜单中，菜单项主要有以下几种：应用程序图标加菜单名、仅有菜单名、菜单名加级联符、按钮、输入框。

（1）应用程序图标加菜单名

应用程序图标是指某类应用程序的图形标识，类似于生活中产品的 LOGO。在"开始"菜单中，多数应用程序都是以图形标识加菜单名称构成，如菜单项 腾讯QQ，前面的小企鹅图标就是应用软件"腾讯 QQ"的 LOGO。这样显示的菜单是快捷启动应用程序的菜单项，用户只要单击这类菜单项即可启动相对应的应用程序。

此外，在"开始"菜单中，当用户单击"所有程序"菜单项时，"所有程序"菜单被打开后，可以看到一些菜单项的图标是 ，表示该菜单项是一个父级别的菜单项，所谓父级别菜单项是指在其下包含了若干子菜单项的菜单，如图 2-34 中，菜单项 360安全卫士 是父菜单，在此菜单下包含了"360 安全卫士"、"360 软件管家"等菜单子项。

图 2-34　打开"所有程序"项显示的菜单

（2）仅有菜单名的菜单项

仅有菜单项的名称而无其他任何图标的菜单项，一般是系统管理与设置程序的快捷启动菜单项，如图 2-32 中所显示的"文档"、"计算机"、"网络"、"控制面板"、"帮助和支持"等。用户单击这类菜单项，系统会自动打开相应的对话框或系统操作窗口。

（3）有级联符的菜单项

"开始"菜单中，▶图标放在菜单名称后面的一般被称为级联菜单（如"开始"菜单中的"管理工具"菜单项），在经典的"开始"菜单中经常被使用。级联菜单项一般为父级菜单，其下包含至少一个子级菜单项。单击级联菜单项，级联的子菜单项即会弹出。▶符号放置于菜单名称前（如"所有程序"菜单项）表示前进到子菜单的状态，◀表示返回到上一级菜单的状态。对比图 2-33 与图 2-34，可以看出，当用户单击"所有程序"菜单项时，"所有程序"菜单项下的子菜单则在该菜单项部显示出来，并且此时"所有程序"菜单项显示的内容更换为"返回"，菜单项前的图标也更改成◀图标。

（4）搜索框

在"开始"菜单中有一个重要的组件项——搜索输入框，这是 Windows Server 2008 操作系统与以前操作系统相比明显的改变。通过搜索框，用户可以快速地找到所需的文档如 Word 文件、浏览过的网页、应用程序等文件。只要一旦开始输入，计算机搜索便即时进行，甚至是文件名称的前几个字母，系统也会自动帮助用户迅速地查找相应的文件。在图形界面里尽管鼠标操作的好处是毋庸置疑的，不过，对于操作较为熟练的用户而言，也许更喜欢键盘输入而不是频繁地移动鼠标。

（5）"开始"菜单中的几个控制按钮

在"开始"菜单底层右边有三个操作系统状态功能按钮。图标 ⏻ 是关闭计算机操作系统的按钮， 🔒 是锁定计算机的按钮， ▶ 是唤出对计算机系统操作菜单的按钮。单击 ▶ 则会弹出"切换用户"、"注销"、"锁定"、"重新启动"、"关机"几个菜单项。

3. 更改或设置"开始"菜单中的菜单项

用户不但可以方便地使用"开始"菜单，而且可以根据自己的爱好和习惯自定义"开始"菜单中的菜单项。当用户第一次启动 Windows Server 2008 系统后，系统默认的是 Windows Server 2008 风格的"开始"菜单，用户可以通过改变"开始"菜单属性对其进行设置。

（1）打开"任务栏和「开始」菜单属性"对话框

在任务栏的空白处或者在"开始"按钮上单击鼠标右键，然后从弹出的快捷菜单中选择"属性"命令，就可以打开"任务栏和「开始」菜单属性"对话框，在"「开始」菜单"选项卡中，用户可以选择系统默认的"「开始」菜单"标签，如图 2-35 所示。

如果用户更喜欢或者说习惯于以前版本的"开始"菜单，则可以通过选择图 2-34 对话框中的"传统「开始」菜单"选项实现。另外用户也可以在该对话框中设置涉及到个人隐私的操作即是否在开始菜单中显示最近打开的文档或最近运行的程序，如果需要显示的话，则在"隐私"组中选择对应有选择项即可。

（2）设置个性化开始菜单

用户单击"自定义"按钮，即进入到"自定义「开始」菜单"对话框，如图 2-36 所示。用户可以在"自定义「开始」菜单"对话框中的列表框中设置显示或隐藏菜单项。

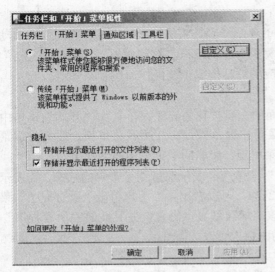
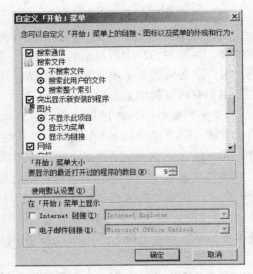

图 2-35 "任务栏和「开始」菜单属性"对话框   图 2-36 "自定义「开始」菜单"对话框

注意在图 2-35 中有两个"自定义"按钮，即"传统「开始」菜单"的"自定义"按钮与"「开始」菜单"的"自定义"按钮，而这两个按钮所打开的"自定义「开始」菜单"对话框所显示内容是有差异的，这里以单击"「开始」菜单"选项后的"自定义"按钮打开的对话框为例进行阐述。

【任务 2-10】 在开始菜单上设置"音乐"菜单项。

1）用鼠标右键单击任务栏或开始菜单的空白区域，选择"属性"命令，打开"任务栏和「开始」菜单属性"对话框。

2）单击"任务栏和「开始」菜单属性"对话框中的"自定义"按钮。打开"自定义「开始」菜单"对话框。

3）在"任务栏和「开始」菜单属性"对话框中的列表框中，找到"音乐"项，并选择其下的"显示为菜单"或"显示为链接"两个选项中任何一个。

4）单击"自定义「开始」菜单"对话框中的"确定"按钮，然后单击"任务栏和「开始」菜单属性"对话框中"确定"或"应用"按钮。再次打开"开始"菜单后，用户就可以在"开始"菜单的右侧找到"音乐"菜单项了。

（3）在"开始"菜单中添加新菜单项

有时用户希望将经常启用的应用程序直接放置在"开始"菜单上，以方便可以快速启动。下面以将计算器应用程序设置到"开始"菜单界面上为例进行说明。

【任务 2-11】 将计算器应用程序添加到"开始"菜单界面上。

1）定位到"计算器"应用程序菜单。依次打开"开始"→"所有程序"→"附件"，然后将鼠标光标定位到"计算器"菜单项上，单击鼠标右键，这时会弹出一个弹出式菜单，如图 2-37 所示。

2）将当前菜单项附加到"开始"菜单界面上。在弹出式菜单中，选择并单击"附到「开始」菜单"命令。这时在"开始"菜单的快捷菜单项列表中就会出现"计算器"菜单选项。

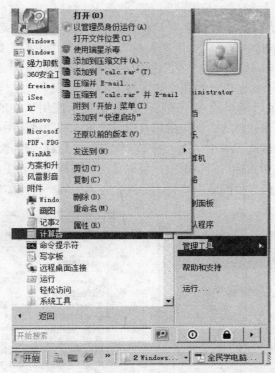

图 2-37　鼠标右键单击菜单项的弹出式菜单示意图

【知识补充】

用户也可以通过上面的方法，将"开始"菜单中的"最近用户运行的应用程序列表"中的菜单项设置到"快捷菜单项列表"中。

（4）删除"开始"菜单的菜单项

如果用户需要删除"快捷菜单项列表"中的菜单项或"最近用户运行的应用程序列表"的菜单项，只要单击鼠标右键，在弹出式菜单中选择"删除"或者"从列表中删除"命令即可实现删除操作。

2.3.3　通知区域设置

通知区域是任务栏的一个组成部分，用图标显示那些不出现在桌面上的系统或程序。通知区域也为通知和状态提供了临时的位置。该区域中的项被称为"通知区域图标"，或者在简称为"图标"。

计算机操作用户可以在通知区域进行移除图标、选择要显示的通知类型、暂停可靠的功能、退出程序等操作。

下面介绍如何设置显示和隐藏通知区域中的内容。

（1）打开"任务栏和「开始」菜单属性"对话框

将鼠标光标移动到任务栏或"开始"菜单空白处，单击鼠标右键，然后在弹出的菜单中选择"属性"命令。这样就打开了"任务栏和「开始」菜单属性"对话框。

（2）设置通知区域图标的显示与隐藏

在"任务栏和「开始」菜单属性"对话框中选择"通知区域"选项卡，如图 2-38 所示。在"系统图标"选择框中有"时钟"、"音量"、"网络"、"电源"选项。如果用户希望隐藏系统程序图标，只要单击选项前的"√"标识，即可去掉被选中状态。同理当某选项前的选择标识是"√"，则表示此选项已经在通知区域中显示。

在通知区域中，除了显示系统程序图标外，还能显示应用软件的程序图标，如杀毒软件、防火墙软件、QQ 腾讯软件等。如果用户希望设定显示或隐藏应用程序图标的方案，则在如图 2-38 所示的通知区域选项卡中单击"自定义"按钮，这样"自定义通知图标"对话框就显现出来，在"自定义通知图标"对话框中，可以单击应用程序列表中的行为，在下拉列表中可以选择"在不活动时隐藏"、"隐藏"、"显示"几个方案中的一种，如图 2-39 所示。

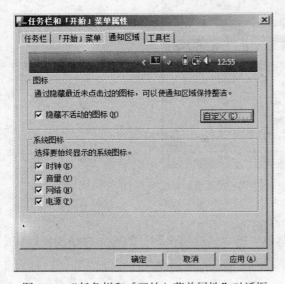

图 2-38 "任务栏和「开始」菜单属性"对话框　　　　　图 2-39 "自定义通知图标"对话框

2.3.4　工具栏

在任务栏中，还有一类被称为工具栏的组成部分，如快速启动栏就是工具栏的一个组成。在任务栏中的工具栏主要包括"地址"、"链接"、"桌面"、"快速启动"四个。由于任务栏显示区域有限，一般系统在任务栏中只默认显示工具栏中的快速启动栏。如果用户希望在任务栏中显示或隐藏"地址"、"链接"、"桌面"、"快速启动"工具栏项，则可在"任务栏和「开始」菜单属性"对话框中选择"工具栏"选项卡，然后根据需要选择相应选项添加到任务栏的工具栏中，如图 2-40 所示。

图 2-40 选择要添加到任务栏的工具栏

2.4 窗口及窗口操作

窗口是在图形界面操作中用户操作的对象，是用户与计算机交互的界面。窗口提供了用户与计算机之间最友好、最直观的交流平台，用户可以方便、有效地管理计算机的一切。在前面学习过程中，已经零星地学习并了解了一些窗口的操作，但还不系统。本节中主要对窗口和窗口的操作进行系统介绍。

2.4.1 窗口的基本知识

Windows Server 2008 是图形界面操作系统，用户与计算机的一切交流都可以通过对窗口的操作来实现。系统中泛指的窗口一般可分为两大类，即狭义窗口与对话框。所谓狭义窗口的概念实际上是与广义、泛指的窗口概念相对的，即指除对话框外的所有窗口的称谓。狭义窗口又分为应用程序窗口与文件夹窗口。图 2-5 所示的"计算机"窗口即是文件夹窗口，用于显示和管理文件夹下的文件；而应用程序窗口是指一个应用程序运行与操作的界面，因应用程序不同，其应用程序窗口在结构布局上也不完全相同。

在很多资料上并没有严格区分窗口是广义的还是狭义的，一般需要根据上下文去理解。本书中的窗口，除特别说明以外，一般指的是狭义窗口。

窗口与对话框在功能与外观结构上区别都很大。在窗口结构上，狭义窗口的一般结构如图 2-5 所示，包含有标题栏、菜单栏、导航窗格、工具栏、工作窗格、状态栏等。而如图 2-40 所示，对话框一般只由标题栏、列表框、复选框、单选框、按钮等元素构成。

在功能上，窗口能够实现相对更为复杂功能的操作；而对话框一般是用于信息显示、系统某一方面的功能设置等相对单一功能的操作，如"打印"对话框只负责打印设置与操作，而"计算机"窗口不仅能够实现对文档或文件夹的管理与操作，还可以调用与运行一些系统管理程序。

下面先介绍狭义窗口（以下简称窗口）的操作，至于对话框的操作知识，将在第 2.4.4 节中介绍。用户对窗口的操作，实际上就是执行窗口中的命令。窗口命令主要集中在工具栏与菜单中。工具栏上的命令一般都以图形的方式显示，比较直观。用户只要单击工具栏中的工具图标就可以运行相应的程序命令。由于窗口界面有限，一般工具栏中并不显示所有的命令。而菜单由于其包含容量相对较大，窗口中的所有操作命令都可以在菜单中找到。常见的菜单形式有下拉式菜单、级联式菜单、快捷菜单。

下拉式菜单：一般菜单栏中的菜单都属于这类菜单，用户通过单击菜单栏上的菜单选项，即可打开相应的下拉菜单。

级联菜单：对于一些菜单项中包含了子级菜单，如"开始"菜单中的"管理工具"菜单项一样，当用户单击此类菜单时，其下的子级菜单会立即显示出来。

快捷菜单：快捷菜单也被称为弹出式菜单，主要指用户在操作对象中单击鼠标右键时，在鼠标光标位置出现的菜单操作界面。快捷菜单中一般都是一些常用的命令，其包含的菜单选项较少。不同的对象，快捷菜单的显示选项内容也不相同。

2.4.2　鼠标的基本操作

鼠标是图形界面的计算机操作系统中一个重要的输入设备。通过鼠标用户可以直观、方便、快捷地操纵计算机，从而提高工作效率。

一般来说，鼠标有左右两个按键和中间一个滑轮，用户可以通过"控制面板"设置鼠标按键的功能，这部分知识在下一章节中讲解。下面介绍操作鼠标的常用术语。

指向：不按下鼠标键，直接移动鼠标，至使鼠标光标放置到某个被操作对象上。用鼠标操作某个对象前，必须先将鼠标光标移到这个对象上，即鼠标光标指向这个对象。

单击：在鼠标指向被操作对象后，按下鼠标左键然后立即释放。注意，单击一般指的是对左键的一次迅速的按下与放开，如果用户重新设置了鼠标操作，则单击的概念也将有变化。单击的功能一般是选中目标对象，目标对象可能是一个菜单项、一个按钮、一个选择框、一个文件、一个程序等。

双击：鼠标指向对象，连续快速两次单击鼠标左键。双击与两次单击的差别是在于，前者再次单击是在设定的鼠标响应时间范围内，后者两次单击时间超出的响应时间范围。比如假设鼠标设定的接收输入信息为 0.5s，则在 0.5s 内连续两次单击，对计算机系统而言，系统认定用户是双击操作；如果鼠标两次单击时间间隔超出 0.5s，则系统认为用户实施的是两次单击命令，则以单击操作响应。

拖动：用鼠标指向对象，按下鼠标左键不松开，同时移动鼠标，等到达目标区域后释放按下的左键。拖动可以将对象从一个位置移动到另外一个位置。

鼠标右键单击：习惯上又称为右击，即将鼠标指向目标对象迅速按下并立即释放右键。右击通常的功能是唤出弹出式菜单。

滑动：对于带有滑轮的鼠标，用户向前或向后滚动滑轮，则屏幕信息也随之向上或向下翻动。滑动一般在窗口不能完全显示的状态下使用。

2.4.3　窗口操作

窗口操作是用户与计算机系统之间信息沟通的重要手段，用户可以通过鼠标在窗口上的操作向计算机系统发出操作指令，也可以利用键盘的操作向计算机系统发出操作指令。对窗口的基本操作包括打开、缩放、移动等。

1．打开窗口

当需要打开一个程序或文件管理窗口时，可以通过多种方式来实现。不过一般打开程序或文件管理窗口，主要是通过操作桌面、文件管理窗口、"开始"菜单三种方式打开。

这里提及的文件管理窗口，是指主要用于显示计算机存储器中所包含的文件或文件夹资源的窗口，如 Windows Server 2008 中常用的"计算机"窗口就是文件管理窗口。

1）在桌面上打开指定文件管理窗口或启动程序窗口，主要有以下两种方式。

● 在桌面上选中要打开的文件或文件夹图标，然后双击打开。

● 在选中的文件或文件夹图标上单击鼠标右键，然后在弹出的快捷菜单中选择"打开"命令，如图 2-41 所示。

2）在文件管理器窗口中，打开指定文件夹或启动程序的操作主要有以下三种形式。

● 双击文件管理器窗口中的文件或文件夹图标即可打开。

- 在选中的文件或文件夹图标上单击鼠标右键，然后在弹出的快捷菜单中选择"打开"命令。
- 选中窗口中的文件或文件夹图标，单击窗口菜单栏上的"文件"菜单，并在下拉菜单中选择"打开"命令，如图2-42所示。

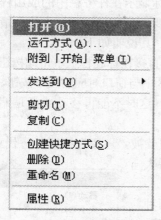

图 2-41　快捷菜单

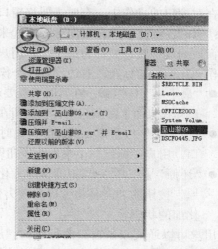

图 2-42　文件管理窗口的"文件"菜单

3）通过操作"开始"菜单，打开程序或文件管理器窗口。

在打开的"开始"菜单中，用户只要单击相应的菜单项即可打开程序或文件管理器窗口。

2．移动窗口

对于已经打开并且在桌面上显示的窗口，用户可以通过鼠标或鼠标和键盘的配合使用，在实现对窗口的移动。由于用鼠标移动窗口简便易用，下面讲述用鼠标移动窗口的两种常用操作。

1）用鼠标移动窗口，只需要在标题栏上按下鼠标左键拖动，移动到合适的位置后再松开，即可完成移动的操作。

2）用户如果需要精确地移动窗口，可以在标题栏上单击鼠标右键，在打开的快捷菜单中选择"移动"命令，当屏幕上出现"✛"标志时，再通过键盘上的方向键来移动，到合适的位置后用鼠标单击或者按〈Enter〉键确认，如图2-43所示。

3．缩放窗口

窗口显示区域的大小，决定了显示内容的多少。有时用户需要调整窗口的大小来显示窗口中的内容。常用的调整窗口的操作有如下两种方式。

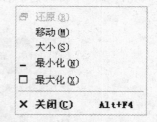

图 2-43　标题栏的快捷菜单

1）当用户只需要改变窗口的宽度时，可把鼠标放在窗口的垂直边框上，当鼠标指针变成双向的箭头时，任意拖动鼠标即可改变窗口宽度。如果只需要改变窗口的高度时；可以把鼠标放在水平边框上，当指针变成双向箭头时进行拖动。当需要对窗口进行等比缩放时，可以把鼠标放在边框的任意角上进行拖动。

2）用户也可以用鼠标和键盘配合来完成，在标题栏上单击鼠标右键，在打开的快捷菜单中选择"大小"命令，屏幕上出现"✛"标志时，通过键盘上的方向键来调整窗口的高度和宽度，调整至合适位置时，用鼠标单击或者按〈Enter〉键结束。

4．最大化、最小化窗口

在对窗口的操作中，有时需要将窗口的显示占满整个桌面区域，这种状态被称为窗口最大化；有时需要将窗口在桌面上隐藏起来，仅仅将窗口的图标显示在任务栏中的应用程序区中，窗口的这种状态被称为最小化。用户可以根据自己的需要，对窗口进行最小化、最大化等操作。在窗口的标题栏右边，有几个操作窗口状态的图标，其说明如下。

- "最小化"按钮 ▬：在暂时不需要对窗口操作时，用户直接在标题栏上单击此按钮，窗口即在桌面上隐藏起来，仅保留在任务栏的应用程序区中与窗口对应的图形按钮。
- "最大化"按钮 ▢：窗口最大化时占据整个桌面空间，这时不能再移动或者是缩放窗口。用户在标题栏上单击此按钮即可使窗口最大化。
- "还原"按钮 ▣：当把窗口最大化后，"最大化"按钮就被"还原"按钮所替代。"还原"按钮的功能是将窗口从最大化状态恢复到窗口最大化前的状态。

用户可以通过双击窗口的标题栏，进行最大化与还原两种状态的快捷切换。此外在窗口标题栏的最左边都会有一个表示当前程序或者文件特征的控制菜单图形按钮，单击此图形按钮即可打开控制菜单。此控制菜单和在标题栏上右击所弹出的快捷菜单的内容是一样的，如图 2-44 所示。

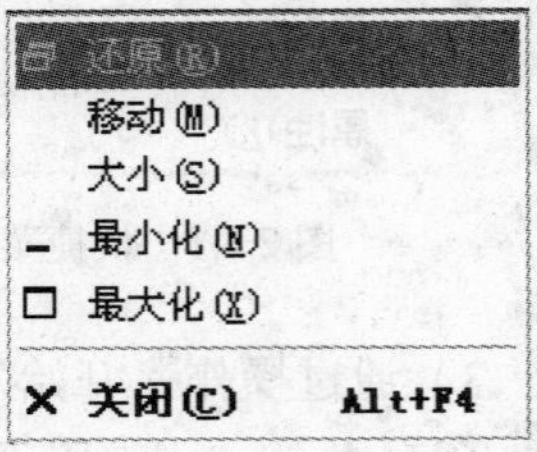

图 2-44　控制菜单

用户也可以通过快捷键来完成以上的操作。按〈Alt+Space〉组合键来打开控制菜单，然后根据菜单中的提示，在键盘上输入相应的字母，如最小化即输入字母"N"，通过这种方式可以快速完成相应的操作。

5．切换窗口

当用户打开多个窗口后，在桌面上只有一个窗口可以直接被操作。这种能够接收用户直接输入信息的窗口被称为活动窗口，其余的窗口被称为非活动窗口。在桌面上，同一时刻最多只允许有一个窗口处于活动窗口状态，如图 2-45 所示。

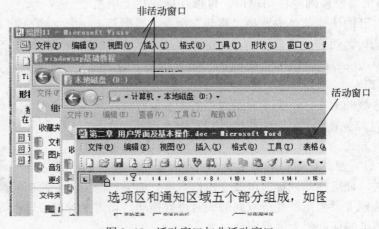

图 2-45　活动窗口与非活动窗口

用户可以在活动窗口与非活动窗口间进行切换，即当用户将一个非活动窗口设置成为活动窗口后，前一个活动窗口立刻转换成非活动窗口。用户切换活动窗口的常用操作方法有如下几种。

1）用鼠标操作实现切换。直接用鼠标单击桌面上非活动窗口，或者单击任务栏上的应用程序区中的窗口按钮图标，即可以将非活动窗口切换成活动窗口的状态。

2）用〈Alt+Tab〉组合键实现切换。用户可以同时按下〈Alt〉键和〈Tab〉键，屏幕上会出现"切换任务栏"，在其中列出了当前正在运行的窗口，用户这时可以按住〈Alt〉键，然后在键盘上连续按〈Tab〉键从"切换任务栏"中选择所要打开的窗口，选中后再松开两个键，选择的窗口即可成为当前活动窗口，如图 2-46 所示。

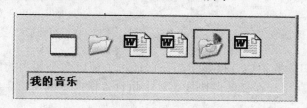

图 2-46　切换任务栏

3）用〈Alt+Esc〉组合键实现切换。先按下〈Alt〉键，然后再通过按〈Esc〉键来选择所需要打开的窗口，但是这种方法只能改变激活窗口的顺序，而不能使最小化窗口放大，所以，多用于切换已打开的多个窗口。

6. 关闭窗口

在用户完成对某窗口的操作后，为节约计算机系统的资源，需要停止此程序运行。停止某程序运行一般是通过关闭程序窗口来实现的。关闭程序窗口的操作主要有以下几种方式。

1）直接在标题栏上单击"关闭"按钮 ✖。

2）双击控制菜单图标按钮。

3）单击控制菜单按钮，在弹出的控制菜单中选择"关闭"命令。

4）使用〈Alt+F4〉组合键。

5）使用菜单栏中"文件"菜单下的"关闭"（或者"退出"）命令，同样也能关闭窗口。

6）在任务栏上右击该窗口的图形按钮，在弹出的快捷菜单中单击"关闭"命令。

用户在关闭窗口之前要保存所创建的文档或者所做的修改，如果忘记保存，当执行了"关闭"命令后，会弹出一个对话框，询问是否要保存所做的修改，选择"是"则先保存后关闭；选择"否"则关闭但不保存；选择"取消"则不关闭窗口。

7. 窗口的排列

当用户在对窗口进行操作时打开了多个窗口，而且需要全部处于显示状态，这就涉及到排列的问题，Windows Server 2008 为用户提供了三种排列的方案。

在任务栏上的非按钮区单击鼠标右键，弹出一个快捷菜单，如图 2-47 所示。在这个弹出的快捷菜单中的第二栏显示的是窗口排列方案选项。

1）层叠窗口。把窗口按先后顺序依次排列在桌面上，当用户在任务栏快捷菜单中选择"层叠窗口"命令后，桌面上会出现排列的结果，其中每个窗口的标题栏和左侧边缘是可见的，用户可以在各窗口之间任意切换，如图2-48所示。

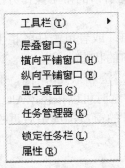

图2-47 任务栏快捷菜单

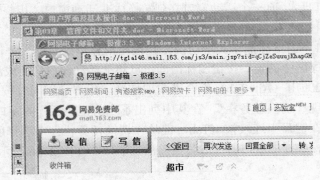

图2-48 层叠窗口

2）横向平铺窗口。各窗口并排显示，在保证每个窗口大小相当的情况下，使得窗口尽可能往水平方向伸展。用户在任务栏快捷菜单中执行"横向平铺窗口"命令后，在桌面上即可出现排列后的结果。

3）纵向平铺窗口。在排列的过程中，使窗口在保证每个窗口都显示的情况下，尽可能往垂直方向伸展。用户选择相应的"纵向平铺窗口"命令即可完成对窗口的排列。

在选择了某项排列方式后，在任务栏快捷菜单中会出现相应的撤消该选项的命令。例如用户执行了"层叠窗口"命令后，任务栏的快捷菜单会增加一项"撤消层叠"命令，当用户执行此命令后，窗口恢复原状。

2.4.4 对话框的操作

前面介绍了针对程序窗口和文件管理窗口的操作，除了程序窗口和文件管理窗口外，还有一种被称为"对话框"的窗口。对话框在操作系统中占有很重要的地位，是用户与计算机系统之间进行信息交流的窗口，在对话框中用户通过对选项的选择，可以对系统进行属性的修改或者设置。

1．对话框的构成

对话框的组成和窗口有相似之处，例如都有标题栏，但对话框要比窗口更简洁、更直观、更侧重于与用户的交流，其一般包含有标题栏、选项卡与标签、文本框、列表框、命令按钮、单选按钮和复选框等几部分。

1）标题栏。位于对话框的最上方，活动状态下系统默认的是深蓝色，上面左侧标明了该对话框的名称，右侧有"关闭"按钮，有的对话框还有"帮助"按钮。

2）选项卡和标签。在系统中有很多对话框都是由多个选项卡构成的，选项卡上写明了标签，以便于进行区分。用户可以通过各个选项卡之间切换来查看不同的内容。在选项卡中通常有不同的选项组。例如在"本地磁盘（D：）属性"对话框中包含了"常规"、"工具"、"硬件"等九个选项卡，在"硬件"选项卡中又包含了"所有磁盘驱动器"列表、"设备属性"两个组件，如图2-49所示。

3）文本框。文本框用于在对话框中用户手动输入某项内容，还可以对各种输入内容进行修改和删除操作。一般在其右侧会带有向下的箭头，可以单击箭头在展开的下拉列表中查看最近曾经输入过的内容。如在桌面上单击"开始"按钮，选择"运行"命令，可以打开"运行"对话框，这时系统要求用户输入要运行的程序或者文件名称，如图2-50所示。

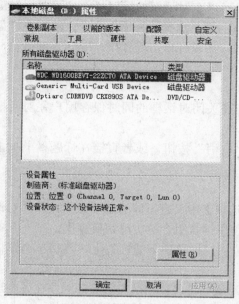

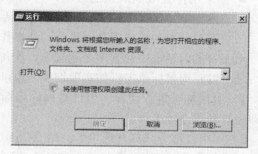

图2-49 "本地磁盘（D：）属性"对话框 　　　　图2-50 "运行"对话框

4）列表框。有的对话框在选项组下已经列出了众多的选项，用户可以从中选取，但是通常不能更改。例如前面所讲到的"显示属性"对话框中的"桌面"选项卡，系统自带了多张图片，用户是不可以进行修改的。

5）命令按钮。是指在对话框中圆角矩形并且带有文字的按钮，常用的有"确定"、"应用"、"取消"等。

6）单选按钮。通常是一个小圆形，其后面有相关的文字说明，当选中后，在圆形中间会出现一个绿色的小圆点。在对话框中通常是一个选项组中包含多个单选按钮，当选中其中一个后，别的选项是不可以选的。

7）复选框。复选框通常是一个小正方形，在其后面也有相关的文字说明，当用户选择后，在正方形中间会出现一个绿色的"√"标志。复选框是可以任意选择的。

另外，在有的对话框中还有调节数字的按钮，由向上和向下两个箭头组成，用户在使用时分别单击两个箭头即可增加或减少数字，如图2-51所示。

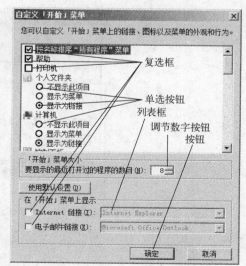

图2-51 "自定义开始菜单"对话框

2. 对话框的基本操作

对话框的操作主要有对话框的移动、关闭、对话框选项卡之间的切换及使用对话框中的帮助信息等。下面就来详细介绍关于对话框的有关操作。

（1）对话框的移动和关闭

1）移动对话框操作。用户要移动对话框时，可以在对话框的标题栏上按下鼠标左键拖动到目标位置再松开；也可以在标题栏上单击鼠标右键，选择"移动"命令，然后在键盘上按方向键来改变对话框的位置，移动到目标位置时，用鼠标单击或者按〈Enter〉键确认，即可完成移动操作。

2）关闭对话框的操作方法有下面几种。

● 单击"确认"按钮或者"应用"按钮，可在关闭对话框的同时保存用户在对话框中所做的修改。

● 如果用户要取消所做的改动，可以单击"取消"按钮，或者直接在标题栏上单击关闭按钮，也可以按〈Esc〉键退出对话框。

（2）在对话框的选项卡之间进行切换操作

由于有的对话框中包含多个选项卡，在每个选项卡中又有不同的选项组，在操作对话框时，既可以利用鼠标单击操作实现切换，也可以使用键盘组合键实现切换操作。

1）用鼠标来进行切换。用户将鼠标光标定位到目标选项卡的标签上，然后单击鼠标左键即可打开该选项卡。

2）用组合键方式打开选项卡。用〈Ctrl+Tab〉组合键可以按从左到右的顺序在各个选项卡之间进行切换；而用〈Ctrl+Tab+Shift〉组合键可以按从右到左的顺序进行切换。

（3）使用对话框中的帮助

对话框不能像窗口那样任意改变大小，在标题栏上也没有"最小化"、"最大化"按钮，取而代之的是"帮助"按钮 **?** 。当用户在操作对话框时，如果不清楚具体操作时，可以在标题栏上单击"帮助"按钮，这时界面上就会出现"Windows 帮助和支持"窗口。如图 2-52 所示，该窗口是通过单击"Internet 属性"对话框中的"帮助"按钮 **?** 而被打开的。

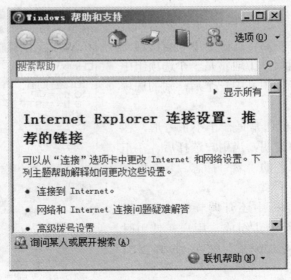

图 2-52 "Windows 帮助和支持"窗口

2.5 网络配置与上网

在前面的学习中，主要介绍了操作计算机的一些基础知识，但单纯的能够操作计算机系统已经不能满足进一步的需求，随着信息化普及进程发展，生活、学习、休闲、工作等已经与计算机网络密不可分，可以说计算机网络已经融入到了生活的方方面面，因此掌握计算机网络的应用是计算机操作的一个重要组成部分。这一节中，将讲述如何设置和使用网络的基本知识。

2.5.1 网卡安装与设置

当用户安装完操作系统后，可能首要的任务就是设置系统的网络环境。通过网络不仅可以为系统中的硬件找到相应的驱动软件程序，同时通过网络还可以下载一些重要的应用程序（如防火墙、杀毒软件、Office 办公软件等）和信息资源。但计算机能够上网的前提是，必须设置相应的网络设备。

目前就计算机而言，连接到网上所需的设备主要有网卡和调制解调器（Modem），网卡又分为有线网卡与无线网卡。但对于台式计算机而言，在办公环境下常用的是有线网卡。这里就以有线网卡为例，讲解网卡的安装与设置。

【任务 2-12】 有线网卡的安装。

（1）网卡硬件安装

网卡安装，首先要确认主板上是否集成了网卡。如果主板已经集成了网卡，则不必购买网卡设备，继续第二步即可；反之，如果主板没有集成网卡，就需要用户先购买一个合适的网卡。购买前，先要了解网卡的分类，根据分类及计算机插槽状况选择合适的网卡类型。

网卡按总线方式分类，主要有 ISA、PCI 和 USB 三种方式。

ISA 网卡的网络传输速率低，CPU 资源占用大，这类网卡已不能满足现在不断增长的网络应用需求，现在市场上很难找到了。

PCI 总线的网卡又分为 PCI 2.1 标准和 PCI 2.2 标准两种。PCI 2.1 标准的网卡工作频率为 33MHz，数据传输率为 133MB/s；PCI 2.2 标准的工作频率为 66MHz，最大数据传输率高达 533MB/s。PCI 网卡与 CPU 之间的通信方式一般采用总线控制方式，使得高优先级的任务可以直接读取数据而不再需要处理器来干涉，所以大大提高了运行的效率，降低了对系统资源的占用。目前 PCI 网卡是市场的主流，其外观如图 2-53 所示。

图 2-53 PCI 网卡实物图

USB 总线的网卡一般是外置式的，具有不占用计算机扩展槽和热插拔的优点，因而安装更为方便。这类网卡主要是为了满足没有内置网卡的笔记本电脑用户。USB 总线分为

USB 2.0 标准和 USB 1.1 标准两种。USB 1.1 标准传输速率的理论值只有 12Mbit/s，而 USB 2.0 标准的传输速率就高达 480Mbit/s。

　　用户选择购买了合适的网卡后，在计算机断电状态下（如果是即插即用的设备可在计算机带电状态下操作），打开计算机机箱盖，将网卡插入到计算机主板上某个空闲的扩展槽中，然后关闭机箱盖，再把网线插入到网卡的 RJ-45 接口中。

　　（2）网卡驱动程序安装

　　打开机箱电源，系统启动并进入 Windows Server 2008 操作系统界面，Windows Server 2008 系统就会进行硬件扫描。屏幕上会出现"发现新硬件"的提示窗口，如图 2-54 所示。

　　从图 2-54 中，可以看到计算机系统已经探测到新增加的网卡信息。当用户在"发现新硬件"窗口中单击"查找并安装驱动程序软件（推荐）"选项后，计算机接着会弹出"找到新的硬件——以太网控制器"窗口，如图 2-55 所示。

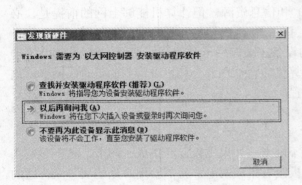
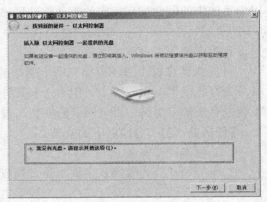

　　　　图 2-54　"发现新硬件"对话框　　　　　图 2-55　"找到新的硬件—以太网控制器"窗口

　　在图 2-55 中，提示用户将购买网卡时所附送的光盘插入到计算机光驱中，以便 Windows 系统自动搜索该光盘以获取该网卡的驱动程序。然后单击"下一步"按钮，系统便进入自动搜索驱动器窗口。

　　如果用户已经将驱动程序放置在磁盘中，则可以单击"找到新的硬件—以太网控件器"窗口中的"我没光盘。请显示其他选项"按钮，在随后打开的如图 2-56 所示的"从磁盘安装"对话框中，单击"浏览"按钮，在接着打开的"查找文件"对话框里，查找并选择网卡驱动程序文件，如图 2-57 所示。

　　在"查找文件"对话框中，当确定了网卡驱动程序后，单击"打开"按钮，系统则将选中的驱动文件返回到"从磁盘安装"对话框中，只是在"制造商文件复制来源"的下拉框中显示出了磁盘文件的位置，如图 2-58 所示。这时用户单击"确定"按钮，则计算机进入到网卡驱动器安装进程。

　　当网卡驱动程序安装完成后，即可检查网卡驱动程序是否安装成功。检查方式是单击"开始"菜单中的"控制面板"，在"控制面板"窗口中单击"设备管理器"图标，打开"设备管理器"窗口，在"设备管理器"窗口中的"网络适配器"下有没有出现带黄色感叹号图标，如果没有则表示安装成功，如图 2-59 所示，左边带有黄色感叹号图标的"以太网控制器"表示硬件未安装正确的驱动程序，该硬件不能正常使用；而右边的"网络适配器"下显示出了当前网卡型号信息，则表示该硬件驱动程序安装正常，并且能够使用。

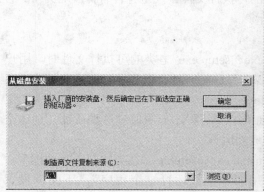

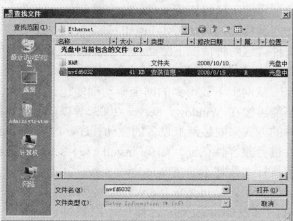

图 2-56 "从磁盘安装"对话框   图 2-57 "查找文件"对话框

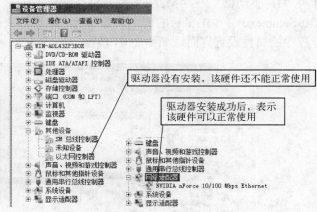

图 2-58 确定驱动文件位置   图 2-59 在"设备管理器"窗口显示的网卡安装前后信息

☞注意：

    安装网卡驱动程序时，可能还会碰到 Windows Server 2008 系统不能将其自动识别出来，或存在网卡厂商还没有提供针对 Windows Server 2008 的驱动程序。

    遇到这种情况，用户可以通过下载 Windows Vista 网卡驱动程序来代替，因为 Windows Server 2008 系统的内核与 Windows Vista 系统的比较接近。

    如果 Windows Vista 网卡驱动程序也下载不到的话，则可以尝试下载使用已经通过微软公司 WHQL（Windows Hardware Quality Lab）认证的驱动程序，因为 Windows Server 2008 系统能够很好地兼容这些已经通过认证的网卡驱动程序。

    如果上面的尝试也不能解决，则只有通过下载使用能在 Windows Server 2003 系统下正常工作的网卡驱动程序了，这类驱动程序可能在 Windows Server 2008 操作系统下能够使用。

如果下载的网卡驱动程序是压缩文件，用户在使用之前，需要通过诸如 WinRAR 这样的解压缩工具将压缩文件解压释放到指定的文件夹中。对于解压缩后的网卡驱动程序可能存在两种情况：一是诸如 install.exe、setup.exe 之类的可执行文件；二是包含有扩展名为 inf 的文件。这两种情况下驱动程序的安装过程如下所示。

1）用扩展名为 exe 的文件安装网卡驱动程序。

从网上下载得到的网卡驱动程序包含 install.exe、setup.exe 之类的可执行文件时，用户不能再像在 Windows Server 2003 等以前老版本操作系统中一样，以简单双击这些可执行文件的方式来安装网卡设备的驱动程序，因为 Windows Server 2008 系统要对安装在其上的文件进行兼容性认证，如果 install.exe、setup.exe 之类的安装程序无法通过这种认证，则这个可执行文件是不能在 Windows Server 2008 系统中成功运行的。

为了让 Windows Server 2008 系统允许运行 install.exe、setup.exe 之类的网卡驱动程序，用户首先要将这类可运行程序的属性设置成"用兼容模式运行这个程序"。下面以设置 AsusSetup.exe 文件的"用兼容模式运行这个程序"属性为例，学习设置可运行文件"用兼容模式运行这个程序"属性的操作。如图 2-60 所示，此处通过"计算机"窗口，依次打开文件夹"H 驱动器"→"M2N68-AM SE"→"Divers"→"Chipset"，最后选中可执行文件 AsusSetup.exe 并单击鼠标右键，然后在随后出现的快捷菜单中选择"属性"命令，打开可执行程序的属性设置界面，如图 2-61 所示。

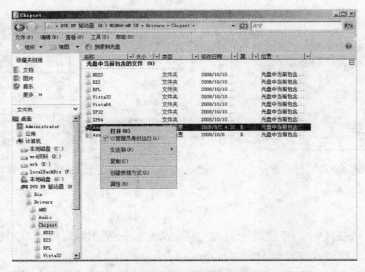

图 2-60　在文件管理窗口中找到可执行文件示例

在可执行文件的属性窗口中，单击"兼容性"选项卡，然后在"兼容模式"选项组中，先选中"用兼容模式运行这个程序"复选框，然后在其下面的下拉列表中选择"Windows Server 2003（Service Pack 1）"选项，如图 2-61 所示。接着单击"确定"或"应用"按钮。此后即可通过鼠标双击这个可执行文件夹安装网卡驱动程序了。

2）用扩展名为 inf 的文件夹安装网卡驱动程序。

如果从网上下载得到的网卡驱动程序是 inf 文件时，用户只有采用手工定位的办法来让 Windows Server 2008 系统强行安装网卡驱动程序。

首先打开 Windows Server 2008 系统的"开始"菜单,从中选择"控制面板"菜单选项,打开 Windows Server 2008 系统的"控制面板"窗口,用鼠标单击"设备管理器"选项,打开 Windows Server 2008 系统的"设备管理器"窗口。

然后单击"设备管理器"窗口菜单栏中的"操作"→"添加过时硬件"菜单命令,随后屏幕上将会自动弹出"添加硬件"窗口,如图 2-62 所示,依照屏幕中出现的向导提示先点选"安装我手动从列表选择的硬件(高级)"选项,之后单击"下一步"按钮,选中其后界面中的"显示所有设备"选项,继续单击"下一步"按钮,此时安装向导要求选择为此硬件安装的设备驱动程序,只要单击对应界面中的"从磁盘安装"按钮,打开如图 2-56 所示的对话框,通过该对话框中的"浏览"按钮,将先前从网络中找来的扩展名为 inf 的驱动程序文件选中并加入进来,如图 2-57 所示,之后再按照向导提示完成其他的安装设置操作即可。

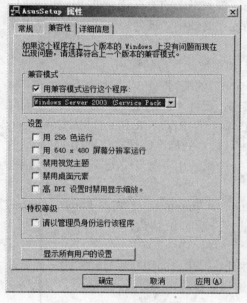

图 2-61　可执行文件属性窗口

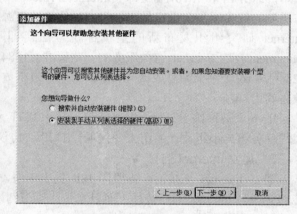

图 2-62　"添加硬件"窗口

2.5.2　网络环境配置

通过上一个任务,网卡的硬件安装已经完成。但成功安装完网卡,并不能直接就可以上网,还需要进一步设置。

1. 必备知识

(1) 通信协议

计算机网络是一个庞大而复杂的系统,由于接入到网络上的计算机存在着诸如操作系统、硬件等差异,所以如果要使网上任意两个计算机系统之间进行通信,就必须解决这两个系统之间的识别、交流问题。因此网络协议是用于建立一套信息传输顺序、信息格式、差错控制等规范的约定,这一整套约定被称为通信协议。为了便于组织和实现这些协议、降低计算机系统设计与实现协议的复杂性,一般按层次结构组织网络的通信协议。

国际化标准组织建立了一个叫 OSI 的网络协议标准,其中的 TCP/IP 协议已经在网络上被广泛使用，成为网络通信的事实标准。

（2）ISP

ISP（Internet Service Provider）是互联网服务提供商，即向广大用户综合提供互联网接入业务、信息业务和增值业务的电信运营商。中国有三大基础运营商：中国电信、中国移动、中国联通。

用户若想成为 Internet 的长期固定用户，就需向 ISP 提出申请。不同的 ISP 所提供的 Internet 服务及收费标准均有不同，用户可选择适合自己的 ISP。当 ISP 接受用户申请后，则向用户提供用户名（账号）、密码等上网所需的信息。

（3）IP

IP 是 Internet Protocol（网络互连协议）的缩写，中文简称为"网络协议"，也就是为计算机网络相互连接进行通信而设计的协议。它是能使连接到网上的所有计算机实现相互通信的一套规则，规定了计算机在网络上进行通信时应当遵守的规则。任何厂家生产的计算机系统，只要遵守 IP 协议就可以与网络互连互通。

IP 地址具有唯一性，是在计算机交互操作中用于识别彼此身份的标识。目前 IP 有两个版本，即 IPv4 和 IPv6，IPv 即"Internet Protocol Version"的缩写。IPv4 地址是用一个 32 位二进制的数表示一个主机号码，但 32 位地址资源有限，已经不能满足用户的需求了，因此 Internet 研究组织发布新的主机标识方法，即 IPv6。在 RFC（Request for Comments Document，是 Internet 有关服务的一些标准）1884 中，规定的标准语法建议把 IPv6 地址的 128 位（16 个字节）写成 8 个 16 位的无符号整数，每个整数用 4 个十六进制位表示，这些数之间用冒号（：）分开。

IPv6 又被称作下一代互联网协议，是由 IETF（Internet Engineering Task Force，Internet 工程任务组）小组设计的用来替代现行的 IPv4 协议的一种新的 IP 协议。

2．建立 Internet 连接

建立 Internet 连接前，先要向 ISP 提出申请，并且获得相应的用户账号和密码，此后才能够实现与 Internet 的连接。下面以宽带连接为例讲解如何建立与 Internet 连接。

【任务 2-13】 建立宽带连接。

（1）打开"网络和共享中心"窗口

打开"网络和共享中心"窗口的常用方法有如下几种。

1）用户可以在"开始"菜单中单击"控件面板"选项，然后在"控制面板"窗口中单击"网络和共享中心"图标即可打开"网络和共享中心"窗口。

2）在"计算机"窗口中，单击"工具栏"上的"打开控制面板"工具，然后在"控制面板"窗口中单击"网络和共享中心"图标即可打开"网络和共享中心"窗口。

3）单击桌面下任务栏中的 图标，在随后打开的菜单中，选择"网络和共享中心"链接，即可打开"网络和共享中心"窗口。

☞注意：

在任务栏上表示网络连接状态的图标共有三种。 表示未连接到 ISP，还不可访问 Internet； 表示已经连接到 ISP，用户可以正常访问 Internet； 表示网络物理连接有问题，出现这种标志，用户要查看网络连接、水晶头，甚至网卡是否存在连接松动、滑落等情况。

（2）打开"设置连接或网络"对话框

在"网络和共享中心"窗口中单击窗口左上角"任务"下的"设置连接或网络"链接，如图 2-63 所示，则可以打开"设置连接或网络"对话框，如图 2-64 所示。

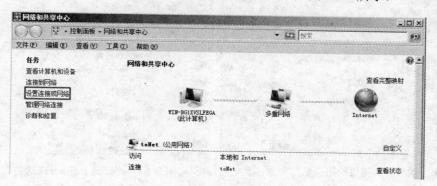

图 2-63 "网络和共享中心"窗口

在"设置连接或网络"对话框中，选择"连接到 Internet"选项，然后单击"下一步"按钮。

（3）在"连接到 Internet"对话框中选择连接方式

在打开的"连接到 Internet"对话框中，选择并单击"宽带（PPPoE）"选项，如图 2-65 所示。

图 2-64 "设置连接或网络"对话框

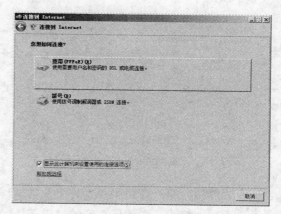

图 2-65 选择连接到 Internet 的连接方式

（4）输入 ISP 账号和密码

在接下来的"连接到 Internet"对话框中输入 ISP 提供的用户名或密码，如图 2-66 所示。如果用户希望下次连接时，不再重复输入密码，则可选中"记住此密码"复选框；如果希望以其他身份登录这台计算机的用户也能通过这个连接上 Internet 的话，则需要选中"允许其他人使用此连接"复选框。

接下来，"连接到 Internet"向导则依次验证用户信息是否正确，如果输入的信息正确无误，则会弹出计算机已经连接网络的信息框，如图 2-67 所示。如果用户输入的信息不正确，则会出现如图 2-68 所示的连接失败的信息框。

图 2-66　输入 ISP 提供的用户名与密码信息

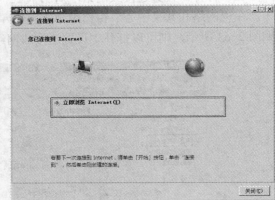

图 2-67　连接到 Internet 成功的信息框

（5）前面四个步骤是对于初次连接到 Internet 的操作，如果是其后的连接，则只需要用鼠标右键单击工具栏上的 图标，并在弹出的快捷菜单中选中"连接到网络"命令，则会打开"连接网络"窗口，如图 2-69 所示。

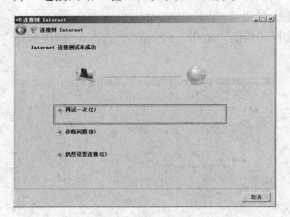

图 2-68　连接到 Internet 失败的信息框

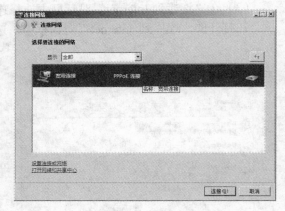

图 2-69　"连接网络"窗口

在"连接网络"窗口中，选择"宽带连接"，然后单击"连接"按钮。在随后打开的"连接 宽带连接"对话框中输入用户名或密码，如图 2-70 所示。接着单击"连接"按钮，则计算机就会连接到 Internet。

2.5.3　浏览网页操作简介

当计算机已经连接上 Internet 后，用户就可以通过浏览器访问 Internet 中的 Web 网站了。目前常用的浏览器比较多，但由于 IE 浏览器内置在 Windows Server 2008 操作系统中，所以在浏览网页时，选择 IE 浏览器还是比较普遍的。

图 2-70　"连接 宽带连接"对话框

1．打开 IE 浏览器

用户可以通过单击任务栏中的 图标来打开 IE 浏览器，也可在文件管理器窗口，如"计算机"窗口的地址栏中输入网址打开。IE 浏览器打开网页后的窗口如图 2-71 所示。

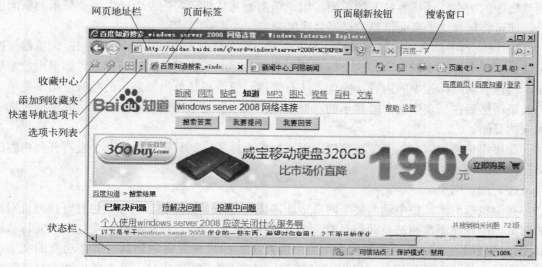

图 2-71　IE 浏览器

2．IE 浏览器部分常用功能简介

（1）部分功能组件简介

IE 浏览器中的网页地址栏是用于输入 Web 服务器地址的，比如用户需要浏览 www.163.com 网站，则只需要在网页地址栏中输入字符串 www.163.com，然后按〈Enter〉键即可在 IE 浏览器的活动标签窗口中显示 www.163.com 的主页面。

地址输入栏后的 按钮的功能是重新刷新当前 IE 浏览器活动标签页面中的内容。当用户登录页面超时或页面失效时，可单击 按钮，重新从网络上下载并显示地址栏中指向的页面。

按钮 的功能是停止下载网络中信息。有些网页中由于图片、声音或者视频过多的原因，造成下载信息量过大，从而导致用户打开网页速度较慢。在打开这类网页过程中，当用户决定不再继续下载页面中的内容时，可以单击 按钮来实现停止下载的操作。注意，当页面已经全部下载到当前用户计算机上时，单击此按钮系统不会有任何反应。

按钮是收藏夹按钮，单击此按钮，则打开收藏夹菜单。在收藏夹菜单中，一般保存了若干个用户需要经常打开的网址链接，用户通过单击网址链接即可打开相应的网页。收藏夹菜单对于管理和访问网络中常用的网络资源提供了帮助。

按钮是将当前活动标签中的网页地址保存到收藏夹菜单中。当用户单击 按钮后，即打开一个菜单，菜单中的"添加到收藏夹"菜单项是将当前活动标签中的页面地址保存到收藏夹中；"将选项卡组添加到收藏夹"菜单项是将当前 IE 浏览器窗口中的所有标签中页面的地址保存到收藏夹中；"导入/导出"菜单项是将 IE 浏览器中的收藏夹、源和 Cookie 中的信息导入或导出到计算机上的其他应用程序或文件中；"整理收藏夹"菜单项是对当前 IE 浏览器收藏夹中的页面地址资源进行管理，即删除、移动等操作。

当 IE 浏览器中出现多于一个标签时，会出现▦图标的按钮。▦按钮的功能是将当前 IE 浏览器中的所有标签页面以缩略图的方式显示出来，用户可以快捷找到需要显示的页面。当用户需要显示某个页面时，只需要单击其页面图标即可。⌄按钮是以列表的方式显示当前 IE 浏览器中的所有活动标签打开的页面，用户单击⌄并从显示的列表中选中需要显示的页面地址，即可将包含这个页面信息的标签显现出来。

IE 浏览器中，当用户打开多于一个页面时，一个页面占用一个标签。但 IE 浏览器一次只能显示一个标签中的内容，这个标签即为当前 IE 浏览器窗口的活动标签。如果用户希望显示其他非活动标签中的内容，操作方法有三种。第一种是单击要显示的标签；第二是单击⌄按钮，然后在列表中选中要显示的页面地址；第三种是单击▦按钮，在显示的图标中选中相应的页面。

如果用户需要在 IE 浏览器窗口中再增加一个标签，则只需要单击一个没有任何内容的空白标签即可。

（2）浏览网页

在浏览器的地址栏中输入某个网页地址，按〈Enter〉键即在当前标签中打开该网址对应的网页。用户在浏览网站页面信息时，会发现在 IE 窗口中，鼠标光标有变化，当光标移动到空白区域时，光标显示成偏向左上方面的箭头；如果光标移动到具有链接功能的文字上时，则显示为一个手的形状"🖑"。当鼠标光标显示成手的形状时，单击鼠标则会打开该区域（文字、图片等）所链接到的新页面。

2.6　实训

1．设置个性化
（1）将自己的图片设置为桌面背景。
（2）将显示器分辨率设置为 1280×800 像素。

2．创建文件夹和操作文件实训
（1）在"C:"下创建一个名为"AAA"的文件夹。
（2）将创建后的"AAA"文件夹移到"D:"盘上。
（3）将"C:\Windows\System32"下的所有文件复制到"AAA"文件夹中。

3．访问 Internet
（1）创建计算机宽带连接或设置连接到局域网。
（2）连接到网络。
（3）通过浏览器访问指定网点页面。

2.7　习题

1．选择题
（1）Windows Server 2008 默认的桌面主题是（　　）。
　　A．Windows XP　　B．Windows 经典　　C．Longhorn　　　　D．Windows Aero
（2）Windows Server 2008 的默认桌面字体是（　　）。

        A．宋体   B．黑体   C．微软雅黑   D．隶书
（3）Windows Server 2008 自带的网页浏览器是（   ）。
        A．Internet Explorer 7.0   B．Internet Explorer 6.0
        C．Opera 9.0   D．Firefox
（4）锁定安装有 Windows Server 2008 操作系统计算机的快捷键是（   ）。
        A．Win+R   B．Win+Tab   C．Win+L   D．Win+Shift
（5）在设置桌面背景时，Windows 会提示多种背景的显示位置，以下（   ）不属于桌面背景的显示位置。
        A．适应屏幕   B．平铺   C．居中   D．1/2 屏幕
（6）（   ）用于纯文本文档的编辑，由于其使用方便、快捷，适合编写短小的文本文件。
        A．画图   B．写字板   C．记事本   D．日历
（7）可同时在 Windows 与 Linux 两大平台使用的媒体播放软件是（   ）。
        A．ACDSee   B．Kmplayer   C．Daemon   D．WinRAR
（8）以下属于 Windows Server 2008 安全中心管理的范畴的项目有（   ）。
        A．防火墙   B．自动更新   C．恶意软件保护   D．其他安全设置
（9）运用鼠标的（   ）操作可运行桌面程序快捷图标所代表的程序。
        A．单击   B．双击   C．指向   D．移动
（10）不能够作为文件名的字符是（   ）。
        A．汉字字符   B．英文字符
        C．<、>、\等特殊符号   D．日语假字

2．填空题

（1）Windows Server 2008 包含多个版本，这些版本具体为_____、_____、
_____、_____、_____。

（2）安装 Windows Server 2008，内存的最低要求为_____MB 或者更高。

（3）打开"运行"窗口的快捷键是_____。

（4）任务栏是位于屏幕底部的水平长条，任务栏主要由_____、_____、
_____、_____四个部分组成。

（5）一个程序窗口大致分为_____、_____、_____、_____四个部分。

（6）为了提供语音识别的准确性，语音识别向导中应该选择"_____"。

（7）Windows Server 2008 自带的专业间谍软件防护工具是_____。

（8）个性化设置主要包括_____、_____、_____、_____等部分。

3．简答题

（1）简述如何让一个刚安装完操作系统的计算机实现上网浏览功能。

（2）简述如何使用网页浏览器，在网络上查询有关资料。

（3）简述如何取消显示图片时，只显示图标而不显示缩略图。

第3章 控制面板

本章要点:
- 辅助选项的设置
- 添加硬件的方法
- 设置系统的时间与日期
- 字体的设置
- 键盘与鼠标的设置
- 电源设置
- 系统设置

Windows Server 2008 操作系统的控制面板采用浏览器界面,是一组可以更改 Windows 系统设置的工具的集合。在控制面板界面中,用户可以利用相应的工具,查看并操作基本的系统设置和控制,比如添加硬件、添加/删除软件、控制用户账户、更改辅助功能选项、声音控制、键盘设置等。本章学习通过控制面板来管理和设置计算机系统。

3.1 控制面板概述

控制面板是用户对系统进行管理的一个功能界面。通过这个界面,用户可以实现对系统的软硬件进行设置和管理等操作。打开控制面板的常用方法有以下几种。

1) 通过"开始"菜单打开。即单击"开始"→"控制面板"来打开控制面板。

2) 通过单击"计算机"界面上的"打开控制面板"来打开控制面板。

3) 通过控制台命令打开。用户可以单击"开始"→"运行",然后在"运行"对话框中的输入框中,输入"control"即可打开控制面板。

打开控制面板后,在屏幕上会显示出"控制面板"窗口,如图3-1所示。

在控制面板的左边导航窗格中,有两种显示控制面板内容的选项:"控制面板主页"和"经典视图"。其中"控制面板主页"是新一代 Windows 操作系统的控制面板界面布局,采用这种布局的操作系统有 Windows Vista、Windows Server 2008、Windows 7 等;而"经典视图"是早期的 Windows 操作系统的控制面板界面布局,这里的早期 Windows 操作系统主要指 Windows 95、Windows Server 2000、Windows Server 2003、Windows XP 等。对于习惯于使用早期 Windows 操作系统界面布局的人而言,选用"经典视图"是一个不错的选择。

由于"经典视图"与"控制面板主页"两种不同的布局,对于控制面板的内容显示和控件稍有不同,下面主要是以"控制面板主页"布局来讲解控制面板的使用。

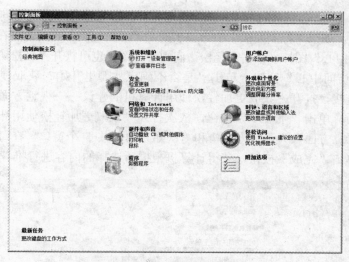

图 3-1 "控制面板"窗口

3.2 辅助选项

Windows Server 2008 操作系统的辅助选项就是为了能够让计算机更易于使用而进行的设置。这部分集中设置在控制面板的"轻松访问中心"界面内。

在"轻松访问中心"可以启用和设置 Windows 中可用的辅助功能可以使用"轻松访问调查表"来回答几个有关计算机日常使用的问题，来获得系统推荐的辅助功能的设置，方法如下。

1）在图 3-1 中，单击"控制面板"窗口上的"轻松访问"图标，打开"控制面板\轻松访问"窗口，如图 3-2 所示。

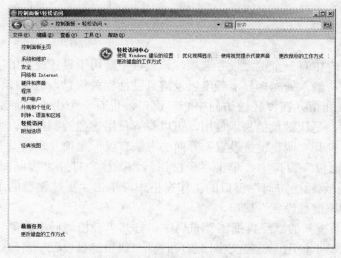

图 3-2 "控制面板\轻松访问"窗口

2）在图 3-2 中单击"轻松访问中心"链接文字，即可打开"轻松访问中心"窗口，如图 3-3 所示。注意，如果"控制面板"窗口显示的是"经典视图"布局，则在"控制面板"中会出现"轻松访问中心"图标，单击"轻松访问中心"图标也可打开"轻松访问中心"窗口。

3）在"轻松访问中心"窗口上单击"是否不确定从哪里开始？获取使您的计算机更易于使用的推荐"链接，打开"获取更加轻松使用计算机的建议——视觉方面"窗口，根据需要选择相应的项后，单击"下一步"按钮，依次打开"获取更加轻松使用计算机的建议——灵敏度方面"、"听觉方面"、"语音方面"和"认知方面"共 5 个窗口，在每个窗口中选择相应的选项，最后单击"完成"按钮，获得计算机根据所选择的内容进行推荐的设置。

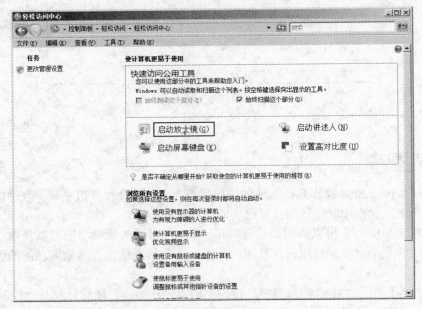

图 3-3 "轻松访问中心"窗口

3.2.1 键盘选项

在"控制面板"中有一个键盘设置选项，该选项主要用于设置键盘的字符重复输入的延迟时间、重复速度、输入处光标显示频度以及键盘硬件相关信息，这些操作相对比较简单易用，这里不做详细介绍。在"轻松访问中心"窗口，也有一个用于调整键盘设置的链接文字。调整键盘设置，是让键盘更易于使用，可以设置使用键盘控制鼠标，并可以使键入某些组合键更加容易。打开"调整键盘设置"界面的方法有以下几种方式。

1）在"控制面板"窗口中，单击"轻松访问"图标，打开"控制面板\轻松访问"窗口，并在"控制面板\轻松访问"窗口的工作窗格中，单击"更改键盘的工作方式"链接文字，即可打开"调整键盘设置"窗口。

2）在"控制面板"的"经典视图"布局中，打开"轻松访问中心"窗口，并在该窗口上单击"使键盘更易于使用"链接文字，也可打开"调整键盘设置"窗口。

"调整键盘设置"窗口显示的内容如图 3-4 所示。

在"调整键盘设置窗口"中，对键盘的的设置主要有以下 3 个方面。

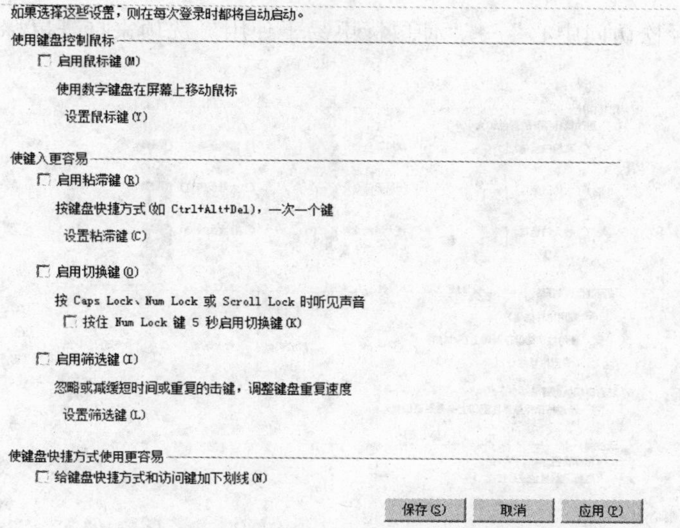

如果选择这些设置，则在每次登录时都将自动启动。

使用键盘控制鼠标
☐ 启用鼠标键 (M)
  使用数字键盘在屏幕上移动鼠标
  设置鼠标键 (Y)

使键入更容易
☐ 启用粘滞键 (R)
  按键盘快捷方式 (如 Ctrl+Alt+Del)，一次一个键
  设置粘滞键 (C)

☐ 启用切换键 (Q)
  按 Caps Lock、Num Lock 或 Scroll Lock 时听见声音
  ☐ 按住 Num Lock 键 5 秒启用切换键 (K)

☐ 启用筛选键 (I)
  忽略或减缓短时间或重复的击键，调整键盘重复速度
  设置筛选键 (L)

使键盘快捷方式使用更容易
☐ 给键盘快捷方式和访问键加下划线 (N)

[保存(S)] [取消] [应用(P)]

图 3-4　"调整键盘设置"窗口

（1）使用键盘控制鼠标

选中"启用鼠标键"选项可以使用键盘或数字键盘上的箭头键代替鼠标来移动指针。可以通过单击"启用鼠标键"下方的"设置鼠标键（Y）"链接来对"启用键盘控制鼠标的快捷方式"等选项进行设置以达到键盘控制鼠标的操作。

（2）使键入更加容易

1）启用粘滞键。通过启用粘滞键并调整设置，可以使用一个键而不必同时按三个键，这样，可以先按修改键并使其保持活动状态，直到按下另一个键为止。可以通过单击"启用粘滞键"下方的"设置粘滞键"来启用粘滞键的键盘快捷方式等设置。

2）启用切换键。启用切换键后，每次按〈Caps Lock〉、〈Num Lock〉或〈Scroll Lock〉键时，切换键均可发出警报。这些警报有助于防止因无意中按某个键而却没有意识到所导致的错误。可以通过选中"启用切换键"下方的"按住〈Num Lock〉键 5s 启用切换键"。来设置启用切换键的快捷方式。

3）启用筛选键。启用筛选键后，Windows 将忽略快速连续的击键或无意中按住时间达几秒钟的击键。可以通过单击"启用筛选键"下方的"设置筛选键"来对启用筛选键的键盘快捷方式等选项进行设置。

（3）使键盘快捷方式使用更容易

选中"给键盘快捷方式和访问键加下划线"后，通过突出显示对话框中控件的访问键，使对话框中的键盘访问更容易。

【任务 3-1】 设置粘滞键。

1）在图 3-4 上选中"启用粘滞键"复选框。

2）单击"设置粘滞键"，选择启用粘滞键的键盘快捷方式等，单击"确定"按钮。

3.2.2　鼠标选项

在鼠标选项中，可以对鼠标指针进行更改，并且可以打开使鼠标更易于使用的其他功

能。通过单击"轻松访问中心"→"使鼠标更易于使用"选项来打开鼠标选项的设置界面，如图 3-5 所示。

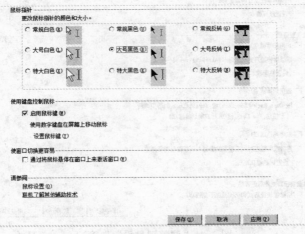

图 3-5　使鼠标更易于使用设置界面

在图 3-5 中，为了使鼠标更易于使用，可以对鼠标进行如下 3 种设置。

（1）更改鼠标指针的颜色和大小

使用这些选项可以使鼠标指针变大，或者更改颜色使其更易于观看。对于所需要的鼠标指针的颜色和大小，选中旁边的单选按钮，然后单击"保存"按钮。

（2）使用键盘控制鼠标

如果使用鼠标时遇到困难，则可以使用数字键盘来控制鼠标指针的移动。如果需要此项设置，则选中"启用鼠标键"旁的复选框，然后单击"保存"按钮。

（3）使窗口切换更容易

可以将鼠标指向窗口而不用单击窗口来选择该窗口，从而使选择和激活窗口更加容易。如果需要此项设置，则选中"通过将鼠标悬停在窗口来激活窗口"旁的复选框，然后单击"保存"按钮。

3.2.3　声音选项

Windows 在许多程序中都提供了使用视觉提示替代声音的设置。可以单击"轻松访问中心"窗口中的"用文本或视频替代声音"选项，打开如图 3-6 所示的页面。

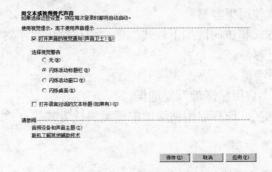

图 3-6　使声音更易于使用设置页面

66

在图 3-6 中，可以设置使用视觉提示代替系统的声音。具体有如下内容。

（1）启用声音的视频通知

1）打开声音的视觉通知。这样即使没有听到声音通知仍可注意到系统警报。如果要选用此项设置，则选中"打开声音的视觉通知"旁的复选框。

2）选择视觉警告。选择声音通知发出警告的方式，包括"闪烁活动标题栏"、"闪烁活动窗口"和"闪烁桌面"。

（2）启用语言对话的文本标题

可以选中"打开语言对话的文本标题"旁的复选框，使系统以显示文本标题的方式来代替声音，以指示计算机上发生的活动。

3.2.4　显示选项

如果有时查看屏幕上的内容有困难，则可以调整设置使屏幕上的文本和图像显示得更大、提高屏幕上项目之间的对比度，以及收听高声阅读的屏幕文本。可以通过单击"轻松访问中心"窗口中的"使计算机更易于显示"选项，打开如图 3-7 所示的设置界面，在里面可对以下选项进行设置。

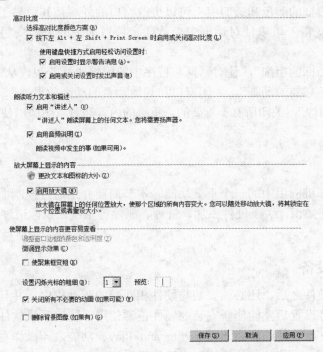

图 3-7　使计算机更易于显示设置页面

（1）高对比度

"高对比度"颜色方案选项可以增加计算机屏幕上某些文本和图像的色彩对比度，使系统使用可读性好的颜色与字体来识别屏幕上的内容。通过单击"高对比度"下方的"选择高对比度颜色方案"，打开外观设置界面，选择颜色方案后单击"确定"按钮即可。

选中"按下左 Alt+左 Shift+Print Screen 时启用或关闭高对比度"选项旁的复选框，可以启用高对比度的快捷方式。在使用键盘快捷方式启用对比度设置时，可以选择"启用设置时显示警告消息"及"启用或关闭设置时发出声音"。

（2）朗读听力文本和描述

1）启用"讲述人"，在使用计算机的时候"讲述人"会高声阅读屏幕文本并描述发生的某些事件。如果要用此项设置，选中"启用'讲述人'"旁的复选框。

2）启用音频说明，即描述视频中发生的内容。如果要用此项设置，选中"启用音频说明"旁的复选框。

（3）放大屏幕上显示的内容

更改文本和图标的缩放比例可以放大屏幕上显示的内容，通过单击"放大屏幕上显示的内容"下方的"更改文本和图标大小"选项，打开"DPI 缩放比例"界面进行设置。通常情况下，选择的缩放比例越小，屏幕上可容纳的信息越多，选择的缩放比例越大，文本的可读性越高。

可以用放大镜功能放大屏幕中鼠标指向的部分，这在查看难以看到的对象时特别有用。如果要使用此项设置，选中"启用放大镜"旁的复选框。

（4）使屏幕上显示的内容更容易查看

1）"调整窗口边框的颜色和透明度"可以更改窗口的外观使其更易于查看。

2）"使聚焦框变粗"可以使对话框中当前选定项目周围的矩形变粗，从而使其更易于查看。

3）"设置闪烁光标的粗细"，使对话框和程序中的闪烁光标变粗，从而使其易于查看。

4）"关闭所有不必要的动画"，关闭窗口和其他元素的动画效果。

5）"删除背景图像"，关闭所有不重要的、重叠的内容和背景图像以使屏幕更易于查看。

3.3　添加硬件

添加硬件是计算机应用中的一个重要功能。本节简要介绍通过控制面板，实现在计算机中添加新硬件的一些知识。关于硬件添加、管理、删除等系统知识，请参看第 7 章硬件安装与管理的相关内容。

3.3.1　即插即用设备

计算机安装了硬件之后，还必须安装与硬件相匹配的驱动程序，并且配置相应的中断、分配相关系统资源等设置后才能使新安装的硬件正常使用。随着系统软件功能越来越强大，目前操作系统普遍支持硬件的即插即用（Plug and Play）功能，即操作系统中已经包含某些硬件的通用驱动程序，一些外置硬件可以在计算机系统不断电的状态下，直接插入到系统的外部端口里，系统会自动识别并启用这个硬件。常见的应用即插即用功能的硬件有 U 盘、无线网卡等。

【任务 3-2】　安装一个即插即用设备。

1）将新设备插入到计算机中。

2）单击任务栏右下角出现的"发现新硬件"提示，在出现的对话框中选择"查找并安装驱动程序软件"则会自动安装所需要的驱动程序。如果单击"稍候再询问我"选项，则不安装设备且不更改计算机的配置。

3.3.2 需要安装设备

即插即用功能对于系统的灵活应用，提高硬件的可移植性带来了方便。但并不是所有的硬件都能通过操作系统的即插即用功能得到识别，这是因为硬件种类繁多，厂家提供的驱动程序各异，导致操作系统不可能将所有的驱动程序都包含到操作系统软件中。如果操作系统中没有对应硬件的驱动程序，则这个硬件也就无法被操作系统所识别，这样在系统中，该硬件也就无法正常工作了。

在第 2.5 节中，任务 2-12 讲解了网卡的安装过程。这个安装过程中包括了硬件安装和驱动程序安装，完整的展示了安装硬件的各个步骤。下面就任务 2-12 中的网卡安装过程，总结硬件安装步骤如下。

1）断开计算机系统电源，打开计算机机箱，并将硬件插入到主板的相应插槽中，然后关闭机箱。

2）给计算机通电。在计算机启动并进入系统后，操作系统会提示用户，系统已经检测到有新硬件。这时用户可以将硬件附带的驱动盘（一般是光盘）放入到驱动器中。

3）根据硬件安装向导的提示，选择正确的驱动软件进行安装。一般硬件驱动盘包含有针对不同的操作系统的驱动程序，这里用户需要选用正确的驱动程序。

4）硬件安装完毕后，根据系统要求重新启动操作系统。有些硬件还需要进一步设置，如任务 2-12 中对网卡还需要设置 IP 地址等，才能正常使用。

3.3.3 硬件设备常见故障与排除

1. 鼠标

鼠标是计算机常用的输入设备之一，由于鼠标使用频繁，因此鼠标损坏的概率也比较大。本节主要介绍鼠标的日常使用与维护技巧。

鼠标的故障分析与维修比较简单，大部分故障为接口或按键接触不良、断线、机械定位系统污垢等原因造成的。少数故障为鼠标内部元器件或电路虚焊造成的，这主要存在于某些劣质产品中，其中尤以发光二极管、IC 电路损坏居多。以下列出鼠标常见故障与排除方法。

（1）鼠标按键失灵

1）鼠标按键无反应。

原因分析：这可能是因为鼠标按键和电路板上的微动开关距离太远，或点击开关经过一段时间的使用后反弹能力下降。

处理方法：拆开鼠标，在鼠标按键的下面粘上一块厚度适中的塑料片，厚度要根据实际需要而确定，处理完毕后即可使用。

2）鼠标按键无法正常弹起。

原因分析：这可能是因为按键下方微动开关中的碗形接触片断裂引起的，尤其是塑料簧片长期使用后容易断裂。

处理方法：如果是三键鼠标，那么可以将中间键拆下来应急。如果是品质好的原装名牌鼠标，则可以拆开微动开关，细心清洗触点，上一些润滑脂后，就可能会修好。

（2）找不到鼠标

如果系统找不到鼠标，则可以通过以下几个方面查找原因并进行修复。

1）鼠标与主机连接的串口或 PS/2 接口接触不良，仔细接好线后，重新启动计算机即可。

2）主板上的串口或 PS/2 接口损坏，这种情况很少见，如果是这种情况，只能更换主板或者使用多功能卡了。

3）鼠标线路接触不良，这种情况比较常见。接触不良的点多在鼠标内部的数据线与电路板的焊点处，一般维修起来不难。解决方法是将鼠标打开，再使用电烙铁将数据线的焊点焊好。还有一种情况就是鼠标线内部接触不良，是由于时间长而造成老化引起的，这种故障通常难以查找，更换鼠标是最快的解决方法。

（3）鼠标移动不灵活

鼠标的灵活性下降，鼠标指针不像以前那样随心所欲地移动，而是反应迟钝，定位不准确，或者干脆就不能移动了。这种情况主要是因为鼠标里的机械定位滚动轴上积聚了过多污垢而导致传动失灵，造成滚动不灵活。维修的重点放在鼠标内部的 X 轴和 Y 轴的传动机构上。解决方法是，可以打开滚动球锁片，将鼠标滚动球卸下来，用干净的布蘸上酒精对滚动球、传动轴进行清洗。将污垢清除后，鼠标的灵活性将会得到改善。

2．键盘

键盘也是常用的输入设备，在使用进程中，常见问题有接触不良、按键机械问题、逻辑电路问题、虚焊、假焊、焊点和金属孔氧化等。维修时要依据不同的问题现象进行分析判别，找出引起问题的缘由，并进行相应地修理。

（1）键盘卡键

故障分析：出现键盘卡键现象一般是以下两个原因引起的。一是键帽下面的插柱位置偏移，使得键帽按下后与键体外壳卡住不能弹起而造成了卡键，这种原因多发生在新键盘或使用不久的键盘上；另一个原因是按键长期使用后，复位弹簧的弹性变差，弹片与按杆冲突力变大，不能使按键弹起而造成卡键，此种原因多发生在使用时间较长的键盘上。

处理方法：当键盘出现卡键问题时，可将键帽拨下，然后按动按杆。若按杆弹不起来或弹起乏力，则可断定是第二种原因造成的，否则可断定为由第一种原因所致。对于第一种原因造成的卡键，可在键帽与键体之间放一个垫片，该垫片可用稍硬一些地塑料（如废弃地软磁盘外套）做成，其大小等于或略大于键体尺寸，将其套在按杆上后，插上键帽。用此垫片阻止键帽与键体卡住，便可修复问题按键的卡键毛病了。对于因弹簧弹性变差造成的卡键，可将按键体打开，略微拉伸复位弹簧使其复原部分弹性，同时取出弹片，然后将按键体复原。取下弹片的目的是减少按杆弹起的阻力，从而使有卡键问题的按键得到了复原。

（2）某些字符不能输入

故障分析：若只有某一个键不能输入字符，则可能是该按键失效或焊点虚焊。检查时，先打开键盘，用万用表电阻挡测量触点与地通断状态。若键按下时一直不导通，则说明按键簧片弹性差或接触不良，需要修理或改换；若键按下时触点通断正常，说明是因虚焊、焊点或金属孔氧化所致，可沿着印刷线路逐段测量，找出问题点进行重焊；若因金属孔氧化而失效，可将氧化层清洗洁净，然后重新焊牢；若金属孔完全落而造成断路时，可另加焊引线进行连接。

（3）多个既不在同一列，也不在同一行的按键都不能输入

这种故障可能是列线或行线某处断路，或者是逻辑门电路产生毛病。这时可用 100MHz 的高频示波器进行检测，找出问题器件虚焊点，然后进行修复。

（4）键盘输入与屏幕显现的字符不一致

此种问题是因为电路板上产生短路现象造成的，其表现是按某一键却显现为同一列的其他字符，此时可用万用表或示波器进行测量，找出问题点后进行修复。

3．打印机

当打印机出现故障时，首先要利用打印机自检系统进行检测。通过打印机自带的指示灯或者是蜂鸣器的声音加以判断，其中指示灯可以指示出最基本的故障，如缺纸、缺墨、没有电源等。而蜂鸣器主要是通过声音表达故障，比如大多数打印机蜂鸣器以一声长鸣来表示准备就绪可以开始打印了，以急促的短鸣来表示打印机有故障等。

其次，可以进行线路观察。从检测打印机电缆开始（包括端口、通道、打印线的检测），再分析打印机的内部结构（包括托纸架、进纸口、打印头等），看部件是否正确工作，针对不同的故障情况锁定相关的部件，再确定存在问题的部件。

再次，可以使用测试法。利用测试页打印或者局部测试打印，分析故障原因。

下面列出几种常见问题及其维修技巧。

（1）打印字迹不清晰

无论是针式打印机、喷墨打印机还是激光打印机，这种情况通常与硬件故障有关。可以采用线路观察法，将注意力集中到打印机的关键部件上。以喷墨打印机为例，遇到打印颜色模糊、字体不清晰的情况，可以将故障锁定在喷头，先对打印头进行机器自动清洗（按说明书操作），如果长时间没有打印的话就要多清洗几次。也可以小心地把墨盒拆下来，把靠近打印头的地方用柔软的吸水性较强的纸擦干净。如果还不能解决，那可能就是驱动程序的问题了，一般重新安装一遍就行了。

（2）打印效果与预览不同

在用 Word 或 WPS 等软件编辑好一个文件用打印机打印时，明明在打印预览时排列得整整齐齐的字，可在打印出来的纸上有部分文字重叠，这种现象一般都是由于在编辑时设置不当造成的，改变一下文件"页面属性"中的纸张大小、纸张类型、每行字数等，一般可以解决。

（3）发出指令后打印机无反应

这种情况通常系统会提示"请检查打印机是否联机及电缆连接是否正常"。经过检查，原因可能是打印机电源线未插好、打印电缆未正确连接、接触不良、计算机并口损坏等情况。如果不能正常启动（即电源灯不亮），先检查打印机的电源线是否正确连接，在关机状态下把电源线重插一遍，并换一个电源插座试一下看能否解决。如果按下打印机电源开关后打印机能正常启动，就进 BIOS 设置里面去看一下并口设置。一般的打印机用的是 ECP 模式，也有些打印机不支持 ECP 模式，此时可用 ECP+EPP，或"Normal"方式。如问题还没有解决，则着重检查打印电缆，先把计算机关掉，把打印电缆的两头拔下来重新插一下，注意不要带电拔插。如果问题还不能解决的话，换个打印电缆试试，或者用替代法测试。

（4）打印大型文件死机

有的激光打印机在打印小型的文件时正常，但打印大型文件时会死机。这可能是打印缓存空间不足引起的。用户可以通过查看硬盘上的剩余空间，删除一些无用文件；或者扩展打

印机缓存。

（5）个别字体打印不出

打印机不能打印某种字符，一般是由于字体或字号设置有问题，比如某种字体已经损坏，系统无法正常传输出字体相应的信息。这种问题可以通过重新安装这种字体的方法来解决。字体安装与删除操作一般可以通过在"控制面板"界面中，单击"外观和个性化"图标，并在"外观和个性化"窗口中单击"字体"链接，打开"字体"窗口，然后在"字体"窗口中实现对字体的安装与删除操作。

4．硬盘

硬盘是计算机的重要信息存储设备。如果计算机硬盘出现问题，轻则存储信息丢失；重则操作系统无法开启。下面列出硬盘常见问题及解决对策。

（1）开机后屏幕显示驱动错误信息

开机后屏幕显示"Device error"或者显示"Non－System disk or disk error，Replace and strike any key when ready"信息，这表示系统盘不能启动。造成该故障的原因一般是CMOS 中的硬盘设置参数丢失、硬盘类型设置错误、硬盘损坏造成的。如果硬盘已经损坏，则系统无法修复，只有通过更换新的硬盘，并重新安装操作系统，计算机才能正常使用。如果是硬盘设置参数丢失或硬盘类型设置错误，可以通过进入 CMOS，重新设置，使硬盘重新起作用。

进入 CMOS，检查硬盘设置参数是否丢失或硬盘类型设置是否错误，如果确是该种故障，只需将硬盘设置参数恢复或修改过来即可，如果忘了硬盘参数不会修改，也可用备份过的 CMOS 信息进行恢复，如果你没有备份 CMOS 信息，有些计算机的 CMOS 设置中有"HDD AUTO DETECTION"（硬盘自动检测）选项，可自动检测出硬盘类型参数。若无此项，只好打开机箱，查看硬盘表面标签上的硬盘参数，照此修改即可。

（2）开机后，"WAIT"提示停留很长时间，最后出现"HDD Controller Failure"

造成该故障的原因一般是硬盘线接口接触不良或接线错误。先检查硬盘电源线与硬盘的连接，再检查硬盘数据信号线与计算机主板及硬盘的连接，如果连接松动或连线接反都会有上述提示。硬盘数据线的一边会有红色标志，连接硬盘时，该标志靠近电源线。在主板的接口上有箭头标志，或者标号 1 的方向对应数据线的红色标记。

（3）DOS 引导记录出错

开机时总会显示"Primary master hard disk fail"，提示按下〈F1〉键继续，但按〈F1〉键后就显示"DISK BOOT FAIL……"，始终不能进入系统。

出现这种故障的原因一般有三种。

● 硬盘主引导记录被破坏。

● 如果硬盘被分为多个分区，可能是引导分区的引导扇区被破坏。

● 电源工作不稳定或者功率不够。

前两种故障可能是病毒所致或者是硬盘读写过程中掉电所致。常见的解决办法有以下几种。

1）把故障硬盘作为第二硬盘连接到其他计算机上，看看能否正常读取其中的数据。如果能够正常读写，说明分区表本身还是好的，可以用带参数的命令进行修复（例如"Fdisk/MBR"用来重写主引导记录，"Fdisk/ PRI"用来重写 DOS 基本分区引导记录，"Fdisk/

EXT"用来重写 DOS 扩展分区引导记录）。

2）如果分区表损坏，可以用 Norton 磁盘修复软件进行恢复，也可以用 Fdisk 命令重新分区，这样做之前应该对盘中的原有数据进行备份，否则原有数据会被彻底破坏。

5. 声卡

声卡出现了故障，现象是计算机无法播放声音，或声音中有噪声和爆音等。下面列出几种常见故障及解决办法。

（1）没有声音

声卡无声，一般可以从以下几个方面进行分析和排除。

1）系统默认声音输出为"静音"。单击屏幕右下角的声音小图标（小喇叭样式的图标），出现音量调节滑块，下方有"静音"选项，单击前边的复选框，清除框内的对号，即可正常发音。

2）声卡与其他插卡有冲突。解决办法是调整其他插卡所使用的系统资源，使各卡互不干扰。有时，打开"设备管理器"，虽然未见黄色的惊叹号（冲突标志），但声卡就是不发声，其实这也可能是由于存在冲突造成的，只是系统可能没有检测出来而已。

3）一个声道无声。检查声卡到音箱的音频线是否断线。

（2）声卡噪声过大

声卡噪声过大，一般可以从以下几个方面进行分析和排除。

1）插卡不正。由于机箱制造精度不够高、声卡外挡板制造或安装不良导致声卡不能与主板扩展槽紧密结合，通过目视可见声卡上"金手指"与扩展槽簧片有错位。

2）有源音箱输入接在声卡的 Speaker 输出端。有源音箱应接在声卡的 Lineout 端，它输出的信号没有经过声卡上的功放，噪声要小得多。有的声卡只有一个输出端，是 Lineout 还是 Speaker 要靠卡上的跳线决定，默认方式常常是 Speaker，所以如果需要的话，还得拔下声卡调整跳线。

3）Windows 自带的驱动程序工作不正常。安装声卡驱动程序时，要选择"厂家提供的驱动程序"而不要选"Windows 默认的驱动程序"。如果用"添加新硬件"方式安装，要选择"从磁盘安装"而不从列表框中选择。如果已经安装了 Windows 自带的驱动程序，可选"控制面板"→"系统"→"设备管理器"→"声音、视频和游戏控制器"，选中声卡设备，选"属性"→"驱动程序"→"更改驱动程序"→"从磁盘安装"。这时插入声卡附带的磁盘或光盘，安装厂家提供的驱动程序。

6. 内存故障

内存的故障主要表现在兼容性方面，如果处理不当往往会导致系统无法启动或数据丢失，需谨慎对待。

（1）内存质量导致 Windows 安装出错

Windows 安装程序进行到系统配置阶段会产生一个非法错误。这种故障可能是由劣质内存所导致。因为安装 Windows 需要从光盘复制文件到硬盘，而内存作为临时数据的暂存地，在此过程中起了极其重要的作用。若内存质量不佳，会因不能稳定工作而导致系统文件复制出错。所以，购买内存时应尽量选择优质的品牌内存。

（2）打磨内存导致计算机无法开机

打磨过的内存质量极其不稳定，经常导致莫名其妙的计算机故障，严重时还可使计算机无法开机，此时只能更换内存。

（3）内存导致注册表频频出错

系统经常弹出对话框，提示 Windows 注册表损坏了。这是由于内存质量不佳引起，很难进行修复，唯一的解决方法就是更换质量较好的内存。

（4）内存不兼容导致容量不能正确识别

为计算机添加一根内存条，开机后发现主板只认出一根内存条的容量。但独立使用其中任何一根内存条，主板都能正确识别。这是由于内存条电气性能上的差异造成的，不同品牌内存电气性能存在差异，在混插时可能会出现兼容性问题。因此，在使用两条或两根以上的内存时，应该尽量选择相同品牌和型号，这样可以在最大限度上避免内存不兼容的问题。

7．显示器故障

下面介绍一些常见的显示器故障及相应的处理方法。

（1）显示器颜色失真

显示器显示的颜色失真，整个色调发黄。这种情况通常是显示器的数据线接口接触不好或针脚折断所致，对于这种情况可以通过更换数据线来解决。另外一种情况造成颜色失真是是由于 RGB 电位器故障引起的，这就需要请专业维修人员检查并修复显示器的 RGB 电位器。

（2）显示器屏幕抖动

显示器在使用时，有时发生轻微的抖动现象，尤其是启动 Windows 或手机来电时。出现此现象很可能是由于显示器的抗干扰能力比较差，可以通过以下两种方法改善：一是尽量将其他电器远离显示器；二是使用专用电源插座为显示器供电。

（3）出现水波纹和花屏

显示器在显示相同颜色的大面积画面时，经常出现波浪状的彩色条纹。这种彩色波纹称为摩尔纹，许多显示器提供了消除它的功能，只要用相应的菜单命令进行调节即可。

3.4 软件安装与卸载

计算机系统中提供各种功能，其实质都是由软件实现的。在操作系统的管理中，软件的安装与卸载，是日常系统维护不可缺少的基本能力之一。本节中主要介绍软件的安装和卸载。

3.4.1 安装新软件

软件通常可以通过多种途径获得，如通过网络下载、购买 CD 或 DVD 等。下面就安装软件的程序文件来源不同，分类介绍软件的安装过程。

1．从 CD 或 DVD 安装软件的步骤

将光盘插入到计算机光驱中，然后按照屏幕上的指示进行操作，如果出现提示，要求安装该应用软件的权限，则单击"允许"按钮并继续安装。如果应用软件安装失败，且未出现安装权限提示，则用鼠标右键单击 EXE 安装程序然后选择"以管理员身份运行该程序"，重新安装应用程序。

2．从 Internet 安装软件的步骤

在 Web 浏览器中，单击指向软件的链接，若要立即执行软件的安装程序，单击"打

开"或"运行"按钮，然后按照屏幕上的指示进行操作，若要以后安装程序，单击"保存"按钮，将安装文件下载到计算机上，做好安装该程序的准备后，双击该安装文件，并按照屏幕上的指示进行操作。

3. 从磁盘上安装程序

磁盘安装程序与从 CD 或 DVD 安装步骤相似，一般先通过资源管理器，定位到软件的安装文件，然后通过双击该安装文件，启动软件安装程序。然后根据软件的安装向导安装该软件。

【任务3-3】 以 Adobe Reader 为例，演示安装新程序的过程。

1）选择从 Internet 下载安装 Adobe Reader 软件，单击其安装程序，打开如图 3-8 所示的安装界面。

2）在安装程序处理结束后，在图 3-8 所示界面上单击"继续"按钮，出现如图 3-9 所示的选择安装程序目的地文件夹的界面。

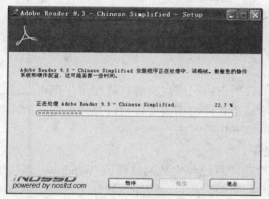

图 3-8　软件安装初始界面

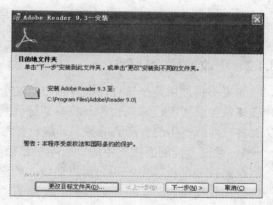

图 3-9　选择目的地文件夹

3）在图 3-9 所示界面上单击"更改目标文件夹"按钮，在弹出的对话框上选择安装程序的目的文件夹后单击"确定"按钮，回到图 3-9 所示界面，单击"下一步"按钮，出现图 3-10 所示的安装准备界面。

4）在图 3-10 的安装准备界面上，如果对以前的安装文件夹进行更改，则单击"上一步"按钮，如果确认无误进行安装，则单击"安装"按钮，出现图 3-11 所示的安装进度界面。

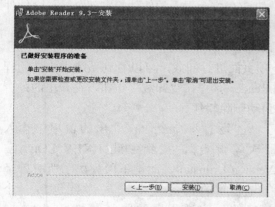

图 3-10　软件安装准备界面

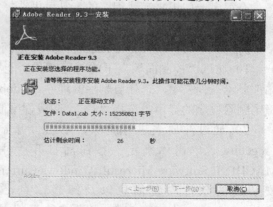

图 3-11　安装进度界面

5）在软件安装完成后，自动弹出如图 3-12 所示界面，单击"完成"按钮则安装结束。

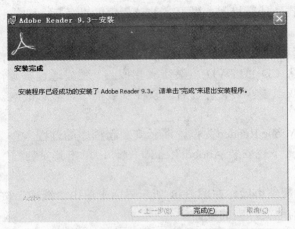

图 3-12　安装程序安装完成界面

3.4.2　更改或删除软件

如果不再使用某个软件，或者希望将某个软件所占用的磁盘资源释放出来，则可以通过卸载该软件来实现。卸载软件一般不是简单删除这个软件的相关文件，而是通过专门的卸载功能将软件所占用的资源清除掉。卸载软件常有以下几种方法。

1．通过"控制面板"中的"程序"卸载程序

在"控制面板"中，用户可以通过"程序"功能对已经安装的软件或 Windows 系统组件进行卸载操作。对于"经典视图"布局的"控制面板"而言，则卸载软件的功能是"程序和功能"。

2．通过注册表进行删除

好多程序的卸载程序并不会将程序彻底清除，软件文件本身可能从硬盘中清除了，但是它在注册表中还存在残余的信息，要彻底清除软件，就要在卸载程序后将其在注册表中的项也进行清除。利用注册表的查找功能，然后将软件的名字作为关键字进行搜索，再将其删除即可。

3．利用专有卸载工具软件进行卸载

有很多专门用来卸载程序的工具可供选择，如 360 安全卫士的软件管家部分就包含软件卸载功能、完美卸载软件等。

【任务 3-4】　以 Adobe Reader 为例，演示卸载程序的方法。

1）通过"控制面板"下的"程序和功能"项页面进行卸载，可以看到系统中安装的程序都显示在列表中，选择要删除的程序"Adobe Reader"，单击"卸载"按钮，在弹出的是否确定删除程序的提示中选择"是"，卸载程序便自动删除软件。

2）通过注册表进行删除，单击"开始"→"运行"命令，在弹出的窗口中输入"regedit"，单击"确定"按钮后打开"注册表编辑器"，找到主键 HKEY_LOCAL_MACHINE\Software\Microsoft\Windows\CurrentVersion\Uninstall，此键下面列出了所有曾经安装过的软件安装信息以及卸载信息，单击下面的任何一个键，都会包括一个 UninstallString 的字符串键，此键的值就是软件的反安装程序的路径，打开"Adobe

Reader"的 UninstallString 键值，将键值复制到"运行"窗口，单击"运行"按钮就会启动此软件的卸载程序，接着按照提示完成即可。

3.4.3 添加或删除 Windows 组件

Windows 附带的某些程序和功能，必须在使用它们之前将其打开。某些其他功能默认情况下是打开的，但可以在不使用它们时将其关闭。

如果要关闭某个功能，不需要将其从计算机上完全卸载，这些功能仍保留在硬盘上，以便可以在需要的时候重新打开它们，这样，关闭某个功能不会减少使用的硬盘空间量。有两种打开 Windows 附带组件的方式。

1）依次单击"开始"→"控制面板"→"程序和功能"，然后单击"打开或关闭 Windows 功能"，选择"添加功能"。

2）打开"开始"→"服务器管理器"，在左窗格选择"功能"，在右窗格中显示功能摘要，单击"添加功能"。

在打开的添加功能界面上，如果要打开某个 Windows 功能，请选择该功能旁边的复选框，如果要关闭某个 Windows 功能，清除该复选框。

【任务 3-5】 Windows 组件的安装过程。

以"组策略管理"为例，演示 Windows 组件的安装过程。组件的关闭和安装类似，在关闭功能时清除组件旁边的复选框即可。

1）直接打开"服务器管理器"窗口，选中左窗格的"功能"项，打开如图 3-13 所示窗口。

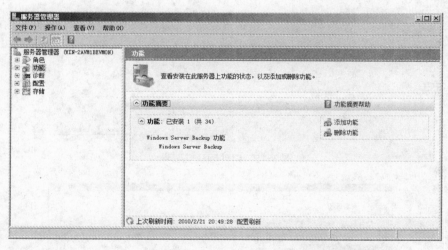

图 3-13 添加组件界面

2）在图 3-13 窗口上单击"添加功能"，弹出如图 3-14 所示界面。

3）在图 3-14 所示界面上选择要添加的功能，如"组策略管理"旁的复选框，单击"下一步"按钮，打开如图 3-15 所示界面。

4）在图 3-15 所示的组件确认安装界面上，如果确认无误，则单击"安装"按钮，出现图 3-16 所示的安装进度界面。

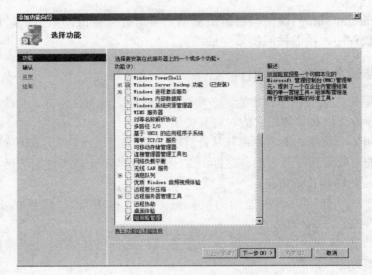

图 3-14　选择组件界面

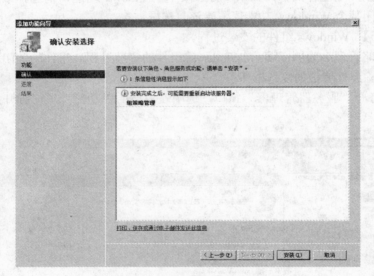

图 3-15　组件确认安装界面

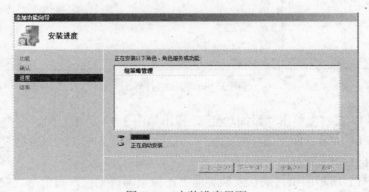

图 3-16　安装进度界面

5) 安装进度结束后, 出现安装结果界面如图 3-17 所示, 单击 "关闭" 按钮, 则组件添加完成。

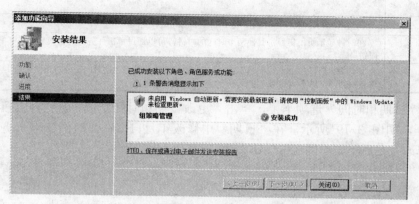

图 3-17　安装结束界面

3.5　设置系统时间与日期

通过计算机时钟可以设置系统的时间和日期, 计算机的时钟用于记录创建或修改计算机中文件的时间, 可以更改时钟的时间和时区。Windows 可以显示最多三种时钟, 第一种是本地时间, 另外两种可以显示其他时区时间。也可以更新计算机上的时钟, 使计算机时钟与 Internet 时间服务器同步, 有助于确保计算机上的时钟的准确性。由于时钟通常每周更新一次, 而如果要进行同步, 必须将计算机连接到 Internet 上。

【任务 3-6】 修改系统的时间为 "2010-2-7 11:06:36"。

1) 单击打开 "控制面板" 上的 "日期和时间" 选项, 打开如图 3-18 所示的 "日期和时间" 对话框。

图 3-18　"时间和日期" 对话框

在 "日期和时间" 对话框中有 3 个选项卡, 其功能如表 3-1 所示。

表 3-1　日期和时间设置选项卡代表功能含义

选　项　卡	详　细　信　息
日期和时间	调整系统的日期和时间，对时区、日期和时间进行更改
附加时钟	在时钟显示页上再显示其他两个时区的时钟，可以通过单击任务栏时钟或悬停在其上查看这些附加时钟
Internet 时间	使计算机时钟与 Internet 时间服务器同步，以校正服务器上的时间，同时还提供了几个 Internet 时间服务器的网址供不同的用户进行选择

2）在"日期和时间"选项卡上，单击"更改日期和时间"按钮，打开"日期和时间设置"对话框，如图 3-19 所示，在"日期"中修改年月日，在"时间"下方更改小时，分钟，秒。修改完之后单击"确定"按钮。

3）在"日期和时间"选项卡上，单击"更改时区"按钮，打开"时区设置"对话框如图 3-20 所示，在"时区"下拉列表中可以选择需要的时区。在中国，一般采用"（GMT+08:00）北京，重庆，香港特别行政区，乌鲁木齐"作为本地时间采用的时区，然后单击"确定"按钮。

图 3-19　"时间和日期设置"对话框

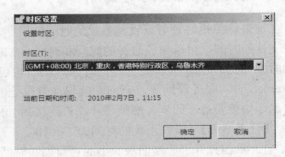

图 3-20　"时区设置"对话框

【任务 3-7】　在 Windows 中显示加拿大时间和夏威夷时间。

1）在图 3-18 所示的"日期和时间"设置界面上单击"附加时钟"选项卡，如图 3-21 所示。

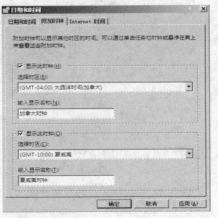

图 3-21　显示附加时钟

2）在图 3-21 所示界面上选中"显示此时钟"旁的复选框，从列表中选择时区分别为"（GMT-04:00）大西洋时间（加拿大）"和"（GMT-10:00）夏威夷"，键入时钟的名称分别为"加拿大时钟"和"夏威夷时钟"，然后单击"确定"按钮。

3.6 设置字体

3.6.1 字体基本知识

字体是应用于数字、符号和字符集合的一种图形设计，描述了特定的字样和其他性质，如大小、间距和跨度。Windows 提供的字体如表 3-2 所示。

表 3-2 字体类别

字 体	含 义
TrueType 字体	一种可以缩放到任意大小的计算机字体。这种字体在任意大小下都清晰可读，并且可发送到 Windows 支持的打印机或其他输出设备
OpenType 字体	一种可以旋转或缩放到任意大小的计算机字体类型。这种字体在任意大小下都清晰易认，并且可以发送到所有 Windows 支持的打印机或其输出设备，和 TrueType 字体相似，但包含更大的基本字符集扩展，包括小型大写、老样式数字及更复杂的形状，如"字形"或"连字"
PostScript 字体	一种由 Adobe Systems 创建的计算机字体类型。这种字体线条平滑、细节突出、是一种高质量的字体，经常用于打印，尤其上经常用于书籍或杂志等的专业质量的打印
ClearType 字体	一种显示计算机字体的技术，可使字体在 LCD 监视器上清晰而又圆润地显示出来

3.6.2 安装新字体

Windows 默认已经安装了各种字体，如果要安装其他字体，必须首先下载这些字体。

【任务 3-8】 安装新字体。

1）在"控制面板"窗口的左侧窗格中选择"经典视图"，并在右侧窗格中找到并单击"字体"，打开如图 3-22 所示的"字体"窗口。

图 3-22 "字体"窗口

2）在图 3-22 所示的"字体"窗口上单击"文件"→"安装新字体"，在弹出的"添加字体"对话框中的"驱动器"下拉列表中,选择需要安装字体文件所在的驱动器。

3)双击包含要添加的字体文件所在的文件夹,在"字体列表"中,选中想要添加的字体,然后单击"安装"。

3.6.3 删除字体

删除字体比较简单,只要在图 3-22 所示的"字体"窗口中选中需要删除的字体,然后按下〈Delete〉键即可删除。如果需要删除多个字体文件,则先选中需要删除的字体文件,然后再按下〈Delete〉键即可。

3.6.4 选用字体示例

在计算机内安装的字体有很多种,用户可以选用自己满意的字体,可以更改用于网页的字体以及平常进行编辑的文档中的字体。

【任务 3-9】 更改 Windows 字体。

1)依次打开"控制面板"→"个性化",单击"Windows 颜色和外观",打开"外观设置"对话框,如图 3-23 所示。

2)在图 3-23 所示的"外观设置"对话框上单击"高级"按钮,出现图 3-24 所示的"高级外观"对话框。

3)在"项目"列表中,选择要更改其字体的 Windows 部分。例如要更改菜单字体,请选择列表中的"菜单"。

图 3-23 "外观设置"对话框

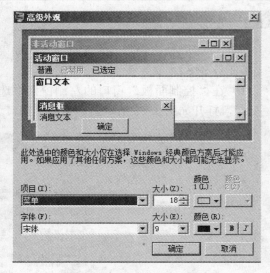

图 3-24 "高级外观"对话框

4)在"字体"列表中,选择要使用的字体。

5)在"大小"列表中,选择要所需要的字体大小。

6)单击"颜色"选择按钮,选择所需要的字体颜色。

7)如果想要更改其他项目的字体、字体大小和字体颜色,重复步骤 3)到步骤 6),然后单击"确定"按钮。

【任务 3-10】 更改指定网站字体。

1) 打开 IE 浏览器。

2) 单击"工具"按钮下的"Internet 选项",打开如图 3-25 所示的"Internet 选项"对话框。

3) 在"常规"选项卡界面上单击"字体"按钮,弹出"字体"对话框,如图 3-26 所示,在此可以指定要使用的字体,然后单击"确定"按钮。

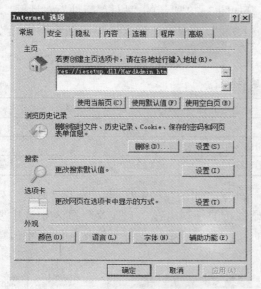

图 3-25 "Internet 选项"对话框

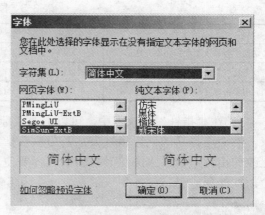

图 3-26 "字体"对话框

3.7 键盘与鼠标设置

在现在的计算机应用中,不管是操作系统还是应用程序,几乎都是基于视窗的用户界面,即支持键盘和鼠标操作。这样一来,键盘和鼠标便成为了广大用户使用最频繁的输入设备。因此,用户根据自己的个人习惯、性格和喜好来设置键盘和鼠标是非常重要的,不但有利于自己的视觉需要,而且还可帮助自己快速地完成工作。基于用户设置键盘和鼠标的需要,Windows Server 2008 操作系统提供了方便、快捷的设置方法。

用户可以自定义在键盘字符开始重复之前必须按下键的时间、键盘字符重复的速度以及光标闪烁的频率。

【任务 3-11】 更该键盘的设置。

1) 单击"控制面板"上的"键盘"图标,打开如图 3-27 所示的"键盘 属性"对话框。

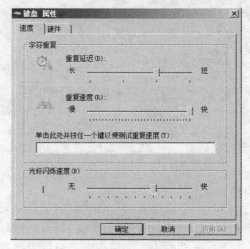

图 3-27 "键盘 属性设置"对话框

2）在"字符重复"选项组下，将"重复延迟"滑块向左移动可增加键盘字符重复之前必须按下键的时间，将滑块向右移动可减少字符重复之前必须按下键的时间。将"重复速度"滑块向左移动可使键盘字符重复速度更慢，向右移动可使重复速度更快。

3）将"光标闪烁速度"滑块向右移动可增加光标闪烁的速度，如果将滑块一直向左移动，则光标最后会停止闪烁。

【任务 3-12】 更改鼠标设置。

1）单击"控制面板"上的"鼠标"图标，打开如图 3-28 所示的"鼠标 属性"对话框。

2）在"鼠标键"选项卡上，可以对"鼠标键配置"、"双击速度"、"单击锁定"进行设置，执行的操作如表 3-3 所示。

表 3-3　鼠标功能设置

操　作	内　容
"切换主要和次要的按钮"复选框	交换鼠标左右按钮的功能
"双击速度"滑块	更改鼠标双击的速度，将滑块移向"慢"或"快"
"启用单击锁定"复选框	启用后，可以不用一直按着鼠标按钮就可以突出或拖拽的"单击锁定"

3）在"指针"选项卡中，可以更改鼠标指针外观，如图 3-29 所示。单击"方案"列表，然后选择新的鼠标指针方案，为所有指针提供新的外观。在"自定义"列表中选中要更改的指针，单击"浏览"按钮，选择要使用的指针，然后单击"打开"按钮即可更改单个指针外观。

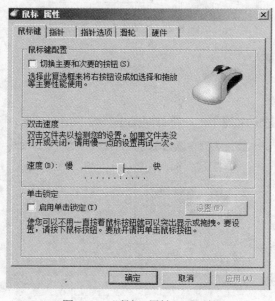

图 3-28　"鼠标 属性"对话框

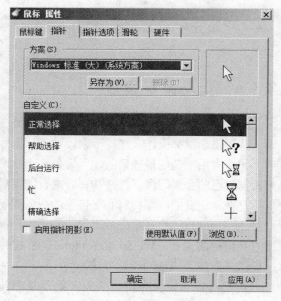

图 3-29　"指针"选项卡

4）在"指针选项"选项卡中，可以更改鼠标指针工作方式，如图 3-30 所示。在此界面中可以对鼠标指针的移动速度、对齐、可见性进行设置，详细信息见表 3-4。

5）在"滑轮"选项卡中，可以更改鼠标滚轮工作方式，其界面如图 3-31 所示。

表 3-4　鼠标指针工作方式

操　作	详 细 信 息
移动	将"选择指针移动速度"滑块移向"慢"或"快",可以更改鼠标指针移动的速度。选中"提高指针精确度"复选框可在缓慢移动鼠标指针时使指针工作更精确
对齐	选中"自动将指针移动到对话框中的默认按钮"复选框可在出现对话框时加快指针移动的过程
可见性	选中"显示指针踪迹"复选框,然后将滑块移向"短"或"长"以减少或增加指针踪迹的长度,可在移动指针时使指针易于发现;选中"在打字时隐藏指针"复选框可确保指针不会阻挡看到键入的文本;选中"当按〈Ctrl〉键时显示指针的位置"复选框可通过按〈Ctrl〉键查找放错位置的指针

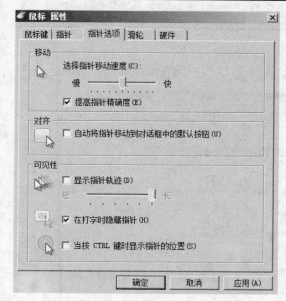

图 3-30　"指针选项"选项卡

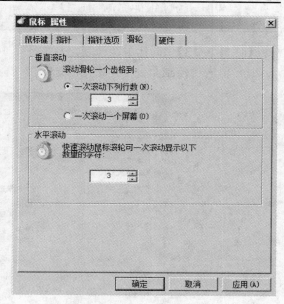

图 3-31　"滑轮"选项卡

若要设置每移动一个鼠标滚轮齿格屏幕滚动的行数,则选中"一次滚动下列行数"单选按钮,然后在框中输入要滚动的行数;若要每次单击鼠标滚轮滚动整个屏幕的文本,则选中"一次滚动一个屏幕"单选按钮。

如果鼠标具有支持水平滚动的滚轮,则在"水平滚动"选项组的输入框中,输入将滚轮向左或向右倾斜时要水平滚动的字符数。

3.8　电源设置

通过使用"控制面板"中的"电源选项",可以管理所有的电源计划设置。通过更改高级电源设置,可以进一步优化计算机的电能消耗和系统性能。无论更改多少设置,始终可以将其还原为它们的原始值。

电源计划是管理计算机如何使用电源的硬件和系统设置的集合,它可以帮助节省能量、使系统性能最大化,或者使二者达到平衡。

用户可以对任何电源计划的设置进行更改,包括三种默认计划("已平衡"、"节能程序"和"高性能")。默认计划可以满足大多数人的计算需要。如果这些计划不满足需要,可以方便的以其中一个默认计划为基础来创建新的计划。

表 3-5 中显示了三种默认计划的详细信息。

表 3-5　电源计划类别

计划类别	详 细 信 息
已平衡	此计划通过使计算机的处理器速度适合当前的活动来平衡能量消耗和系统性能，当需要性能时提供完全的性能；当处于不活动状态时节省电能；兼顾了节能和性能两种因素
节能程序	此计划通过降低系统性能来节省电能，它的主要目的是使电池寿命最大化；着重强调节能而降低了性能
高性能	此计划通过使处理器的速度适合当前活动并使系统性能和响应最大化为移动 PC 提供最高级别的性能；着重强调性能而降低节能

【任务 3-13】　创建电源计划。

1）单击"控制面板"→"电源选项"，打开如图 3-32 所示的"电源选项"窗口。

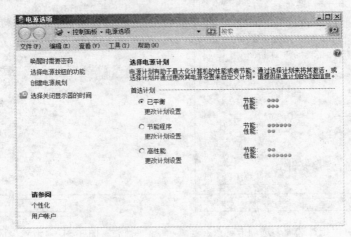

图 3-32　"电源选项"窗口

2）在"电源选项"窗口上单击"创建电源计划"，打开如图 3-33 所示的"创建电源计划"窗口。

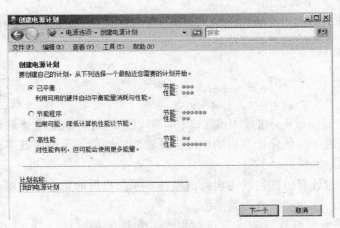

图 3-33　"创建电源计划"窗口

3）在"创建电源计划"窗口上，选择与所要创建的计划类型最接近的计划，在"计划名称"输入框中，输入常见的电源计划的名称，然后单击"下一步"按钮，打开如图 3-34 所示的"编辑计划设置"窗口。

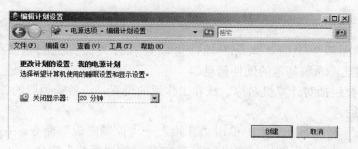

图 3-34 "编辑计划设置"窗口

4）在"编辑计划设置"窗口上，输入关闭显示器的时间，然后单击"创建"按钮完成新计划的创建。

【任务 3-14】 更改现有计划。

1）在图 3-32 所示的"电源选项"窗口上，单击要更改的计划下面的"更改计划设置"，打开如图 3-35 所示的"编辑计划设置"窗口。

2）在"编辑计划设置"窗口上，输入关闭显示器的时间以更改电源计划。

3）如果要删除电源计划，则在图 3-35 上单击"删除此计划"，在弹出的确认删除对话框上单击"确定"按钮。

4）如果更改其他电源设置，单击"更改高级电源设置"，打开如图 3-36 所示的"电源选项"对话框。在"高级设置"选项卡上，展开要自定义的类别，再展开要更改的每个设置，然后选择要在计算机使用电池运行和接通电源时使用的值。单击"确定"按钮保存这些更改。

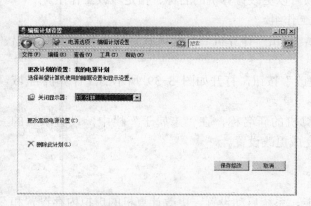

图 3-35 更改电源计划

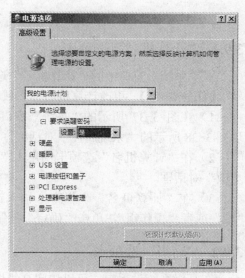

图 3-36 "电源选项"高级设置界面

5）所有更改设置完成后，单击"编辑计划设置"窗口上的"保存修改"按钮，以保存已做的更改。

3.9 系统设置

通过"控制面板"中的"系统"项，可以查看有关计算机的重要信息摘要，包括Windows 版本描述，系统基本的硬件信息。

系统设置主要包括对计算机名称、域和工作组的设置，设备管理器的管理，远程设置和高级系统设置功能。

打开"系统"窗口的方法为：单击"开始"→"控制面板"命令，在打开的"控制面板"窗口上，双击"系统"图标，弹出如图3-37所示的"系统"窗口。

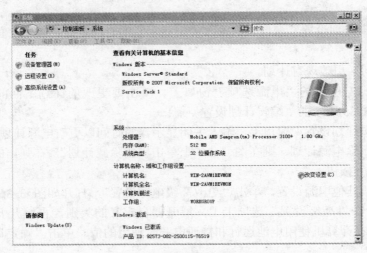

图3-37 "系统"窗口

3.9.1 "计算机名"选项卡

在"系统"窗口中的"计算机名"选项可以更改计算机的名称、指定域或工作组。

【任务3-15】 更改计算机名称、域和工作组。

1）在图3-37所示的"系统"窗口上，单击"计算机名"选项后面的"改变设置"，出现图3-38所示的"系统属性"对话框。

2）在"计算机名"选项卡中单击"更改"按钮，打开如图3-39所示的"计算机名/域更改"对话框。

3）在"计算机名"一栏中，输入计算机的新名称，在"隶属于"栏中，设置隶属的"域"或者"工作组"，单击"确定"按钮完成更改设置。

3.9.2 "高级"选项卡

在高级系统设置中，可以访问高级性能、系统启动设置、更改计算机的虚拟内存设置和设置环境变量。此外，还可以更改登录桌面时的用户配置文件，用户配置文件是使计算机符合所需的外观和工作方式的设置的集合，其中包括桌面背景、屏幕保护程序、指针首选项、声音设置及其他功能的设置。

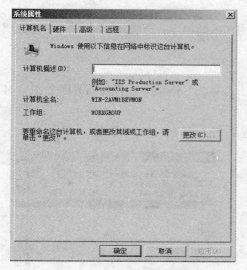

图 3-38 "系统设置"对话框

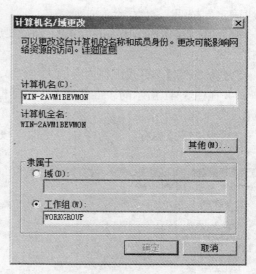

图 3-39 "计算机名/域更改"对话框

在图 3-37 所示的"系统"窗口上单击"高级系统设置"，打开"系统属性"的"高级"选项卡，如图 3-40 所示。

【任务 3-16】 数据执行保护（DEP）是一种安全功能，它通过监视程序确保其使用的系统内存是安全的来防止受到病毒和其他安全威胁的破坏，下面介绍更改数据执行保护设置的方法。

1）在如图 3-40 所示的"高级"选项卡界面上"性能"下方单击"设置"按钮，在弹出的对话框上单击"数据执行保护"选项卡，如图 3-41 所示。

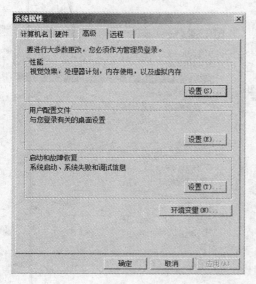

图 3-40 "系统属性"的"高级"选项卡

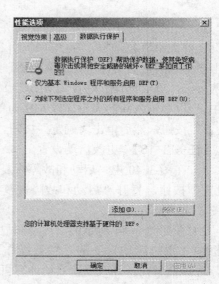

图 3-41 "数据执行保护"设置界面

2）如果要关闭个别程序的 DEP，则在图 3-41 上选择"为除下列选定程序之外的所有程序和服务启用 DEP"，然后单击"添加"按钮，浏览文件夹，查找要关闭 DEP 的程序，再单击"确定"按钮。

3）如果要启用个别程序的 DEP，清除要启用其 DEP 的程序旁边的复选框，单击"确定"按钮。

【任务 3-17】 更改虚拟内存的大小。

1）在图 3-41 所示的"性能选项"对话框上单击"高级"选项卡，打开的界面如图 3-42 所示。

2）在"虚拟内存"下方单击"更改"按钮，弹出图 3-43 所示的对话框。

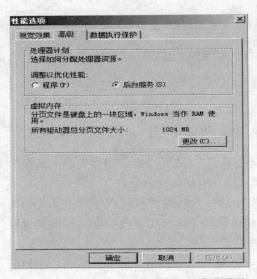

图 3-42 "性能选项"的"高级"设置页面

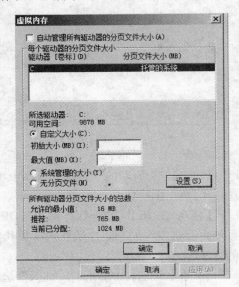

图 3-43 "虚拟内存"设置界面

3）在图 3-43 中清除"自动管理所有驱动器的分页文件大小"复选框，在"驱动器[卷标]"下，单击要更改的页面文件所在的驱动器，选中"自定义大小"，在"初始大小（MB）"或"最大值（MB）"框中键入新的大小（以 MB 为单位），单击"设置"按钮，然后单击"确定"按钮。

【任务 3-18】 更改启动设置。

1）在图 3-40 上"启动和故障恢复"下方单击"设置"按钮，打开"启动和故障恢复"对话框，如图 3-44 所示。

2）在如图 3-44 所示的"启动和故障恢复"对话框中"系统启动"下的"默认操作系统"列表中，选择希望在打开或重新启动计算机时使用的操作系统。如果要想在打开计算机时选择要使用的操

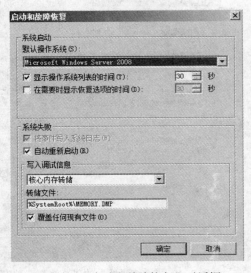

图 3-44 "启动和故障恢复"对话框

90

作系统，选中"显示操作系统列表的时间"复选框，并设置自动启动默认操作系统之前显示可用操作系统列表的秒数。

3）在"系统失败"下方设置系统故障恢复的信息，单击"确定"按钮。

3.9.3 "远程"选项卡

如图 3-45 所示，打开"系统属性"对话框的"远程"选项卡，可以更改终端服务器上的远程连接设置。

远程设置有两种类型，如表 3-6 所示。

表 3-6　远程设置类别

类　　型	详　细　信　息
远程协助	可以设置是否允许远程协助连接这台计算机，例如朋友或技术人员可以访问你的计算机，以帮助你解决计算机问题或为你演示如何进行某些操作，你也可以使用同样的方法帮助别人，进行远程协助的双方看到同一个计算机屏幕
远程桌面	使用远程桌面从另一台计算机远程访问某台计算机。例如，可以使用远程桌面从家里连接到工作计算机，可以访问所有的程序、文件和网络资源，在处于连接状态时，远程计算机屏幕对于在远程位置查看它的任何人而言将显示为空白

【任务 3-19】 添加使用远程桌面的系统用户

1）在图 3-45 中单击"选择用户"按钮，打开如图 3-46 所示的"远程桌面用户"对话框。

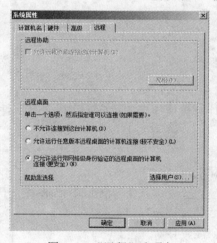

图 3-45　"远程"选项卡

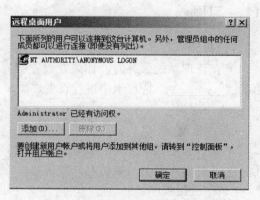

图 3-46　"远程桌面用户"对话框

2）单击"添加"按钮，打开如图 3-47 所示的"选择用户"对话框。

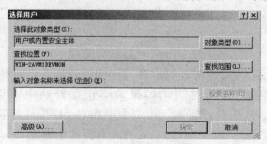

图 3-47　"选择用户"对话框

3）在"选择用户"对话框中，输入对象名称或单击"高级"按钮选择进行远程桌面连接的用户后，单击"确定"按钮，返回到图3-46所示界面，然后单击"确定"按钮。

3.10 实训

1．**硬件安装实训。实训内容是为计算机添加一种显示卡。**

（1）将显示卡接入到计算机主板上。

（2）启动计算机，为显示卡安装驱动程序。

（3）配置显示卡的信息。

2．**软件安装与卸载实训。实训内容是安装并卸载一款杀毒软件。**

（1）通过网络下载或购买一款杀毒软件。

（2）运行杀毒软件的安装程序。

（3）根据软件的安装向导安装完毕后，测试软件运行状况。

（4）利用"控制面板"中的"程序"功能，卸载刚刚安装的杀毒软件。

3．**系统设置实训。**

（1）设置当前计算机的工作组。

（2）设置当前计算机的虚拟内存。

（3）更改系统自动启动程序。

3.11 习题

1．**选择题**

（1）在管理系统服务时，如果要设置服务失败时计算机所作出的反应，可以在其属性对话框的"_____"选项卡中进行设置。

    A．常规　　　　　　　　　　　　B．登录

    C．恢复　　　　　　　　　　　　D．依存关系

（2）事件查看器显示三种日志记录事件，如_____等，其中每种日志记录类型中将显示_____种事件类型，如信息、警告等。

    A．应用程序、3　　　　　　　　B．安全性、4

    C．信息、5　　　　　　　　　　D．系统、5

（3）系统监视器默认的显示方式是_____，当需要系统监视器重新采样进行查看时，可以单击_____按钮。（第一个空在A、B中选择答案，第二个空在C、D中选择答案）

    A．折线图　　　　　　　　　　　B．直方图

    C．新计数集　　　　　　　　　　D．清除显示

（4）在对计算机进行电源管理时，可以在"电源管理属性"对话框中的"_____"选项卡设定关闭显示器等设备的等待时间，如果为防止意外断电，造成数据丢失，可以启用____。（第一个空在A、B中选择答案，第二个空在C、D中选择答案）

    A．高级　　　　　　　　　　　　B．电源使用方案

    C．休眠　　　　　　　　　　　　D．UPS

2．操作题

（1）通过系统监视器可以收集和查看大量计算机中硬件资源使用和系统服务活动的数据，详细地了解各种程序运行过程中资源的使用情况，试述如何在系统监视器中添加一个新的计数器。

（2）如果用户对计算机做了有害的更改，使用系统还原可以将计算机返回到一个较早时间的状态，而不会造成数据的丢失，请叙述使用"系统还原"的步骤。

第4章　管理账户与组策略

本章要点：

- 用户账户管理
- 组账户管理
- 组策略介绍

4.1　管理用户账户

4.1.1　用户账户简介

用户账户指出用户以什么样的身份登录计算机。概括来讲，用户账户的主要作用如下。

1）验证用户的身份。使用用户账户，用户可以使用能够通过域身份验证的身份登录到计算机或域。每个登录到网络的用户都应该有自己唯一的用户账户和密码。

2）授权或拒绝对域资源的访问。在验证用户身份之后，为该用户分配针对资源的显式权限授权或拒绝用户对域资源的访问。

计算机中的用户账户有以下三种不同类型。

- 标准用户账户：允许用户使用计算机的大多数功能（如使用计算机上安装的大多数程序），但是如果要进行的更改会影响到计算机的其他用户或安全，则需要管理员的许可。
- 管理员账户：允许进行将影响其他用户的更改，如可以更改安全设置，安装软件和硬件，访问计算机上的所有文件，对其他用户账户进行更改。
- 来宾账户：供在计算机或域中没有永久账户的用户使用，允许用户使用计算机登录到网络、浏览 Internet 以及关闭计算机，但没有访问个人文件的权限，无法安装软件或硬件，以及更改设置或者创建密码。

每种账户类型为用户提供不同级别的控制权限。标准账户是日常计算机所使用的账户；管理员账户对计算机拥有最高的控制权限，并且应该仅在必要时才能使用此账户；来宾账户主要提供给需要临时访问计算机的用户使用。

4.1.2　创建用户账户

使用用户账户，可以多人共享一台计算机，但仍然有自己的文件和设置。每个人都可以使用用户名和密码访问自己的用户账户。为了保护计算机的安全，需要对能够登录本机的用户账户进行管理。

【任务 4-1】　创建一个用户账户。

1）单击"控制面板"→"用户账户"，打开如图 4-1 所示的"用户账户"窗口。

2）单击"管理其他账户"，打开如图 4-2 所示的"管理账户"窗口。

3）在图 4-2 上单击"创建一个新账户"，打开如图 4-3 所示的"创建新账户"窗口。

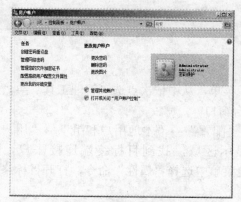

图 4-1 "用户账户"窗口

图 4-2 "管理账户"窗口

4）在图 4-3 中输入要创建的用户账户名称，如"cqcet2010"，再选择账户的类型，然后单击"创建账户"按钮。

5）在图 4-1 中，单击"管理其他账户"，在出现的界面中单击刚才创建好的账户"cqcet2010"，打开如图 4-4 所示的"更改账户"窗口。

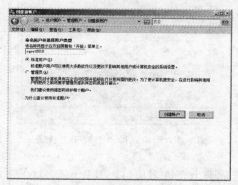

图 4-3 "创建新账户"窗口

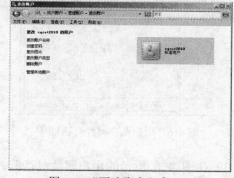

图 4-4 "更改账户"窗口

6）单击"创建密码"，出现如图 4-5 所示的"创建密码"窗口。

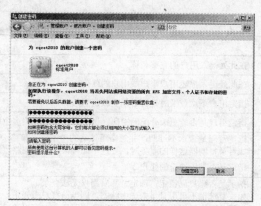

图 4-5 "创建密码"窗口

7）输入密码和密码确认信息后单击"创建密码"按钮。

4.1.3 为用户账户更改属性

可以为已经存在的账户更改其属性。

【任务 4-2】 更改用户账户的属性。

1）打开 Windows Server 2008 系统的"开始"菜单，从中依次点选"管理工具"→"服务器管理器"，打开对应系统的服务器管理器控制台窗口。

2）在该控制台窗口的左侧位置处，逐一展开"配置"→"本地用户和组"→"用户"分支选项，在对应"用户"分支选项的右侧显示区域，找到目标终端连接账户，如"cqcet2010"，在其上单击鼠标右键，在弹出的快捷菜单中选择"属性"命令，打开目标终端连接账户的属性设置窗口，如图 4-6 所示。

图 4-6　用户账户属性对话框

图 4-7　用户属性"隶属于"选项卡

3）在图 4-6 所示的用户属性对话框的常规选项卡上有许多项目，其详细信息如表 4-1 所示。根据需要对用户的全名、描述信息进行修改，并设置密码是否过期，然后单击"确定"按钮。

表 4-1　用户属性"常规"选项卡项目

项　目	详　细　信　息
全名	在此处键入用户的完整名称
描述	在此处键入描述用户账户或用户的任何文本
用户下次登录时须更改密码	指定用户下次登录时是否必须更改密码
用户不能更改密码	指定用户是否能更改分配的密码。通常只有在账户由多个用户使用时才选中该选项
密码永不过期	指定密码是否永不过期，并忽略组策略的"密码"策略中的"密码最长期限"设置。使用诸如目录复制器这样的服务时，要选中此项，此项将忽略"用户下次登录时需修改密码"
账户已禁用	指定是否禁用选定的账户
账户已锁定	指示是否账户已锁定，锁定意味着用户无法登录 如果复选框不可用且尚未选中状态，则当前账户未锁定 如果此账户可用并已选中，则当前账户已锁定，可以通过清除此复选框解锁账户

4）"隶属于"选项卡上选项的详细信息如表4-2所示。在图4-6上单击"隶属于"选项卡，打开如图 4-7 所示界面。如果要为当前账户指定所属的组，则单击"添加"按钮，在出现的"选择组"对话框中添加需要的组后单击"确定"按钮即可。

表4-2　用户属性"隶属于"选项卡项目

项　　目	详　细　信　息
隶属于	列出用户账户是其成员的组
添加	单击此处，选择要将该用户账户添加到的组
删除	从选定的组中删除用户

5）"配置文件"选项卡上项目的详细信息如表4-3所示。在图4-6上单击"配置文件"选项卡，打开如图 4-8 所示界面，在其中输入用户配置文件信息及主文件夹信息后，单击"确定"按钮。

表4-3　用户属性"配置文件"选项卡项目

项　　目	详　细　信　息
配置文件路径	在此键入用户账户的配置文件路径。若要为选定的用户账户启用漫游或强制用户配置文件，要键入网络路径的格式为\\ server name\\profiles　folder name \user name ；如要分配强制配置文件，则格式为\\ server name\\ profiles folder name\user profile name，此外，还必须将预配置到的用户配置文件复制到此处指定的位置
登录脚本	在此处键入登录脚本的名称。如果登录脚本位于默认登录脚本路径的子目录中，请在文件名称前加上相对路径
本地路径	将本地路径指定为主文件夹
连接	将共享的网络目录指定为此用户的主文件夹。在菜单中选择驱动器号
到	在此处键入此用户的主文件夹的网络路径

6）通过用户属性对话框的"终端服务配置文件"选项卡可以在用户远程连接到终端服务器时设置用户配置文件环境，其中各选项的详细信息如表 4-4 所示。在图 4-6 上单击"终端服务配置文件"选项卡，打开图 4-9 所示界面，在其中输入终端服务用户配置文件及终端服务主文件夹后单击"确定"即可完成设置。

图4-8　用户属性"配置文件"选项卡

图4-9　用户属性"终端服务配置文件"选项卡

表 4-4　用户属性"终端服务配置文件"选项卡项目

项　目	详　细　信　息
配置文件路径	指定用户连接到终端服务器时为用户指派的配置文件路径。为用户指派单独的终端服务会话配置文件。配置文件中存储的许多常用选项在使用终端服务时不需要
终端服务主文件夹	指定用于终端服务会话的主文件夹的路径。该文件夹可以是本地文件夹或网络共享
拒绝该用户登录到终端服务器的权限	指定用户是否可以连接到终端服务器。即使清除此复选框，用户仍需要获得连接到终端服务器的权限。终端服务器上的 Remote Desktop Users 组为用户和组授予远程登录服务器的权限

7）用户账户的"环境"选项卡可以配置终端服务客户端的启动环境，其中各选项的详细内容见表 4-5。在图 4-6 上单击"环境"选项卡，打开如图 4-10 所示的界面，在其中配置开始程序和客户端设置后，单击"确定"按钮。

表 4-5　用户属性"环境"选项卡项目

项　目	详　细　信　息
开始程序	指定在用户连接到终端服务器时将打开的程序。指定的程序将成为用户在终端服务会话中可以使用的唯一程序。用户关闭该程序时，与终端服务器的连接将断开。如果希望提供工作文件夹，则在"开始位置"框中指定文件夹位置
客户端设备	指定用户连接到终端服务器时，是否可以在终端服务会话中使用用户的本地驱动器和打印机

8）用户账户的"远程控制"选项卡可以配置用户终端服务会话的远程控制设置，其中包含的内容见表 4-6。在图 4-6 上单击"远程控制"选项卡，打开如图 4-11 所示的界面，在其中可以选择是否"启用远程控制"并设置用户的权限。

图 4-10　用户属性"环境"选项卡

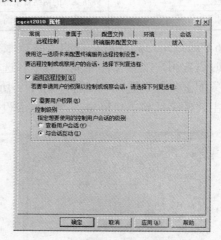

图 4-11　用户属性"远程控制"选项卡

表 4-6　用户属性"远程控制"选项卡项目

项　目	详　细　信　息
启用远程控制	选中此项表示希望观察或主动控制用户的终端服务会话
控制级别	指定希望对用户会话拥有的控制级别。如果选择"与会话互动"，将可以对会话输入键盘和鼠标操作

9）通过用户账户属性"会话"选项卡可以配置终端服务会话的超时设置和重新连接设置，其中内容见表4-7。在图4-6上单击"会话"选项卡，打开图4-12所示界面，在其中可以选择"结束已断开的会话"类型，"活动会话限制"方式，"空闲会话限制"方式，"达到会话限制时，或者连接中断时"的处理方式，"允许重新连接"的客户端。

表4-7　用户属性"会话"选项卡项目

项　　目	详　细　信　息
结束已断开的会话	指定已断开的用户会话在终端服务器上保持活动状态的最长时间。如果指定"从不"，则用户已断开的会话将无限期保留。会话处于断开状态时，即使用户不再主动连接，正在运行的程序仍将保持活动状态
活动会话限制	指定用户的终端服务会话在会话自动断开或结束之前可以保持活动状态的最长时间。用户在终端服务会话断开或结束之前两分钟收到警告，这样，用户可以保存打开的文件并关闭程序
空闲会话限制	指定活动终端服务会话在会话自动断开或结束之前可以保持空闲状态的最长时间。用户在会话断开或结束之前两分钟收到警告，这样，用户可以通过按键或移动鼠标来保持会话处于活动状态
达到会话限制，或者连接被中断时	指定在达到活动会话限制或空闲会话限制时，断开还是结束用户的终端服务会话。如果断开用户会话，即使用户不再主动连接，用户正在运行的程序仍将保持活动状态。如果结束用户会话，用户将需要与终端服务器建立新的终端服务器会话
允许重新连接	指定用户是否可以从任何计算机重新连接到终端服务器上已断开的会话

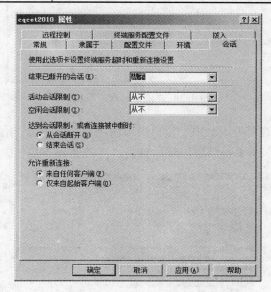

图4-12　用户属性"会话"选项卡

4.1.4　管理用户账户

可以对已经存在的账户进行管理，主要包括对账户的名称、密码，图片、账户类型等进行管理。

【任务4-3】　对账户进行管理。

1）在如图4-2所示的"管理账户"窗口中选择需要更改的账户，例如选择"cqcet2010"，打开如图4-13所示的"更改账户"窗口。

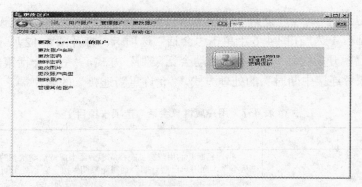

图 4-13 "更改账户"窗口

2）单击"更改账户名称"，打开如图 4-14 所示的"重命名账户"窗口，在其中输入新账户名，如"standard2010"，单击"更改名称"按钮即可。

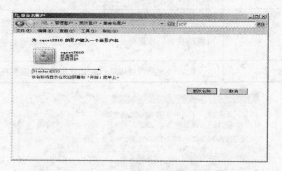

图 4-14 "重命名账户"窗口

3）在图 4-13 所示的"更改账户"窗口中单击"更改密码"，出现图 4-15 所示的"更改密码"窗口，在其中输入新密码信息，然后单击"更改密码"按钮。

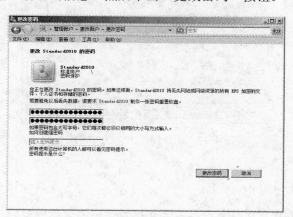

图 4-15 "更改密码"窗口

4）在"更改账户"窗口中单击"删除密码"，出现图 4-16 所示的"删除密码"窗口，在其中单击"删除密码"按钮。

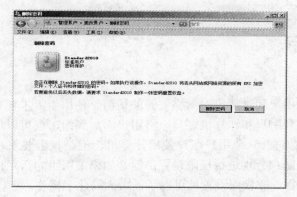

图 4-16 "删除密码"窗口

5）在"更改账户"窗口中单击"更改图片"，出现图 4-17 的"选择图片"窗口，然后在其中单击"浏览更多图片"，选择所需图片后，单击"更改图片"按钮。

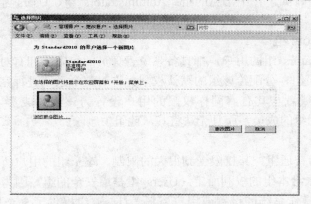

图 4-17 "选择图片"窗口

6）在"更改账户"窗口中单击"删除账户"，出现图 4-18 所示的"删除账户"窗口。在窗口中根据需要选择"删除文件"或者"保留文件"。单击"删除账户"按钮时出现确认删除账户的提示，如图 4-19 所示，在其中单击"删除账户"按钮就可以删除所选择的账户。

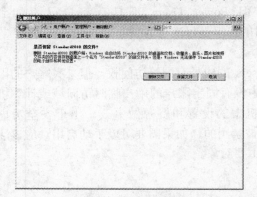

图 4-18 "删除账户"窗口

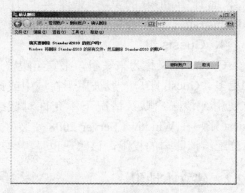

图 4-19 "确认删除"窗口

4.2 管理组账户

4.2.1 组简介

组可以用来管理用户和计算机对网络资源的访问。使用组，主要是为了方便管理访问目的和权限相同的一系列用户和计算机账户。将用户添加到组，就可以使管理用户账户工作变得更加简单明了，例如有 5 个用户账户使用计算机，但是权限要求相同，如果不使用组的话，就需要对这 5 个账户分别进行权限设置，但是如果采用组的话，只需要将这 5 个账户添加到组，并对该组进行一次权限设置就可以了，大大简化了操作。

组的概念就相当于公司中部门的概念，也就是说组的名称常常就是公司部门的名称。组内的账户就是部门的成员账户。使用组极大地方便了 Windows Server 2008 的账户管理和资源访问权限的设置。

在 Windows 中有如下几个常见的组：Administrators 组、Users 组、Power Users 组、Guests 组。

1. Administrators 组

属于 Administrators 组的用户，都具备系统管理员的权限，拥有对这台计算机最大的控制权，又称为管理员组，分配给该组的默认权限允许对整个系统进行完全控制。一般来说，应该把系统管理员或者与其有着同样权限的用户设置为该组的成员。内置的系统管理员 Administrator 就是此组的成员，而且无法将其从此组中删除。

2. Users 组

Users 组又称为普通组，其权限受到很大的限制，这个组的用户所能执行的任务和能够访问的资源，由指派给本组的权利而定。Users 组是最安全的组，因为分配给该组的默认权限不允许成员修改操作系统的设置或用户资料。Users 组提供了一个最安全的程序运行环境。所有创建的本地账户都自动属于此组。

3. Power Users 组

Power Users 组又称为高级用户组，可以执行除了为 Administrators 组保留的任务外的其他任何操作系统任务。组内的用户可以添加、删除、更改本地用户账户；建立、管理、删除本地计算机内的共享文件夹与打印机。但 Power Users 不具有将自己添加到 Administrators 组的权限。在权限设置中，这个组的权限是仅次于 Administrators 的。

4. Guests 组

Guests 组又称为来宾组，来宾组跟普通组 Users 的成员有同等访问权，但来宾账户的限制更多。Guest 账户一般被用于在域中或计算机中没有固定账户的用户临时访问域或计算机时使用。该账户默认情况下不允许对域或计算机中的设置和资源做更改。出于安全考虑 Guest 账户在 Windows Server 2008 安装好之后是被禁用的，如果需要可以手动启用。应该注意分配给该账户的权限，该账户也是黑客攻击的主要对象。

4.2.2 建立本地组

本地组的创建有两种方式，使用 Windows 界面创建和使用命令行的方式创建。

【任务 4-4】 使用 Windows 界面创建本地组并为组添加用户。

1）单击"开始"→"控制面板"→"管理工具"→"计算机管理"，打开如图 4-20 所示的"计算机管理"窗口。

图 4-20　"计算机管理"窗口

2）在"计算机管理"控制台中用鼠标右键单击"组"，在弹出的快捷菜单中选择"新建组"命令，将弹出"新建组"的对话框，如图 4-21 所示。

3）在"新建组"对话框中根据实际需要在相应的文本框内输入内容，例如在"组名"文本框输入"测试部"，在描述文本框输入"测试部"，然后单击"添加"按钮，将弹出如图 4-22 所示的"选择用户"对话框。

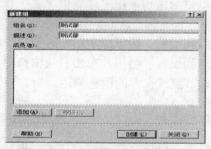

图 4-21　"新建组"对话框

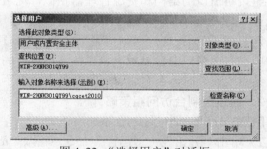

图 4-22　"选择用户"对话框

4）单击"高级"按钮，在弹出的对话框中选择用户或者在"输入对象名称来选择"下面的文本框中输入用户账号，然后单击"确定"按钮，返回到图 4-21 所示的对话框，并显示为组添加的用户，然后单击"创建"按钮。

4.3　组策略

4.3.1　组策略简介

所谓组策略（Group Policy），顾名思义，就是基于组的策略，它是 Windows 的一项功能，允许系统管理员管理用户对 Windows 功能的访问，它以 Windows 中的 MMC 管理单元的形式存在，可以帮助系统管理员针对整个计算机或是特定用户来设置多种配置，包括桌面配置和安全配置。譬如，可以为特定用户或用户组定制可用的程序、桌面上的内容，以及"开始"菜单选项等，也可以使用组策略来定义用户和计算机组的配置，在整个计算机范围内创建特殊的配置。简而言之，组策略是 Windows 中的一套更改和配置管理工具的集合。

有两种方法可以访问组策略：一是通过"gpedit.msc"命令直接进入组策略窗口；二是打开控制台，将组策略添加进去。

1. 输入"gpedit.msc"命令访问

选择"开始"→"运行"菜单，在弹出的"运行"窗口中输入"gpedit.msc"，按〈Enter〉键后打开组策略编辑窗口，如图4-23所示。

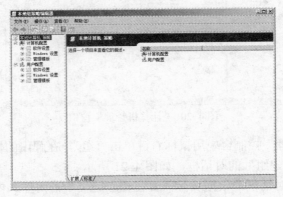

图4-23　本地组策略编辑器

组策略窗口的结构和资源管理器相似，左边是树形目录结构，由"计算机配置"和"用户配置"两大节点组成。在这两个节点下分别都有"软件设置"、"Windows 设置"和"管理模板"三个子节点，在子节点下面一般还包含有子节点和设置。用鼠标单击左边窗口中的节点，则在右边窗口中会显示出包含在该结点下的子结点和设置。当用户单击右边窗口中显现的子结点或设置时，在右边窗口的左侧便会显示关于此节点或设置的信息描述。

2. 通过控制台访问组策略

【任务4-5】 通过控制台添加组策略。

1）单击"开始"→"运行"命令，输入"mmc"，按〈Enter〉键后进入控制台窗口，如图4-24所示。

图4-24　控制台编辑窗口

2）单击控制台窗口的"文件"→"添加/删除管理单元"，弹出如图 4-25 所示的"添加或删除管理单元"对话框。

图 4-25 "添加或删除管理单元"对话框

3) 在对话框中选中"组策略对象编辑器",然后单击"添加"按钮,打开如图 4-26 所示的"选择组策略对象"对话框。

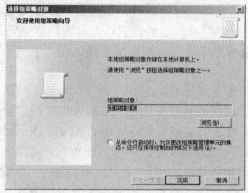

图 4-26 "选择组策略对象"对话框

4) 在"选择组策略对象"对话框中选择对象。由于组策略对象就是"本地计算机",因此不用更改,如果是网络上的另一台计算机,那么单击"浏览"按钮选择此计算机即可。如果希望保存组策略控制台,并希望能够选择通过命令行在控制台中打开组策略对象,请选中"从命令行启动时,允许更改组策略管理单元的焦点。这只在保存控制台的情况下适用。"复选框。单击"完成"按钮返回到图 4-25 所示界面,然后单击"确定"按钮打开添加进来的组策略的控制台,如图 4-27 所示。

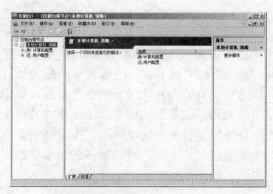

图 4-27 添加组策略的控制台窗口

4.3.2　组策略结构

组策略可基于活动目录中的用户和计算机账户两种对象分别进行配置，所以在组策略对象（GPO）中的组策略设置项中包括"计算机配置"和"用户配置"两大部分，这就是组策略的基本结构。

计算机配置的组策略设置包括操作系统行为、桌面行为、安全设置、计算机启动和关机脚本、计算机分配的应用程序选项和应用程序设置。在操作系统初始化和整个系统刷新间隔期间，系统将会应用与计算机有关的组策略设置。

用户的组策略设置包括特定的操作系统行为、桌面设置、安全设置、分配和发布的应用程序选项、应用程序设置、文件夹重定向选项和用户登录及注销脚本。在用户登录计算机以及整个策略刷新间隔期间，系统将会应用与用户相关的组策略设置。

而且可以看到，"计算机配置"、"用户配置"两大节点下的子节点和设置有很多是相同的，"计算机配置"节点中的设置应用到整个计算机策略，在此处修改后的设置将应用到计算机中的所有用户。"用户配置"节点中的设置一般只应用到当前用户，如果用别的用户名登录计算机，设置就不会起作用了。但一般情况下建议在"用户配置"节点下修改，其中的"管理模板"设置最多、应用最广。

可以用组策略定义用户配置和计算机配置，如可以为基于注册表的策略、安全、软件安装、脚本、文件夹重定向、远程安装服务以及 IE 的维护等指定策略设置。创建的组策略设置包含在组策略对象中，通过将组策略对象与所选的 Active Directory 系统容器、站点、域和组织单位相关联，实现组策略设置的具体应用。还可以将组策略对象设置应用于 Active Directory 容器中的具体用户和计算机。

策略不仅应用于用户和客户端计算机，还应用于成员服务器、域控制器以及管理范围内的任何其他计算机。组策略对象创建的最大容器是域，最小容器是组织单位（OU），当然可以为各级 OU 创建不同的组策略对象。不能为特定的计算机或用户创建单独的组策略对象。应用于域（即在域级别应用，刚好在"Active Directory 用户和计算机"（ADUC）控制台的根目录之上）的组策略（也就是"域组策略"）会影响域中的所有计算机（包括域控制器）和用户。默认的域组策略是 Default Domain Policy。ADUC 还提供内置的 Domain Controllers（域控制器）组织单位（域控制器是域网络中最大的组织单位），默认使用的组策略对象是 Default Domain Controllers Policy。

4.3.3　组策略应用

说到组策略，就不得不提注册表。注册表是 Windows 系统中保存系统、应用软件配置的数据库，随着 Windows 的功能越来越丰富，注册表里的配置项目也越来越多。很多配置都是可以自定义设置的，但这些配置分布在注册表的各个角落，如果是手工配置，可想而知是多么困难和烦杂。而组策略则将系统重要的配置功能汇集成各种配置模块，供管理人员直接使用，从而达到方便管理计算机的目的。简单地说，组策略就是修改注册表中的配置。当然，组策略使用自己更完善的管理组织方法，可以对各种对象中的设置进行管理和配置，远比手工修改注册表方便、灵活，功能也更加强大。

1. 利用组策略进行"桌面"设置

Windows 的桌面就像办公桌一样，需要经常进行整理和清洁。虽然通过修改注册表的方式可以实现隐藏桌面上的系统图标的功能，但这样比较麻烦，也有一定的风险。而采用组策略配置的方法，可以方便快捷地达到此目的。通过单击图 4-23 所示的"本地组策略编辑器"窗口中的"用户配置"→"管理模板"→"桌面"，打开如图 4-28 所示界面。

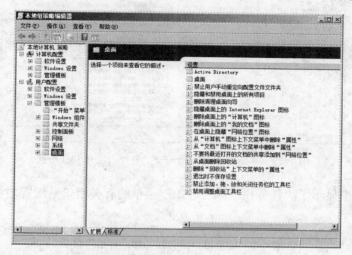

图 4-28　本地组策略编辑——桌面设置

在图 4-28 中可以看到利用组策略可以对桌面进行很多设置，主要的设置项如表 4-8 所示。

表 4-8　组策略桌面设置项

功　能	操 作 方 式
隐藏桌面的系统图标	1）双击"隐藏和禁用桌面上的所有项目"，在弹出的属性对话框中设置为"已启用"来隐藏桌面上的所有图标 2）双击"隐藏桌面上的'Internet Explorer'图标"，在弹出的属性对话框中设置为"已启用"来隐藏"Internet Explorer"图标 3）双击"隐藏桌面上'网络位置'图标"，在弹出的属性对话框中设置为"已启用"来隐藏桌面上的"网上邻居"图标 4）双击"删除桌面上的'我的文档'图标"，在弹出的属性对话框中设置为"已启用"来隐藏桌面上"我的文档"图标 5）双击"删除桌面上的'计算机'图标"，在弹出的属性对话框中设置为"已启用"来隐藏桌面上"我的计算机"图标
退出时不保存桌面设置	在右侧窗格中双击"退出时不保存设置"在弹出的属性对话框中设置为"已启用"来防止用户保存对桌面的某些更改。如果启用这个策略，用户仍然可以对桌面做更改，但有些更改，如图标的位置、任务栏的位置及大小，在用户注销后都无法保存，不过任务栏上的快捷方式总可以被保存
屏蔽"清理桌面向导"功能	在右侧窗格中双击"删除清理桌面向导"，在弹出的属性对话框中根据需要设置策略选项。"清理桌面向导"会每隔 60 天自动在用户的电脑上运行，以清除那些用户不经常使用或者从不使用的桌面图标。如果启用此策略设置，则可以屏蔽"清理桌面向导"，如果禁用或不配置此设置，"清理桌面向导"会按照默认设置每隔 60 天运行一次
禁用"用户手动重定向配置文件文件夹"	在右侧窗格中双击"禁止用户手动重定向配置文件文件夹"在弹出的属性对话框中根据需要设置策略选项。在默认情况下，用户可以更改其个人配置文件文件夹的路径

2. 利用组策略个性化"任务栏"和"开始"菜单

通过单击图 4-23 所示的"本地组策略编辑器"窗口中的"用户配置"→"管理模板"

→"'开始'菜单和任务栏"，打开如图4-29所示界面。

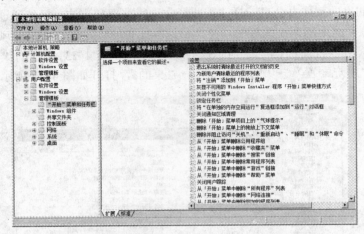

图4-29 本地组策略编辑——"开始"菜单和任务栏

在图 4-29 中显示了"任务栏"和"开始"菜单的有关组策略配置项目，具体信息如表 4-9 所示。

表4-9 组策略"任务栏"和"开始"菜单

功　能	详　细　信　息
不需要的菜单项从"开始"菜单中删除	1）双击"从「开始」菜单删除用户文件夹"，在弹出的属性对话框中设置为"已启用"来删除"开始"菜单中的文件夹 2）双击"删除到'Windows Update'的访问和链接"，在弹出的属性对话框中设置为"已启用"来阻止用户连接到 Windows Update 网站 3）双击"从「开始」菜单删除公用程序组"，在弹出的属性对话框中设置为"已启用"让"程序"菜单上只显示用户配置的文件项目 4）双击"从「开始」菜单中删除'文档'图标"，在弹出的属性对话框中设置为"已启用"来在"开始"菜单中删除"文档"图标 5）双击"从「开始」菜单中删除'收藏夹'菜单"，在弹出的属性对话框中设置为"已启用"来阻止用户给"开始"菜单添加"收藏夹"菜单，如果要删除其他的只要将不需要的菜单项所对应的策略启用即可
禁用让他人更改"任务栏"和"开始"菜单	1）双击组策略控制台右侧窗格中的"阻止更改'任务栏和开始菜单'设置"，在弹出的属性对话框中设置为"已启用"来防止用户打开"任务栏属性"对话框，保护不能更改任务栏 2）双击组策略控制台右侧窗格中的"阻止访问任务栏的上下文菜单"，在弹出的属性对话框中设置为"已启用"，当鼠标右键单击任务栏及任务栏项目时隐藏菜单 3）双击组策略控制台右侧窗格中的"阻止用户将任务栏移动到另一个屏幕停靠位置"，在弹出的属性对话框中设置为"已启用"来阻止用户将其任务栏拖放到屏幕的其他位置
禁止"注销"和"关机"	1）双击组策略控制台右侧窗格中的"删除「开始菜单」上的'注销'"，在弹出的属性对话框中设置为"已启用"，从"开始"菜单中删除注销<用户名>项目 2）双击组策略控制台右侧窗格中的"删除和阻止访问'关机'、'重新启动'、'睡眠'和'休眠'命令"，在弹出的属性对话框中设置为"已启用"来阻止用户从"开始"菜单或"Windows 安全"屏幕执行"关机"、"重新启动"、"睡眠"和"休眠"命令
利用组策略保护个人文档隐私	1）双击右侧窗格中"不要保留最近打开文档的历史"，在弹出的属性对话框中设置为"已启用"来阻止操作系统和已安装的程序创建和显示最近打开的文档的快捷方式 2）双击右侧窗格中"退出时清除最近打开的文档的历史"，在弹出的属性对话框中设置为"已启用"，在退出系统时清除最近打开的文档的历史

3．利用组策略对 IE 进行设置

Internet Explorer（IE）浏览器让用户可以轻松的在互联网上遨游，但要想用好 Internet Explorer，则必须将它配置好。在浏览器的"Internet 选项"窗口中，提供了比较全面的设置

选项（例如"首页"、"临时文件夹"、"安全级别"和"分级审查"等项目），但部分高级功能没有提供，而通过组策略即可轻松实现这些功能。单击"组策略控制台"→"用户配置"→"管理模板"→"Windows 组件"→"Internet Explorer"，打开如图 4-30 所示界面。

图 4-30　本地组策略编辑——Internet Explorer

在图 4-30 中显示了 Internet Explorer 的有关组策略配置项目，具体信息如表 4-10 所示。

表 4-10　组策略 Internet Explorer

功　　能	详　细　信　息
屏蔽 IE 的一些功能菜单菜单项	● 出于对安全的考虑，有时候有必要屏蔽 IE 的一些功能菜单，组策略提供了丰富的设置项，禁用"文件"菜单的"打开"菜单项来阻止用户从 IE "文件"菜单打开文件或网页；禁用"文件"菜单的"新建"菜单项用于阻止用户从"文件"菜单中打开新的浏览器窗口；禁用"在新窗口中打开"菜单项用于阻止用户使用快捷菜单在浏览器窗口打开链接 ● 在图 4-30 所示界面上打开"浏览器菜单"文件夹，依次在打开的"'文件菜单'：禁用'打开'菜单选项"、"'文件菜单'：禁用'新建'菜单选项"、"禁用'在新窗口中打开'菜单项"属性对话框中设置为"已启用"来禁用相应的功能
限制 IE 浏览器的保存功能	● 在使用 IE 浏览网页过程中，当遇到好的图片、文章等资源时可以使用"另存为"功能将它保存到本地硬盘中，当多人共用一台计算机时，为了保持硬盘的整洁，需要对浏览器的保存功能进行限制 ● 在图 4-30 所示界面上打开"浏览器菜单"文件夹，依次在打开的"'文件菜单'：禁用'另存为...'菜单选项"、"'文件'菜单：禁用另存为'网页，全部'格式菜单项"、"'查看'菜单：禁用'源文件'菜单项"和"禁用上下文菜单"属性对话框中设置为"已启用"来禁用相应的功能
禁用"Internet 选项"控制面板	● 禁用"Internet 选项"控制面板上的项目主要包括"禁用常规页"，这可以删除"Internet 选项"对话框上的"常规"选项卡，则用户无法查看和更改主页等设置；"禁用安全页"可以删除"Internet 选项"对话框上的"安全"选项卡，则用户无法更改安全区域的设置；"禁用程序页"可以删除"Internet 选项"对话框上的"程序"选项卡，则用户无法查看和更改 Internet 程序的默认设置；"禁用高级页"可以删除"Internet 选项"对话框上的"高级"选项卡，则用户无法查看和更改高级 Internet 设置；"禁用连接页"可以删除"Internet 选项"对话框上的"连接"选项卡，则用户无法查看和更改连接和代理服务器设置；"禁用隐私页"可以删除"Internet 选项"对话框上的"隐私"选项卡，则用户无法查看和更改隐私的默认设置 ● 在图 4-30 所示界面上打开"Internet 控制面板"文件夹，依次在打开的"禁用常规页"、"禁用安全页"、"禁用程序页"、"禁用高级页"、"禁用连接页"、"禁用隐私页"组策略项目的属性对话框中设置为"已启用"来禁用相应的功能

4．利用组策略实现 Windows Media Player 高级功能

Windows Media Player 是目前最流行的多媒体播放器之一，在播放过程中，屏幕保护程序可以有效地保护显示器，但是当使用播放器观看精彩影片时，经常会碰到因屏幕保护程序突然运行而被迫中断观看的情况；当使用 Windows Media Player 播放流式媒体时，播放器会在播放前对流式媒体进行缓冲处理，以便可以流畅地进行播放。在实际应用中，根据网络带宽和服务器的连接速度，缓存的时间长短并不一样，但 Windows Media Player 却是在使用同一设置，这无疑与实际网络情况不匹配，因此可以根据具体的网络带宽情况自己优化配置网络缓冲；并且如果不希望其他用户随意更改其界面外观的话，这些都可以利用组策略实现。单击"组策略控制台"→"用户配置"→"管理模板"→"Windows 组件"→"Windows Media Player"，打开如图 4-31 所示界面。

图 4-31　本地组策略编辑——Windows Media Player

在图 4-31 中显示了 Windows Media Player 的有关组策略配置项目，具体信息如表 4-11 所示。

表 4-11　组策略 Windows Media Player

功　　能	详　细　信　息
设置并锁定 Windows Media Player 外观	在图 4-31 所示界面中双击"用户界面"，在打开的"用户界面"页面中双击"设定并锁定外观"，在弹出的属性对话框中"启用"此功能，可以让用户使用指定的外观且仅以外观模式显示播放机
禁止 Windows Media Player 播放时运行屏保	在图 4-31 所示界面中双击"播放"，在打开的"播放"页面中双击"允许运行屏幕保护程序"，在弹出的属性对话框中将它设置为"已禁用"状态，即使用户选择了屏幕保护程序，播放时屏幕保护程序也不会使播放中断
优化配置 Windows Media Player 网络缓冲	在图 4-31 所示界面中双击"网络"，在打开的"网络"页面中双击"配置网络缓冲"在弹出的属性对话框中将它设置为"启用"状态，选择"缓冲时间"的方式，如果是自定义缓冲时间，则在"配置网络缓冲"项中输入时间（秒数），单击"确定"

5．利用组策略提升系统性能

可以利用组策略提升系统的性能，常见的操作如表 4-12 所示。

表 4-12　组策略提高系统性能项

项	详　细　信　息
提高上网速率	默认情况下，Windows 网络连接数据包调度程序将系统限制在 80%的连接带宽之内，这对带宽较小的网络来说，无疑是笔不小的开支，可以通过组策略设置来替代默认值，让上网速率提高 20%
关闭缩略图的缓存	系统具有缩略图视图功能，且为了加快那些被频繁浏览的缩略图显示速度，系统会将这些被显示过的图片进行缓存，以便下次打开时直接读取缓存中的信息，从而达到快速显示的目的。但如果不希望系统进行缓冲的话，则可以利用组策略关闭缩略图缓存的功能，这样第一次浏览速度反而会大大加快
关闭系统还原功能	系统还原是 Windows 集成的强大功能，它在系统运行的同时，备份那些被更改的文件和数据，如果出现问题，系统还原使用户能够在不丢失个人数据文件的情况下，将计算机还原到以前的状态。但为这一功能付出的代价也是相当大的，系统性能会明显下降，磁盘空间也会被占用很多。对于配置不高的计算机来说，可以关闭此功能
禁　止　Windows Messenger 自动运行	在 Windows 系统中集成的优秀应用软件越来越多，但这些系统内置的软件都没有卸载选项，引起很操作的不便。比如 Windows XP 自带的 Windows Messenger，不但卸载不方便而且还随系统一起自动运行。对于不上网的计算机用户或者根本就不用 Windows Messenger 的用户来说，当然要屏蔽此软件的自动运行功能

【任务 4-6】　使 Windows 的上网速率提升 20%。

1）单击"组策略控制台"→"计算机配置"→"管理模板"→"网络"→"QoS 数据包计划程序"，打开如图 4-32 所示界面。

图 4-32　"Qos 数据包计划程序"窗口

2）双击"限制可保留带宽"选项，打开如图 4-33 所示对话框。

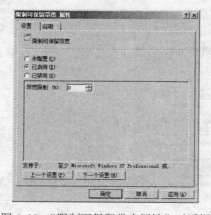

图 4-33　"限制可保留带宽属性"对话框

3）选中"已启用"，调整系统可保留的带宽比例，将"带宽限制"栏设为"0%"，然后单击"确定"按钮。

【任务 4-7】 关闭缩略图的缓存。

1）单击"组策略控制台"→"用户配置"→"管理模板"→"Windows 组件"→"Windows 资源管理器"，打开如图 4-34 所示界面。

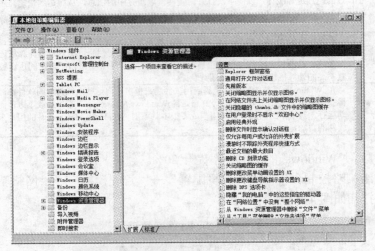

图 4-34 "Windows 资源管理器"窗口

2）双击打开"关闭缩略图的缓存"，在打开的属性对话框中设置为"启用"，缩略视图将不被缓存。

【任务 4-8】 关闭系统还原功能。

1）单击"组策略控制台"→"计算机配置"→"管理模板"→"系统"→"系统还原"，打开如图 4-35 所示界面。

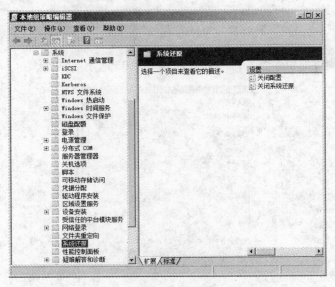

图 4-35 "系统还原"窗口

2）双击"关闭系统还原"，在打开的属性对话框中设置为"已启用"后即可关闭系统还原功能，并且不能再访问"系统还原向导"和"配置界面"。

【任务4-9】 禁止 Windows Messenger 自动运行。

1）单击"组策略控制台"→"计算机配置"→"管理模板"→"Windows 组件"→"Windows Messenger"，打开如图 4-36 所示界面。

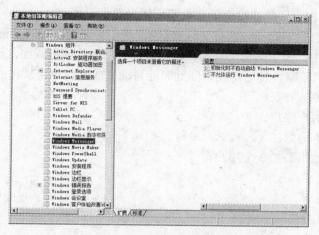

图 4-36 "Windows Messenger"窗口

2）双击"不允许运行 Windows Messenger"，在打开的属性对话框中设置为"已启用"，则 Windows Messenger 将不被启用。

4.3.4 组策略管理

组策略管理包括策略管理控制台（GPMC），即高效管理企业组策略的 Microsoft 管理控制台。

GPMC 通过提供用于管理、编辑和报告组策略核心内容的简单体验来简化基于域的组策略管理，为企业管理组策略提供统一的管理工具。GPMC 可以管理网络中的所有的 GPO（组策略对象），WMI（Windows Management Instrumentation）筛选器，和组策略相关的权限。

GPMC 包括一系列管理组策略的脚本接口和一个 MMC 为基础的用户界面。Windows Server 2008 中包含了 32 和 64 位版本的 GPMC。

组策略管理控制台具有以下特点。

1）改进组策略易用性的用户界面。

2）备份和还原 GPO。

3）导入/导出和复制/粘贴 GPO 以及 WMI 筛选器。

4）简化组策略相关安全性的管理。

5）报告 GPO 设置和策略的结果集 (RSoP) 数据的 HTML。

6）将基于文本的备注包括在组策略对象以及基于注册表的策略设置中。

7）根据策略设置的标题、帮助文本或备注中的关键字筛选的基于注册表策略设置的视图。

8）Starter 组策略对象——基于注册表策略设置的便携式集合，提供 GPO 的起点。

9）具有 21 个附加组策略扩展，可用于管理驱动器映射、注册表设置、本地用户和组、服务、文件、文件夹以及更多内容，而无需了解脚本语言。

4.4　实训

1．重新指定远程会话的超时设置和重新连接设置。

2．某公司创建了 company.com 域，域中的所有用户账户都在 manager 组织单位或 employee 组织单位中，为了确保所有用户桌面上都有相应的应用程序，已经安装了常用的软件，应该怎样配置组策略，使用户在登陆到时能自动完成其他应用软件的安装？

3．组账户管理实训。

（1）添加 6 个用户账户。

（2）建立两个本地组。

（3）分别为本地组添加 3 个用户。

4.5　习题

1．选择题

（1）拥有对计算机访问最高权限的组是_____。

    A．Administrators 组　　　　　　　B．Power Users 组

    C．Users 组　　　　　　　　　　　D．Guests 组

（2）下列对用户账户功能的叙述，错误的是_____。

    A．验证用户的身份　　　　　　　　B．看是否能够更改桌面背景

    C．看是否能够安装软件　　　　　　D．以上都不是

（3）在用户的常规选项卡能够进行设置的选项为_____。

    A．设定密码是否过期　　　　　　　B．列出用户账户是其成员的组

    C．指定配置文件路径　　　　　　　D．空闲会话限制

（4）关于用户账户，以下说法正确的是_____。

    A．可以创建新用户账户，可将任意用户账户删除

    B．新创建的用户账户，其桌面为系统默认的设置

    C．用户账户的类型可以是计算机管理员

    D．可以更改用户账户的密码

2．简答题

（1）利用组策略管理计算机有哪些优点？

（2）什么是安全模板，有什么作用？

（3）重定向文件夹有什么作用？

（4）在组策略编辑器中，在"计算机配置"和"用户配置"部署软件有什么不同？

（5）怎样更改账户的类型？

第5章　Windows 系统工具

本章要点：
- 系统备份
- 磁盘维护管理
- 系统信息
- 计算机管理

5.1　系统备份

保存在服务器硬盘中的重要数据信息时常会毫无征兆地丢失掉，而丢失的数据信息如果无法恢复，则可能会给用户带来巨大的损失。为了保护数据信息的安全，应及早对重要数据进行安全备份。备份数据信息的方法有很多种，Windows Server 2008 操作系统也提供了用于备份和恢复的工具——Windows Server Backup。

Windows Server Backup 是 Windows Server 2008 操作系统中的一个可选功能特性，为用户提供了一组向导和其他工具，通过该工具，可以对操作系统、应用程序和数据进行备份，并在必要的时候对这些备份数据进行恢复。它与传统的数据备份还原功能相比，具有以下特点。

（1）备份速度更为快速

Windows Server 2008 操作系统中备份功能的操作对象是数据块或磁盘卷，该功能会自动将待备份的内容处理成数据卷集，而每一个数据卷集又会被服务器系统当作是一个独立的磁盘块，因此在进行备份数据的过程中，备份功能以磁盘块为基础进行数据传输，这种传输数据方式的速度是非常快的；而传统的数据备份、还原功能是以普通的数据文件作为操作对象的，在传输数据的时候也是一个文件一个文件地进行传输，很显然，Windows Server 2008 操作系统中的备份功能备份数据的速度会更快一些，备份效率自然也就会更高一些。

（2）备份方式更为灵活

Windows Server 2008 操作系统中备份功能为用户提供了更为灵活的备份方式，它既允许进行完全备份，又允许采用增量备份，甚至还允许针对服务器系统中的某个特定磁盘卷，自定义选用合适的备份方式。默认状态下，备份功能会选用完整备份方式，这种方式适合对整个服务器操作系统进行备份存储，可以确保服务器系统日后遇到问题时能够在很短的时间内恢复正常工作状态，而且它不会影响整个系统的整体运行性能，不过该备份方式会降低数据备份、还原的速度；如果待备份的重要数据信息频繁发生变化时，可以考虑选用增量备份方式，因为该方式会智能地对前一次备份后发生变化的数据内容进行备份，这样的话就能有效降低多个完整备份所带来的硬盘空间容量过度消耗现象。在 Windows Server 2008 操作系统环境下，备份功能会根据待备份数据内容的性质，自动选用合适的备份方式，而传统的数据备份还原功能则需要用户进行手工设置，显然 Windows Server 2008 操作系统中备份功能的备份方式更加灵活。

（3）备份类型更为多样

在网络带宽容量不断增大的今天，Windows Server 2008 操作系统中的备份功能也为用户提供了更为多样的备份存储类型，既可以将数据内容直接备份保存到本地硬盘的其他分区中，也可以通过网络传输通道将数据内容直接备份保存到网络文件夹，理论上甚至还能将其备份保存到 Internet 网络中的任何一个位置处。

此外，Windows Server 2008 操作系统中的备份功能也增加了对 DVD 光盘备份的支持；由于现在待备份的数据内容容量越来越大，为了方便随身携带备份内容，备份功能允许用户直接将数据内容刻录备份到 DVD 光盘中，用户能够随心所欲地创建包含多个磁盘卷的数据备份集，到时候备份功能可以智能地利用压缩功能将多个磁盘卷的数据备份集一次性写入到 DVD 光盘中，不过日后进行数据还原操作时这些多个磁盘卷的数据备份集也会一次性被还原出来。

（4）还原效率更加高效

Windows Server 2008 操作系统中的备份功能在还原先前备份好的数据内容时，往往可以对目标备份内容进行智能识别，判断它是采用了完全备份方式还是增量备份方式，如果发现其使用完全备份方式，那么备份功能会自动对所有的数据内容执行还原操作，如果发现使用了增量备份方式，那么备份功能会自动对增量备份内容进行还原操作；而传统的数据备份功能在执行数据还原操作时，不具有智能识别备份方式的功能，因此在还原采用增量备份方式备份的数据信息时，只能逐步地还原。

在默认状态下该功能并没有被自动安装，如果善于使用备份功能，用户可以高效地对服务器系统中的重要数据信息进行备份存储。而要使用 Windows Server Backup 备份系统，需要对其进行安装。

【任务 5-1】 安装 Windows Server Backup。

1）单击"开始"菜单，选择"服务器管理器"菜单项，打开"服务器管理器"窗口，并在左侧的任务窗格中单击"功能"，打开如图 5-1 所示界面。

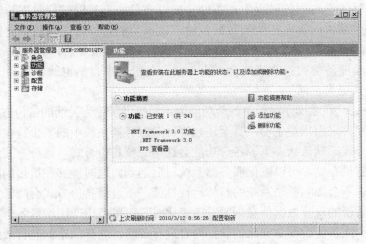

图 5-1 "服务器管理器"窗口

2）在右侧工作区部分选择"添加功能"，打开如图 5-2 所示的"添加功能向导"对话框。

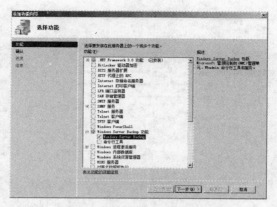

图 5-2　选择安装功能界面

3）在图 5-2 所示界面上选中"Windows Server Backup"旁边的复选框，然后单击"下一步"按钮，打开图 5-3 所示的界面。

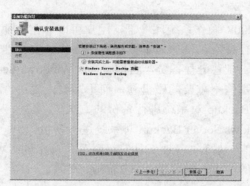

图 5-3　安装选择功能确认界面

4）在图 5-3 所示的确认安装界面下方，单击"安装"按钮，出现图 5-4 所示的界面。

图 5-4　安装进度界面

5）在图 5-4 所示的安装进度完成后，直接出现安装成功界面，如图 5-5 所示。单击"关闭"按钮即可完成安装。

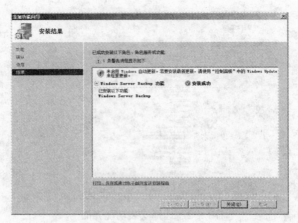

图 5-5　安装成功界面

5.1.1　备份系统

在 Windows Server 2008 操作系统环境下，用户可以非常方便地对整个服务器系统或者服务器中的某些特殊卷进行备份，例如为了提高备份操作的安全性以及高效性，可以对操作系统以及应用程序所在的磁盘卷进行备份，这样一来，Windows Server 2008 操作系统在进行备份操作时就会自动删除那些不重要的磁盘卷，而不需要人工进行参与。下面用具体的操作来说明用 Windows Server Backup 对系统进行备份的方法。

【任务 5-2】　用 Windows Server Backup 对系统进行备份。

1）单击"开始"菜单，选择"管理工具"级联菜单项中的"Windows Server Backup"菜单，打开如图 5-6 所示的"Windows Server Backup"窗口。

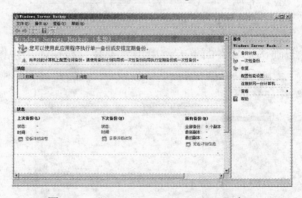

图 5-6　"Windows Server Backup"窗口

2）在图 5-6 所示窗口右侧的"操作"栏中选择"备份计划"或"一次性备份"，其中，"备份计划"指的是系统会根据用户选定的时间定时备份，可以一天备份一次，也可以一天备份几次。一次性备份指的是用户只备份当前的系统状态，以后不会自动备份。这里选择"一次性备份"，打开如图 5-7 所示的"一次性备份向导"的"备份选项"界面。

3）在图 5-7 所示的对话框中选择"不同选项"，单击"下一步"按钮，出现图 5-8 所示界面。

118

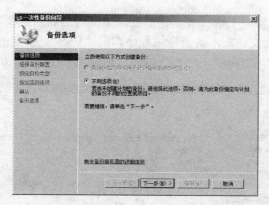

图 5-7 "备份选项"界面

4）在图 5-8 的"选择备份配置"界面上选择"整个服务器"的配置类型，单击"下一步"按钮，出现图 5-9 所示界面。如果在备份配置界面上选择"自定义"，则可以根据需要只备份一个盘，但系统盘是不需要选的。

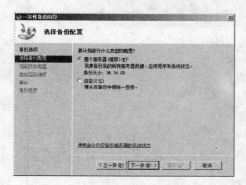

图 5-8 "选择备份配置"界面

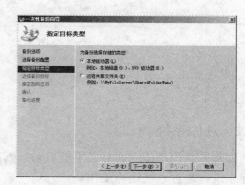

图 5-9 "指定目标类型"界面

5）在图 5-9 所示的"指定目标类型"界面上，将选择备份数据保存位置的类型，即备份到本地还是远程共享文件夹，这里选择"本地驱动器"，单击"下一步"按钮，出现图 5-10所示界面。

6）在图 5-10 所示界面上选择备份目标后单击"下一步"按钮，出现图 5-11 所示界面。

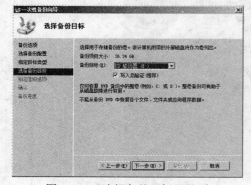

图 5-10 "选择备份目标"界面

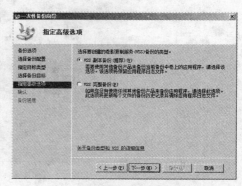

图 5-11 "指定高级选项"界面

7）在图 5-11 所示界面上选择要创建的卷影复制服务备份的类型，其中"VSS 副本备份"备份方式只备份数据文件，不备份应用程序，而"VSS 完整备份"则备份应用程序。这里选择"VSS 副本备份"，单击"下一步"按钮，出现图 5-12 所示的备份确认界面。

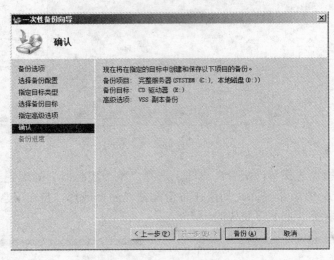

图 5-12　备份确认界面

8）在图 5-12 所示的备份确认界面上，如果没有问题，则单击"备份"按钮，进行系统备份工作。

5.1.2　还原系统

如果系统出现故障，并且不能启动，则需要用 Windows Server 2008 操作系统安装光盘引导系统，进行系统还原工作。

【任务 5-3】　还原 Windows Server 2008 操作系统。

1）把 Windows Server 2008 操作系统的安装光盘插入到光驱并设置从光驱引导，出现的安装界面如图 5-13 所示。

图 5-13　安装修复界面

2）在图 5-13 所示的安装界面上，选择"修复计算机"，出现图 5-14 所示的"系统恢复选项"对话框。

3）在图 5-14 所示对话框上选择要修复的操作系统之后，单击"下一步"按钮，出现"选择恢复工具"界面，在里面选择"Windows Complete PC 还原"，在后续界面上选择"还原方式"，单击"下一步"按钮，出现还原信息确认界面，确认之后出现如图 5-15 所示界面。

图 5-14　选择要修复的操作系统

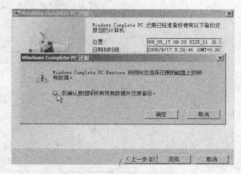

图 5-15　选择是否擦除选择

4）在图 5-15 所示界面中选择"我确认要擦除所有现有数据并还原备份"复选框，单击"确定"按钮，出现图 5-16 所示的还原界面。

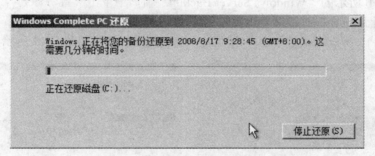

图 5-16　还原界面

5）在还原结束后重新启动计算机即可。

5.1.3　备份、还原高级选项

对于第一次备份后，Windows Server Backup 提供了两种备份方式，即完整备份和增量备份。另外，这两种备份方式还可对每个卷分别设置。Windows Server Backup 也支持自动备份计划，系统可以根据计划自动进行备份。

【任务 5-4】　优化备份性能。

1）在图 5-6 所示的"Windows Server Backup"窗口上单击"配置性能设置"，打开如图 5-17 所示的"优化备份性能"对话框。

2）在图 5-17 所示的对话框中，选择需要的备份方式是"始终执行完整备份"或"始终执行增量备份"，如果需要对各个卷采用不同的设置，则选择"自定义"，并对其下的每个卷进行配置，最后单击"确定"按钮。

Windows Server Backup 也支持自动备份计划，系统可以根据计划自动进行备份。

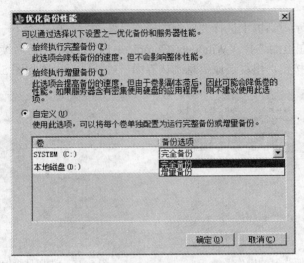

图 5-17 "优化备份性能" 对话框

【任务 5-5】 创建备份计划。

1）在图 5-6 所示的 "Windows Server Backup" 窗口中单击 "备份计划"，打开如图 5-18 所示的 "备份计划向导" 对话框。

2）在图 5-18 所示对话框中上单击 "下一步" 按钮，打开如图 5-19 所示界面。

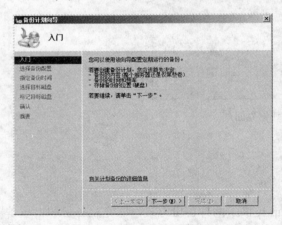

图 5-18 "备份计划向导" 入门界面

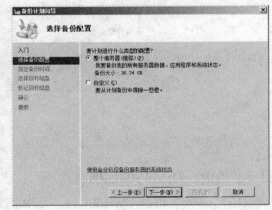

图 5-19 选择备份配置

3）在图 5-19 所示界面上选择 "整个服务器"，单击 "下一步" 按钮，打开如图 5-20 所示界面。

4）在图 5-20 所示界面中指定备份的时间，选择 "每日一次"，然后选择一个时间，或者选择 "每日多次" 并在 "可用时间" 列表中进行选择后，单击 "添加" 按钮指定多个时间，单击 "下一步" 按钮。根据向导的提示依次选择 "选择目标磁盘"、"标记目标磁盘" 等，进行备份计划的创建。

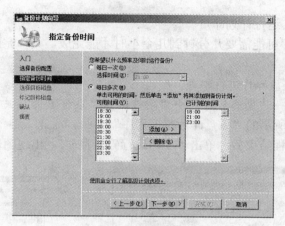

图 5-20 指定备份时间

5.2 磁盘维护

5.2.1 磁盘清理

如果要减少硬盘上不需要的文件数量，以释放磁盘空间并让计算机运行的更快，就可以使用磁盘清理工具，它可以删除临时文件、清空回收站并删除各种系统文件和其他不再需要的项。

【任务 5-6】 对磁盘进行清理。

1）单击"开始"→"所有程序"→"附件"→"系统工具"→"磁盘清理"命令，打开"磁盘清理：驱动器选择"对话框。

2）选择要清理的硬盘驱动器，然后单击"确定"按钮。

3）单击"磁盘清理"选项卡，然后选中要删除的文件的复选框。

4）选择要删除的文件后，单击"确定"按钮，然后单击"删除文件"以确认此操作。

删除的文件可能存在回收站中，如果发现了不应该删除的文件，则从回收站中将文件还原到原始位置。若要将文件从计算机上永久删除并释放它们所占用的磁盘空间，则需要从回收站中永久删除文件。

5.2.2 磁盘碎片整理

磁盘（尤其是硬盘）经过长时间的使用后，难免会出现很多零散的空间和磁盘碎片，一个文件可能会被分别存放在不同的磁盘空间中，这样在访问该文件时系统就需要到不同的磁盘空间中去寻找该文件的不同部分，从而影响了运行的速度。同时由于磁盘中的可用空间也是零散的，创建新文件或文件夹的速度也会降低。使用磁盘碎片整理程序可以重新安排文件在磁盘中的存储位置，将文件的存储位置整理到一起，同时合并可用空间，实现提高运行速度的目的。

磁盘碎片整理指的是在计算机上合并碎片文件的过程，可以重新排列碎片文件，以便磁盘能够更有效的工作。通常情况下，磁盘碎片整理程序会按计划运行，因此一般无需手动运行，只需要手动改动其运行计划即可。

磁盘碎片整理程序可能需要几分钟到几个小时才能完成，具体完成时间取决于磁盘碎片的大小和程度。

【任务5-7】 对磁盘碎片进行整理。

1）单击"开始"→"所有程序"→"附件"→"系统工具"→"磁盘碎片整理程序"命令，打开如图5-21所示的"磁盘碎片整理程序"界面。

2）在分析磁盘过程结束后，单击"立即进行碎片整理"，出现图5-22所示的对话框。

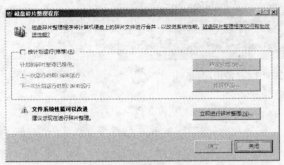
图5-21 "磁盘碎片整理程序"界面

图5-22 选择进行碎片整理的磁盘

3）在图5-22所示界面上选择进行碎片整理的磁盘后，单击"确定"按钮，打开如图5-23所示的界面并开始进行碎片整理。

【任务5-8】 将磁盘碎片整理程序设置为"按计划运行"。

1）在图5-21所示界面中选中"按计划运行"旁的复选框，然后选择"修改计划"按钮，出现如图5-24所示界面。其中，图5-21"修改计划"下方的"选择卷"，指的是选择要整理磁盘碎片的磁盘。

2）在图5-24所示的修改计划界面中选择磁盘碎片整理的"频率"、"哪一天"、"时间"，然后单击"确定"按钮即可。

图5-23 磁盘碎片整理界面

图5-24 磁盘碎片整理修改计划界面

5.3 系统信息

系统信息显示有关计算机硬件配置、计算机组件和软件的详细信息。系统信息有以下类别。

● 系统摘要：显示有关计算机和操作系统的常规信息，如计算机名称和制造商、计算机使用的基本输入/输出系统（BIOS）的类型及安装的内存数量等。

- 硬件资源：向 IT 专业人员显示有关计算机硬件的高级详细信息。
- 组件：显示有关计算机上安装的磁盘驱动器、声音设备、调制解调器和其他组件的信息。
- 软件环境：显示有关驱动程序、网络连接以及其他与程序有关的详细信息。

如果要在系统信息中查找特定的详细信息，请在窗口底部的"查找内容"框中输入要查找的信息，然后单击"查找"按钮。

5.3.1 显示系统信息数据

如果要显示系统信息数据，则要打开"系统信息"对话框，方法为单击"开始"→"所有程序"→"附件"→"系统工具"→"系统信息"命令，打开如图 5-25 所示的"系统信息"窗口。

图 5-25 "系统信息"窗口

在图 5-25 所示的"系统信息"窗口中，在左窗格中单击任一想要查看的系统信息项，在右边的窗格中会自动列出其详细信息。

5.3.2 保存系统信息数据

对于查看的系统信息数据进行保存有如下两种方法。

方法一：在图 5-25 中单击"文件"菜单，选择"保存"命令，打开如图 5-26 所示的对话框。

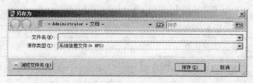

图 5-26 系统信息"另存为"对话框

在图 5-26 所示的"另存为"对话框中，输入要保存的"文件名"，单击"浏览文件夹"选择保存的位置，最后单击"确定"按钮。

方法二：在图 5-25 所示界面中单击"文件"，选择"导出"命令，打开如图 5-27 所示的对话框。

在图 5-27 所示的"导出为"对话框中，输入导出文件名，选择"保存类型"，选择导出文件的位置，最后单击"保存"按钮。

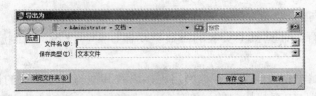

图 5-27　系统信息"导出为"对话框

5.3.3　系统信息工具

可以单击"控制面板"窗口中的"系统",查看本计算机的有关信息。通过单击"系统"窗口左窗格中的链接,可以更改重要的系统设置。

【任务 5-9】　打开系统工具。

1)单击"控制面板"→"系统"命令,打开如图 5-28 所示的"系统"窗口。

图 5-28　"系统"窗口

2)在图 5-28 所示界面中查看"Windows 版本"、"系统"、"计算机名称、域和工作组"设置,具体内容如表 5-1 所示。

表 5-1　系统信息项

项	详 细 信 息
Windows 版本	列出有关计算机上运行的 Windows 版本的信息
系统	显示计算机的处理器类型、速度和数量及安装的随机存取内存的数量
计算机名称、域和工作组	显示计算机名和工作组或域信息,通过"更改设置"可以更改该信息并添加用户账户

还能通过系统工具更改 Windows 系统设置,具体内容如表 5-2 所示。

表 5-2　系统工具项

项	详 细 信 息
设备管理器	使用设备管理器来更改设置和更新驱动程序
远程设置	更改允许连接到远程计算机的"远程桌面"设置和允许邀请其他人连接到本计算机以帮助解决计算机问题的"远程协助"设置
系统保护	管理自动创建"系统还原",设置还原计算机系统的还原点
高级系统设置	访问高性能、用户配置文件和系统启动设置,包括监视程序和报告可能的安全攻击的"数据执行保护"

5.4 计算机管理

计算机管理以微软控制台（Microsoft Management Console，MMC）的方式集成了大多数重要的计算机管理工具，主要包括"系统工具"、"存储"和"服务应用程序"。使用"计算机管理"，可以完成大多数系统基本管理工作，如监视系统事件、配置硬盘以及管理系统性能。具体信息如表 5-3 所示。

表 5-3　计算机管理项

功　能	详　细　信　息
系统工具	"任务计划程序"：可帮助用户计划在特定时间或在特定事件发生时执行操作的自动任务，可以维护所有计划任务 "事件查看器"：可用于浏览和管理事件日志，用于监视系统的运行状况，在出现问题时是解决问题的必不可少的工具。 "共享文件夹"：集中管理计算机上的文件共享，允许创建文件共享和设置权限，查看和管理打开的文件以及连接到计算机上文件共享的用户。 "本地用户和组"：创建并管理存储在本地计算机上的用户和组。 "可靠性和性能"：实时检查运行程序影响计算机性能的方式并通过收集日志数据供以后分析使用。 "设备管理器"：可以安装和更新硬件设备的驱动程序、更改这些设备的硬件设置以及解决问题
存储	"磁盘管理"：一种用于管理硬盘及其所包含的卷或分区的系统实用工具，可以初始化磁盘、创建卷以及使用 FAT、FAT32 或 NTFS 文件系统格式化卷
服务和应用程序	"路由和远程访问"：使用虚拟专用网（VPN）或拨号连接支持远程用户连接或站点间连接 "服务"：管理在本地或远程计算机上运行的服务，例如停止或启动服务。 "WMI 控制"：可以用来配置远程计算机或本地计算机上的 WMI 设置

打开"计算机管理"的方式为：单击"开始"→"管理工具"→"计算机管理"命令，打开如图 5-29 所示的"计算机管理"窗口。

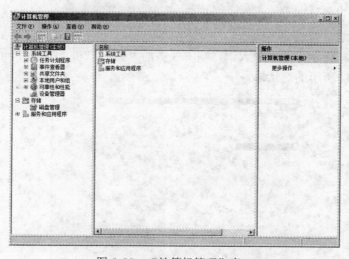

图 5-29　"计算机管理"窗口

【任务 5-10】 利用"任务计划程序"功能创建基本任务。

1）在"计算机管理"窗口上单击"任务计划程序"，打开如图 5-30 所示的界面。

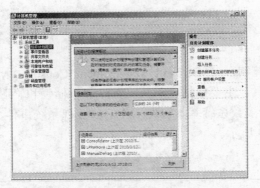

图 5-30 "任务计划程序"界面

2）在图 5-30 所示界面中单击"创建基本任务"，打开如图 5-31 所示的"创建基本任务"对话框。

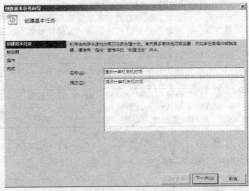

图 5-31 创建基本任务向导——创建基本任务

3）在图 5-31 所示界面中输入创建基本任务的"名称"和"描述"，单击"下一步"按钮，打开如图 5-32 所示的对话框。

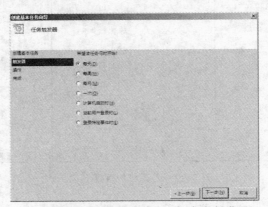

图 5-32 创建基本任务向导——任务触发器

4）在图 5-32 所示对话框中选择任务计划开始频率，单击"下一步"按钮，打开如图 5-33 所示对话框。

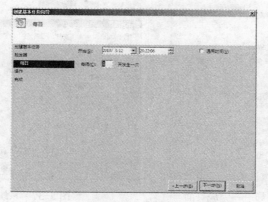

图 5-33　创建基本任务向导——选择时间

5）选择每天发生的时间后单击“下一步”按钮，打开如图 5-34 所示对话框。

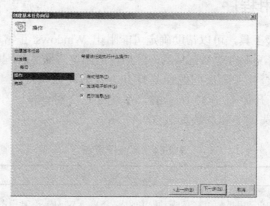

图 5-34　创建基本任务向导——操作选择

6）选择任务执行的操作后单击“下一步”按钮，打开图 5-35 所示的对话框。

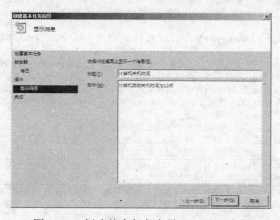

图 5-35　创建基本任务向导——显示消息

7）在图 5-35 所示对话框中，输入消息框标题和邮件内容，单击“下一步”按钮，打开如图 5-36 所示的对话框，最后单击“完成”按钮。

图 5-36　创建基本任务向导——完成页面

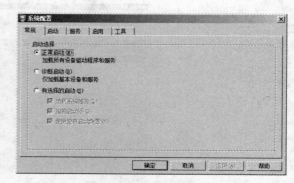

图 5-37　系统配置界面

5.5　系统配置实用程序

系统配置是一种高级工具，可以帮助确定可能阻止 Windows 正常启动的问题，可以在禁用常用服务和启动程序的情况下启动 Windows，然后再启用这些服务和程序，一次启用一个。

系统配置主要用来查找并隔离问题，其打开方式为：依次打开"控制面板"→"管理工具"→"系统配置"，打开如图 5-37 所示的"系统配置"对话框。

系统配置中可用的选项卡和选项如表 5-4 所示。

表 5-4　系统配置项

选 项 卡	描 述
常规	正常启动：以通常方式启动 Windows 诊断启动：在只使用基本的服务和驱动程序的情况下启动 Windows，此模式可以帮助排除基本 Windows 文件造成此问题的可能性 有选择的启动：在使用基本服务和驱动程序以及选择的其他服务和启动程序的情况下启动 Windows
启动	显示操作系统的配置选项和高级调试设置，包括如下内容： 安全启动：最小值。在仅运行关键系统服务的安全模式下启动 Windows 图形用户界面。网络已禁用 安全启动：可选的 shell。在仅运行关键系统服务的安全模式下启动 Windows 命令提示。网络和图形用户界面已禁用 安全启动：Active Directory 修复。在仅运行关键系统服务和 Active Directory 的安全模式下启动 Windows 图形用户界面 安全启动：网络。在仅运行关键系统服务的安全模式下启动 Windows 图形用户界面。网络已禁用 不启用 GUI：启动时不显示 Windows 初始屏幕 启动日志：将启动进程中的所有信息都存储在 "%SystemRoot%Ntblog.txt" 文件中 基本视频：在最小 VGA 模式下启动 Windows 图形用户界面。这样会加载标准的 VGA 驱动程序，而不显示特定于计算机上视频硬件的驱动程序 操作系统启动信息：显示启动过程中加载的驱动程序的名称 使所有启动设置成为永久设置：不跟踪在系统配置中所做的更改。之后可以使用配置更改选项，但是一定要手动更改。当选中该选项时，无法通过选择"常规"选项卡上的"正常启动"回滚更改
服务	列出计算机启动时启动的所有服务及其当前状态（"正在运行"还是"已停止"）使用"服务"选项卡启动或禁用启动时的个别服务，以便查找可能引起启动问题的服务
启用	列出计算机启动时运行的应用程序及其发行者的名称、可执行文件的路径、注册表项的位置或运行此应用程序的快捷方式。清除某启动项的复选框以便下次启动时禁用该启动项。如果已选中"常规"选项卡的"选择性启动"，必须选择"常规"选项卡上的"正常启动"，或选择该启动项的复选框以在启动时再次启动该启动项
工具	提供可以运行的诊断工具和其他高级工具的方便列表

5.6　实训

1．演练对系统创建备份。
2．如果系统出现故障，但是能够启动，用 Windows Server Backup 中的恢复功能进行系统恢复。
3．对磁盘进行清理和执行碎片整理。

5.7　习题

1．系统备份的方式有哪些？各有什么特点？
2．什么是碎片？在什么样的情况下对系统进行碎片整理？
3．怎样显示系统信息，保存系统信息的方法是什么？
4．对计算机管理的主要操作是哪些？各有什么功能？
5．如何配置系统？

第 6 章　系统管理与优化

本章要点：

- Windows Server 2008 的性能监视工具
- Windows Server 2008 的事件查看器
- Windows Server 2008 的任务管理器
- Windows Server 2008 的系统优化

本章通过对 Windows Server 2008 的"可靠性和性能监视器"、"事件查看器"、"任务管理器"的窗口外观、基本功能的介绍，让读者了解该系统运行管理的基本操作。并在此基础上，介绍了对该系统进行系统优化的相关措施。

6.1　系统监视简介

通常在计算机的使用过程中，可能碰到因为各种原因导致计算机的运行性能低下、系统不稳定的情况；或者作为网络中的服务器，在系统部署完成后，随着系统中的数据量和用户数量的不断增加，系统压力加重、运行效率较低，甚至影响应用程序和网络的正常运行。对操作系统而言，性能是用来评测计算机执行应用程序、执行系统任务速度快慢的标准。总的来说，物理磁盘的访问速度、内存的可用性、处理器的速度以及网络带宽都会影响到系统的性能。除去硬件对性能的影响，还需要评估应用程序和处理进程对于系统性能的占用情况，以此帮助系统使用者根据增长需求来规划应用环境的部署。因此，为了解决这些问题，Windows 操作系统提供了一些功能供用户监视系统性能和可用性。

Windows 系统监视包含了一套工具用来帮助用户跟踪应用程序及服务的性能开销，同时还可以通过自定义设置在性能降低到一定程度时，发出警告或者执行某些动作。这一系列功能在 Windows Server 2008 里主要通过"可靠性和性能监视器"来实现。"可靠性和性能监视器"是一个 MMC 管理单元，提供用于分析系统性能的工具。用户仅通过一个单独的控制台，即可实时监视应用程序和硬件性能、自定义要在日志中收集的数据、定义警报和自动操作的阈值、生成报告以及以各种方式查看过去的性能数据。它组合了以前独立工具的功能，包括性能日志和警报（PLA）、服务器性能审查程序（SPA）和系统监视器。它提供了自定义数据收集器集和事件跟踪会话的图表界面，可使用数据收集器集执行数据收集和日志记录。

通过监视系统性能，用户可以了解系统负荷以及该负荷对系统资源的影响，可以观察性能或资源使用的变化趋势以便及时做出规划、对系统进行升级，可以测试系统配置的修改或者性能参数的调整对系统性能的影响，可以诊断系统故障和确定需要优化的组件或者升级的步骤。

6.1.1　性能日志和警报概述

若想持续监视性能，则需要使用性能日志和警报。在"性能日志和警报"中，可定义计数器日志、跟踪日志和设置警报。性能日志会定期收集性能计数器中的数据，这样用户就可在方便时通过可靠的报告工具分析性能数据。日志文件中收集计数器数据的好处之一是用户可将数据导入电子表格之类的应用程序或用于分析和生成报表的数据库中，然后创建图表并分析性能随时间的变化，通过某些计数器值指示应用程序存在的问题。性能警报允许用户定义计数器限制值，可以在计数器值高于或低于指定限制值时将消息写入事件日志、运行某个应用程序或发送网络消息，用户就会收到警报。

"性能日志和警报"工具可实现的主要功能如下。

- 启动和停止日志，或者根据需要手动进行，或者按照用户定义的计划自动实现。
- 配置其他设置，用于自动日志记录。
- 创建跟踪日志。当某些活动发生时，跟踪日志将记录详细的系统应用程序事件。当该事件发生时，操作系统将系统数据记录到由"性能日志和警报"服务指定的文件中。需要分析工具解释跟踪日志输出。
- 定义一个当日志终止时运行的程序。
- 可以设定计数器上的性能警报，因此指定将发送的消息、运行的程序、用于应用程序事件日志的项目或者当选定计数器值超过或低于某一指定设置的时候启动日志。

6.1.2　性能数据的范围

要发挥系统监视的作用，则需要了解通过系统监视工具所获得各项数据的含义、以及当前性能数据的合理值，便于用户控制系统的运行，在适当的时候发出警报。在性能监视工具中几个主要数据的含义及数据范围介绍如下。

1）监视 CPU 性能，详细说明见表 6-1。

表 6-1　CPU 性能数据说明

数　据	描　述	范　围
处理器利用率（Processor Time）	此计数器是处理器活动的主要指示器，指处理器用来执行非闲置线程时间的百分比，即 CPU 的利用率；计算方法是度量处理器用来执行空闲线程的时间，然后用 100% 减去该值（每个处理器有一个空闲线程，该线程在没有其他线程可以运行时消耗周期）	一般低于 85%，越低越好
处理器队列线程数（System: Processor Queues Length）	处理器队列线程的数量	一般小于 10 个，越低越好
服务器作业队列长度（Server Work Queues: Queues Length）	CPU 当前的服务器作业队列长度	一般少于 4 个，越低越好
每秒中断数（Interrupts/sec）	处理器每秒所接收到硬件中断请求的次数	越低越好

超出范围时候解决方法为升级 CPU，或者加多个 CPU。

2）监视内存性能，详细说明见表 6-2。

表 6-2　内存性能数据说明

数　　据	含　　义	范　　围
每秒读取页数（Pages/sec）	系统每秒从虚拟内存中读取或者写入页面的总次数	一般在 0～20 之间，越低越好
可用内存字节数（Available Bytes）	系统可用的物理内存总字节数	一般大于物理内存总数的 5%，越高越好
确认虚拟内存字节数（Committed Bytes）	系统已经为其在虚拟内存中保留了空间的物理内存的字节数	一般低于物理内存总数，越低越好
不能写入虚拟内存的字节数（Pool Non-paged Bytes）	被操作系统占用的不能写入虚拟内存的物理内存字节总数	一般是稳定状态
每秒内存换页数（Page Faults/sec）	在物理内存中每秒所发生的找不到应用程序所需要的数据的次数	一般小于等于 5 次，越低越好

以上计数器超出范围的时候解决的关键为减少进程以及增大内存。

3）监视磁盘性能，详细说明见表 6-3。

表 6-3　磁盘性能数据说明

数　　据	含　　义	范　　围
磁盘服务时间比（Disk Time）	磁盘驱动器为读写请求提供服务所占用的时间百分比	一般低于 50%，越低越好
磁盘利用率	当前正在等待磁盘读写请求的数量	一般在 0～2 之间，越低越好
磁盘传输字节平均数（Avg.Disk Bytes/Transfer）	在每次写入或者读取操作时系统从磁盘上传字节的平均数	越高说明磁盘的传输效率越高
每秒磁盘传输字节数（Disk Bytes/sec）	系统每秒可从磁盘读取或者写入的字节总数	越高说明磁盘的传输速度越高

前两个计数器的值超出范围的解决方法为升级磁盘，如更换传输速度更快的磁盘。

4）监视网络性能，详细说明见表 6-4。

表 6-4　网络性能数据说明

数　　据	含　　义	范　　围
网络利用率（Network Utilization (in Task Manager)）	网络的利用率	一般低于 30%，越低越好
每秒网卡发送字节数（Network Interface:Bytes Sent/sec）	网卡每秒所能够发送的字节总数	越高说明网卡的发送速度越快
每秒网卡发送和接收字节总数（Network Interface:Bytes Total/sec）	网卡每秒所能发送和接收的字节总数	越高，速度越快
每秒服务器接收字节数（Server:Bytes Received/sec）	服务器每秒从网络所接收的字节数量	低于网络带宽的 50%

6.1.3　数据收集器集

在 Windows "可靠性和性能监视器"中的一项重要的功能是数据收集器集，数据收集器集主要用来实现性能监视和功能报告，包含用户定义事件跟踪会话、系统配置信息。它将数据收集器分组成可重用元素，以便用于不同的性能监视方案。如果将数据收集器组存储为数据收集器集，那么诸如计划安排等操作可以通过单个的属性更改应用到整个数据集中。用户可以创建包含性能计数器的自定义数据收集器集，制订重复收集数据收集器集的计划以创建日志，并将数据收集器集加载到性能监视器中以查看实时的数据内容，还可将其另存为要在其他计算机上使用的模板。同时可根据性能计数器超过或低于已定义的限制配置警报活动。创建数据收集器集之后，必须配置满足警报条件时系统要执行的操作。

Windows 性能监视器对所有数据收集使用一致的计划方法。可以从模板、性能监视器视图中现有的数据收集器集，或者通过选择单个数据收集器并设置数据收集器集属性中的每个单独选项来创建数据收集器集。创建数据收集器集之后，可以选择并访问计划选项。

6.2 性能监视工具

Windows Server 2008 操作系统通过"可靠性和性能监视器"实时检查运行程序影响计算机性能的方式并通过收集日志数据供以后分析使用，使用可合并进数据收集器集的性能计数器、事件跟踪数据和配置信息。它通过 Windows 性能诊断控制台这个全新的 MMC 工具，整合了之前独立的性能日志与警告、服务器性能顾问、性能监视器以及系统监视器等工具。新的工具为定制数据收集以及事件跟踪会话提供了一个图形化的界面，同时还包括一个可用性监视器，这个 MMC 工具用于跟踪系统发生的变化，并且通过一个图形化的界面来展示这些变化对于系统稳定性带来的影响。

Windows "可靠性和性能监视器"具有很多新的特性和功能，如数据收集器集、用于创建日志的向导和模板、资源视图、可靠性监视器、所有数据收集的统一属性配置（包括计划）、用户友好诊断报告等。

6.2.1 系统监视器

Windows Server 2008 "可靠性和性能监视器"中主要有以下几个系统监视工具：资源视图、性能监视器和可靠性监视器。

- 资源视图：当以本地 Administrators 组的成员身份运行 Windows 可靠性和性能监视器时，可以实时监控 CPU 使用情况、内存使用率、磁盘活动、网络活动，可通过展开四个资源获得详细信息（包括哪些进程使用哪些资源）。
- 性能监视器：以实时或查看历史数据的方式显示了内置的 Windows 性能计数器。可以通过拖放或创建自定义数据收集器集将性能计数器添加到性能监视器，其特征在于可以直观地查看性能日志数据的多个图表视图。可以在性能监视器中创建自定义视图，该视图可以导出为数据收集器集以便与性能和日志记录功能一起使用。
- 可靠性监视器：提供系统稳定性的大体情况以及趋势分析，具有可能会影响系统总体稳定性的个别事件的详细信息，例如软件安装、操作系统更新和硬件故障。该监视器在系统安装时开始收集数据。

【任务 6-1】 启动资源视图，查看资源使用情况。

1）启动"可靠性和性能监视器"的资源视图，通过以下两种方式均可完成。

方式一：单击"开始"→"运行"菜单，在"运行"窗口输入"perfmon"或"perfmon/res"，如图 6-1 所示，然后单击"确定"按钮或按〈Enter〉键，Windows 可靠性和性能监视器将以资源视图显示区域启动。

方式二：依次单击"开始"→"管理工具"→"可靠性和性能监视器"，如图 6-2 所示，Windows "可靠性和性能监视器"将以资源视图显示区域启动。

图 6-1 通过"运行"窗口启动资源视图

图 6-2 通过"管理工具"启动资源视图

启动后的资源视图如图 6-3 所示。

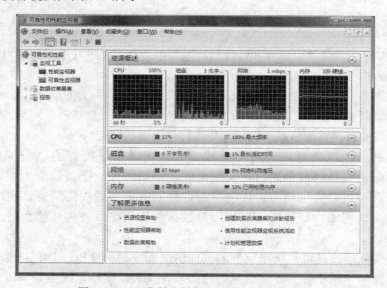

图 6-3 "可靠性和性能监视器"的资源视图

2）使用资源视图查看资源使用情况。

"资源概述"界面中的 4 个图表显示了本地计算机上的 CPU、磁盘、网络和内存资源的实时使用情况。图表下面有 4 个可展开区域，分别包含 4 个资源的相关信息，可以通过单击资源选项卡查看详细信息，也可通过单击图表展开。其中，"CPU"选项卡以绿色显示当前正在使用的 CPU 容量的总百分比，以蓝色显示 CPU 最大频率；"磁盘"选项卡以绿色显示当前的总 I/O，以蓝色显示最高活动时间百分比；"网络"选项卡以绿色显示当前总网络流量（以 Kbit/s 为单位），以蓝色显示使用中的网络容量百分比；"内存"选项卡以绿色显示当前每秒的硬错误，以蓝色显示当前使用中的物理内存百分比。

例如，在"资源概述"界面中单击"CPU"资源选项卡，则可查看 CPU 详细信息，如图 6-4 所示。

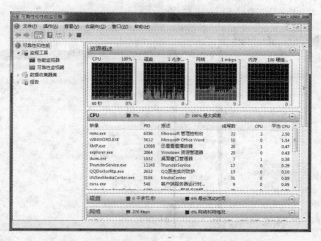

图 6-4 查看 CPU 选项卡标签的详细信息

【任务 6-2】 启动性能监视器，查看性能数据，配置性能监视器属性。

1）启动性能监视器。

在"可靠性和性能监视器"窗口左侧的导航树中，展开"监视工具"，单击"性能监视器"，即可启动并查看性能数据，如图 6-5 所示。

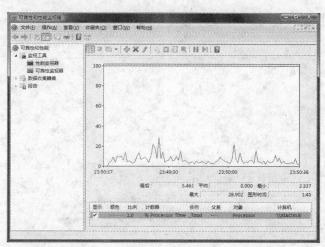

图 6-5 性能监视器

2）配置性能监视器属性。

在性能监视器显示区域中单击鼠标右键，在弹出的快捷菜单中选"属性"，可出现"性能监视器属性"对话框,如图 6-6 所示。属性包含"常规"、"来源"、"数据"、"图表"、"外观" 5 个选项卡,可在窗口内更改所需的配置,完成修改操作后,可单击"应用"按钮保存新修改的内容。

在"性能监视器属性"对话框中可实现计数器添加的功能。在对话框内单击"数据"选项卡,然后单击"添加"按钮,弹出"添加计数器"对话框,如图 6-7 所示,即可在该窗口内选择计数器实例、完成添加计数器的操作。

图 6-6 "性能监视器属性"对话框

图 6-7 添加计数器

3)保存当前性能监视器显示区域,保存的结果可以网页和图像两种方式存在。

方式一:在性能监视器显示区域中单击鼠标右键,在弹出的快捷菜单中选择"将设置另存为"命令,选择要保存文件的目录,为保存的显示文件输入名称,然后单击"确定"按钮,则可将当前性能监视器显示区域保存为网页,如图 6-8 所示。

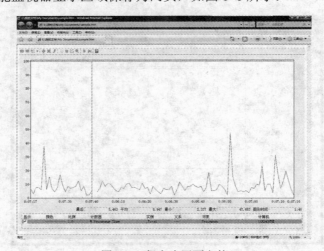

图 6-8 保存为网页文件

方式二:在性能监视器显示区域中单击鼠标右键,在弹出的快捷菜单中选择"将图像另存为"命令,选择要保存文件的目录,为保存的显示文件输入名称,然后单击"确定"按钮,则可将当前性能监视器显示区域保存为图像,如图 6-9 所示。

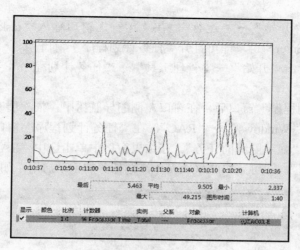

图 6-9　保存为图像文件

【任务6-3】　启动可靠性监视器，查看相关数据。

1）通过以下两种方式均可启动可靠性监视器。

方式一：在"可靠性和性能监视器"窗口左侧的导航树中，展开"监视工具"，单击"可靠性监视器"，即可启动，如图6-10所示。

方式二：单击菜单"开始"→"运行"，在"运行"窗口输入"perfmon/rel"，然后单击"确定"按钮或按〈Enter〉键，即可打开"可靠性监视器"窗口。

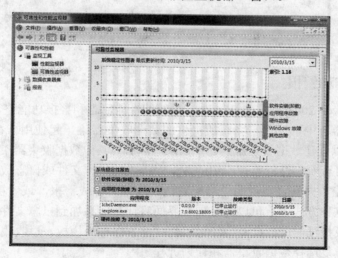

图 6-10　性能监视器

2）启用 RACAgent 计划任务。

可靠性监视器使用由 RACAgent 计划任务提供的数据。系统安装之后，可靠性监视器将全天显示稳定性指数分级和特定的事件信息。默认情况下，RACAgent 计划任务在操作系统安装后运行。如果已禁用，则必须从 MMC 的"任务计划程序"管理单元手动启动该任务。

首先打开"任务计划程序"窗口，通过以下两种方式均可完成。

方式一：单击"开始"→"运行"，在"运行"窗口输入"taskschd.msc"，然后单击"确定"按钮或按〈Enter〉键，即可打开"任务计划程序"窗口。

方式二：依次单击"开始"→"管理工具"→"任务计划程序"，即可打开"任务计划程序"窗口。

打开"任务计划程序"窗口后，在窗口左侧的导航树中，依次展开"任务计划程序库"→"Microsoft"→"Windows"→"RAC"，在"任务计划程序"窗口顶部的菜单栏中，依次单击"查看"→"显示隐藏的任务"。在结果窗口中单击选中"RACAgent"，在"操作"菜单上，单击"启用"，即可完成 RACAgent 计划任务的手动启用，如图 6-11 所示。

图 6-11　启用 RACAgent 计划任务

6.2.2　性能日志和警报

Windows Server 2008 将以前 Windows 系统的性能日志和警报功能整合到 Windows "可靠性和性能监视器"中，以便与系统所提供的数据收集器集一起使用。在 Windows Server 2008 中，用户可以创建数据收集器集逐个记录，然后与其他数据收集器集组合并且并入到日志中；同时用户可查看由性能监视器中的数据库提供的日志文件或日志数据，查看由数据收集器集收集的性能数据的直观说明，当配置达到阈值时生成警报，或者由其他非 Microsoft 应用程序使用。这种方式下，可以通过向导界面将计数器添加到日志文件，并计划其开始时间、停止时间以及持续时间。此外，还可以将此配置保存为模板，以收集后续计算机上的相同日志，而无须重复选择数据收集器和计划进程。

【任务 6-4】　打开性能监视器中的日志文件。

1）在"可靠性和性能监视器"窗口左侧的导航树中，展开"监视工具"，单击"性能监视器"，然后在打开的性能监视器显示区域中单击鼠标右键，在弹出的快捷菜单中选择"属性"命令，在"性能监视器属性"窗口里选择"来源"选项卡。

2）在"数据源"区域选择"日志文件"并单击"添加"按钮，出现"选择日志文件"对话框，如图 6-12 所示。浏览到要查看的日志文件后单击"打开"按钮，若要将多个日志文件添加到"性能监视器"视图可再次单击"添加"按钮。

图 6-12　打开性能监视器中的日志文件

若需访问性能监视器中的日志数据源，则在"数据源"区域选择"数据库"，从下拉列表中选择系统的数据源名称 DSN 和日志集，如图 6-13 所示。

图 6-13　访问性能监视器中的日志数据源

3）单击"时间范围"按钮可以查看所选日志中包含的时间，选择日志文件之后，单击"确定"按钮即可打开性能监视器中的日志文件。

【任务 6-5】 定义、配置监视性能计数器的警报。

1）在"可靠性和性能监视器"窗口左侧的导航树中，展开"数据收集器集"，用鼠标右键单击"用户定义"，在弹出的快捷菜单中选择"新建"命令，然后单击"数据收集器集"，启动"创建新的数据收集器集"向导。在向导对话框内输入数据收集器集的名称，选择"手动创建"选项并单击"下一步"按钮，如图 6-14 所示。

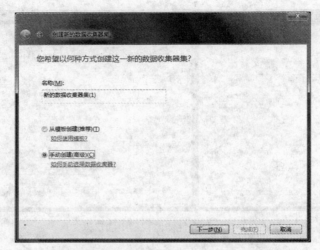

图 6-14 "创建新的数据收集器集"向导

2) 选择"性能计数器警报"选项并单击"下一步"按钮，单击"添加"按钮以打开"添加计数器"对话框，如图 6-15 所示。完成添加计数器后，单击"确定"按钮返回到向导。

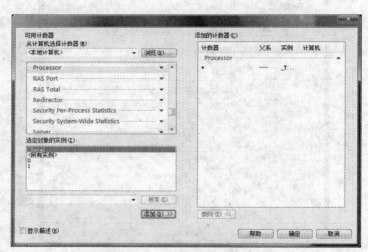

图 6-15 添加计数器

3) 根据所选的性能计数器值定义警报。从性能计数器列表中选择要监视并触发警报的计数器，选择后从"警报条件"下拉列表中选择当性能计数器值是大于还是小于限制时发出警报，警报条件选择后在"限制"框中输入阈值，如图 6-16 所示。完成定义警报后，单击"下一步"按钮继续配置，或者单击"完成"按钮退出并保存当前配置。

4) 展开"数据收集器集"和"用户定义"，在左侧导航中单击带有性能计数器警报的数据收集器集的名称，然后在控制台窗口中用鼠标右键单击其类型为"警报"的数据收集器集名称，在弹出的快捷菜单中选择"属性"命令。单击"警报"选项卡，将会显示已配置的数据收集器和警报，如图 6-17 所示。

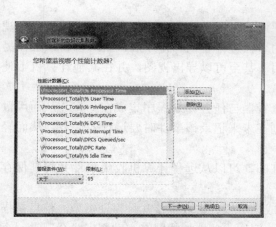

图 6-16　定义警报

图 6-17　查看已定义的警报属性

5）单击"警告操作"选项卡，可选择满足警报条件时是否将项记入应用程序事件日志，同时还可以在下拉列表里选择满足警报条件时所启动的数据收集器集，如图 6-18 所示。

单击"警报任务"选项卡可以选择触发警报时要运行的任务和任务参数，如图 6-19 所示。

图 6-18　配置"警告操作"

图 6-19　配置"警报任务"

6.3　事件查看器

Windows Server 2008 事件查看器是用于监视系统的运行状况以及在出现问题时解决问题的必不可少的工具。它是一个 MMC 管理单元，用来查看和管理事件日志，事件日志包含有关硬件和软件问题以及计算机安全事件的信息。

Windows Server 2008 事件查看器可以执行以下任务。

● 查看来自多个事件日志的事件：使用事件查看器可以跨多个日志筛选特定的事件，

这样可以更容易地显示所有可能与正在调查的问题相关的事件。若要指定跨多个日志的筛选器，则需要创建自定义视图。

- 将有用的事件筛选器另存为可以重新使用的自定义视图：事件查看器支持自定义视图的概念。以自己的方式仅对要分析的事件进行查询和排序后，就可以将该工作另存为视图，而此视图以后可供重新使用。甚至可以导出视图，并在其他计算机上使用它或将其与他人共享。
- 计划要运行以响应事件的任务：事件查看器与任务计划程序集成在一起，从而用鼠标右键单击大多数事件就可以开始计划在未来记录该事件时要运行的任务，从而轻松地自动对事件做出响应。
- 创建和管理事件订阅：通过指定事件订阅，可以从远程计算机收集事件并将其保存在本地。

事件查看器一般显示信息、警告、错误、成功审核、失败审核几种事件类型。信息是描述应用程序、驱动程序或服务成功操作的事件，例如成功地加载网络驱动程序时会记录一个信息事件。警告指不是非常重要但将来可能出现的问题事件，例如磁盘空间较小则会记录一个警告。错误是针对重要的问题，如数据丢失或功能丧失，在启动期间服务加载失败则会记录错误。成功审核指审核安全访问尝试成功，例如将用户成功登录到系统上的尝试作为"成功审核"事件记录下来。失败审核指审核安全访问尝试失败，例如，如果用户试图访问网络驱动器失败，该尝试就会作为"失败审核"事件进行记录。

6.3.1 查看日志

Windows Server 2008 主要包括 Windows 日志、应用程序和服务日志两个类别的事件日志。

Windows 日志用于存储来自旧版应用程序的事件以及适用于整个系统的事件，类别包括以下在早期版本 Windows 中可用的日志：应用程序、安全和系统日志，此外还包括两个新的日志：安装程序（Setup）日志和转发的事件（Forwarded Events）日志。详细说明请见表 6-5。

表 6-5　Windows 日志分类

分　类	描　述
应用程序日志	包含由应用程序或程序记录的事件，程序开发人员决定记录哪些事件
安全日志	包含诸如有效和无效的登录尝试等事件，以及与资源使用相关的事件，如创建、打开或删除文件或其他对象。管理员可以指定在安全日志中记录什么事件。例如，如果已启用登录审核，则对系统的登录尝试将记录在安全日志中
系统日志	包含 Windows 系统组件记录的事件。例如，在启动过程中加载驱动程序或其他系统组件失败将记录在系统日志中。系统组件所记录的事件类型由 Windows 预先确定
安装程序日志	包含与应用程序安装有关的事件
转发的事件日志	用于存储从远程计算机收集的事件。若要从远程计算机收集事件，必须创建事件订阅

应用程序和服务日志是一种新类别的事件日志，这些日志存储来自单个应用程序或组件的事件，而非可能影响整个系统的事件。此类别的日志包括 4 个子类型：管理日志、操作日

志、分析日志和调试日志。详细说明请见表 6-6。

表 6-6　应用程序和服务日志分类

分　类	描　述
管理日志	日志中的事件提供有关如何对事件做出响应的指南。管理事件主要以最终用户、管理员和技术支持人员为目标。管理通道中的事件指示问题以及管理员可以操作的良好定义的解决方案
操作日志	日志中的操作事件用于分析和诊断问题或发生的事件，这些事件可以用于基于问题或发生的事件触发工具或任务
分析日志	存储跟踪问题的事件，并且通常记录大量事件。默认情况下为隐藏和禁用状态。分析事件是大量发布的事件，描述程序操作并指示用户干预所无法处理的问题
调试日志	默认情况下为隐藏和禁用状态。调试事件由开发人员用于解决其程序中的问题

一般来说，对于运行 Windows Server 2008 的计算机，若配置为域控制器，则在目录服务日志和文件复制服务日志中记录事件，若配置为域名系统（DNS）服务器，则在另一种日志中记录有关 DNS 的事件，其他类型的事件和事件日志是否在计算机上可用取决于所安装的服务。

有关每个事件信息的记录都符合 XML 架构，且可以访问代表给定事件的 XML，以及针对事件日志构造基于 XML 的查询。

【任务 6-6】　启动事件查看器，查看事件日志。

1）启动事件查看器，可通过以下两种方式实现。

方式一：单击"开始"→"运行"，在"运行"窗口键入"eventvwr"，然后单击"确定"按钮或按〈Enter〉键，即可启动。

方式二：依次单击"开始"→"管理工具"→"事件查看器"，即可启动。

事件查看器启动后，如图 6-20 所示。

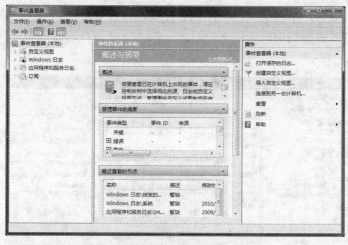

图 6-20　事件查看器

2）查看事件日志。

在"事件查看器"窗口左侧的导航树中，展开所选择的日志类别，即可查看该类别下的事件日志及其详细信息。

例如，查看"Windows 日志"下"应用程序"中的某一项日志，如图 6-21 所示。

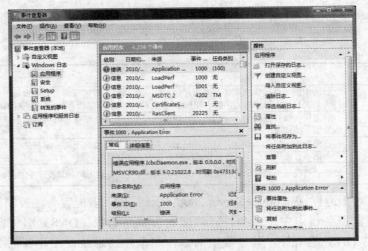

图 6-21　查看日志

6.3.2　设置事件查看器

可以通过设置事件查看器来管理事件日志的各个方面。若想查看某个事件日志的具体信息，可在"事件查看器"窗口里导航到要管理的事件日志并将其选中，单击鼠标右键并在弹出的快捷菜单中选择"事件属性"命令，即可访问该事件的属性对话框，查看常规信息和详细信息。

【任务 6-7】　设置事件查看器。

（1）清除事件日志

启动事件查看器后，单击选择要清除的事件日志，在查看器右侧的"操作"窗口中单击"清除日志"，则可以清除当前选中的事件日志，或者保存事件日志的副本然后再将其清除，如图 6-22 所示。

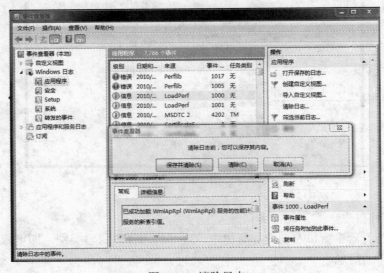

图 6-22　清除日志

146

（2）设置日志大小的最大值

事件日志存储在文件中，这些文件的大小都有可以更改的默认最大值。

启动事件查看器后，单击选择要管理的事件日志，在查看器右侧的"操作"窗口，单击"属性"，在"日志属性"窗口的"日志最大大小（KB）"中，使用微调控件设置所需的值（日志大小必须是 64KB 的倍数，且不能小于 1024KB），然后单击"确定"按钮，如图 6-23 所示。

图 6-23　设置日志大小的最大值

（3）设置日志保留策略

事件存储在只能增长到可配置的最大值的日志文件中。文件大小达到其最大值后，传入事件所发生的情况由日志保留策略决定。保留策略分为按需要改写事件、日志满时将其存档而不改写事件、不改写事件（手动清除日志）几种情况。

启动事件查看器后，单击选择要管理的事件日志，在查看器右侧的"操作"窗口，单击"属性"，在"常规"选项卡的"启用日志记录"中，选择与要设置的保留策略对应的选项。然后单击"确定"按钮，如图 6-24 所示。

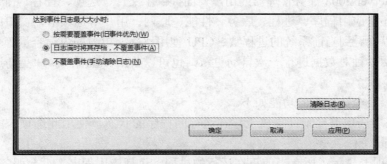

图 6-24　设置日志保留策略

（4）存档事件日志

某些日志保留策略可以自动保存事件，此外，还可以手动保存事件日志中的事件。保存事件时，可以包括可用于在其他计算机上查看已保存事件的显示信息，也可以包括可用于以不同语言查看已保存事件的信息。

启动事件查看器后，单击选择要管理的事件日志，在查看器右侧的"操作"窗口，单击"将事件另存为"，在"文件名"中输入存档的日志文件的名称，在"保存类型"中选择文件格式，然后单击"保存"按钮，如图6-25所示。

图6-25　存档事件日志

6.4　任务管理器

任务管理器提供了有关计算机性能的信息，可以显示最常用的度量进程性能的单位，查看反映 CPU 和内存使用情况的图形和数据；可以监视计算机性能，显示当前计算机上所运行的程序、进程和服务的详细信息，使用多个参数评估正在运行的进程并终止已停止响应的程序；如果连接到网络，还可以查看网络状态并迅速了解网络是如何工作的。

Windows Server 2008 任务管理器的用户界面提供了文件、选项、查看、窗口、帮助五大菜单项，其下还有应用程序、进程、服务、性能、联网、用户等选项卡，窗口底部则是状态栏，从这里可以查看到当前系统的进程数、CPU 使用比率、更改的内存容量等数据。默认设置下系统每隔两秒钟对数据进行一次自动更新，也可以单击"查看"→"更新速度"菜单重新设置。

任务管理器几个选项卡的功能如下。

"应用程序"选项卡显示计算机上正在运行的程序的状态，使用此选项卡能够终止、切换或者启动程序。

"进程"选项卡显示了所有当前正在运行的进程，包括应用程序、后台服务等。

"服务"是一种在系统后台运行无需用户界面的应用程序类型。服务提供核心操作系统功能,如 Web 服务、事件日志、文件服务、打印、加密和错误报告。

"性能"选项卡显示了计算机性能的动态概述,包括 CPU 和内存使用情况的图表、计算机上正在运行的句柄、线程和进程的总数、物理内存、核心内存和提交内存的总数。

"联网"选项卡用图形表示网络性能,它提供了简单、定性的指示器以显示正在计算机上运行的网络的状态。只有当网卡存在时,才会显示"联网"选项卡。在该选项卡上,可以查看网络连接的质量和可用性,无论连接到一个还是多个网络上。

"用户"选项卡显示了可以访问该计算机的用户,以及会话的状态与名称。"客户端名"指定了使用该会话的客户端计算机的名称。

下面将详细介绍"应用程序"、"性能"、"进程"3 个选项卡的使用。

6.4.1 "应用程序"选项卡

【任务 6-8】 启动任务管理器,查看"应用程序"选项卡,结束任务。

1)启动任务管理器,查看"应用程序"选项卡。可以通过以下 3 种方式启动任务管理器。

方式一:也是最常见的启动任务管理器的方法,使用〈Ctrl+Alt+Delete〉组合键后点"任务管理器"就可以直接调出。

方式二:用鼠标右键单击任务栏,在弹出的快捷菜单中选择"任务管理器"。

方式三:单击"开始"→"运行",在"运行"窗口键入"taskmgr.exe",然后单击"确定"按钮或按〈Enter〉键。

任务管理器启动后如图 6-26 所示。

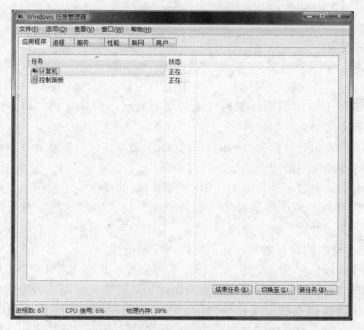

图 6-26 任务管理器的"应用程序"选项卡

2）结束任务。找到需要结束的任务名，单击"结束任务"按钮直接关闭该应用程序，如果需要同时结束多个任务，可以按住〈Ctrl〉键复选。

单击"新任务"按钮可以直接打开相应的程序、文件夹、文档或 Internet 资源，如果不知道程序的名称，可以单击"浏览"按钮进行搜索，类似于开始菜单中的运行命令。

6.4.2 "性能"选项卡

【任务 6-9】 查看"性能"选项卡。

启动任务管理器后，单击"性能"选项卡，界面如图 6-27 所示。单击"资源监视器"按钮可以启动资源视图。

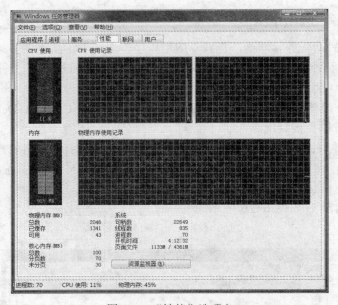

图 6-27 "性能"选项卡

从"性能"选项卡可以看到计算机性能的动态显示，例如 CPU 和各种内存的使用情况。各性能指标的含义如下。

1）CPU 使用。表明处理器工作时间百分比的图表，该计数器是处理器活动的主要指示器，查看该图表可以知道当前使用的处理时间是多少。

2）CPU 使用记录。显示处理器的使用程序随时间的变化情况的图表，图表中显示的采样情况取决于"查看"菜单中所选择的"更新速度"设置值，"高"表示每秒两次，"正常"表示每两秒一次，"低"表示每四秒一次，"暂停"表示不自动更新。

3）内存。正在使用的内存之和，包括物理内存和虚拟内存。

4）物理内存使用记录。计算机上安装的总物理内存，也称 RAM，"可用"指物理内存中可被程序使用的空余量。但实际的空余量要比这个数值略大一点，因为物理内存不会在完全用完后才去转用虚拟内存的。也就是说这个空余量是指使用虚拟内存前所剩余的物理内存。"已缓存"被分配用于系统缓存用的物理内存量，主要来存放程序和数据等。一旦系统或者程序需要，部分内存会被释放出来，也就是说这个值是可变的。

5）核心内存。操作系统内核和设备驱动程序所使用的内存。"分页数"是可以复制到页面文件中的内存，一旦系统需要这部分物理内存，它会被映射到硬盘，由此可以释放物理内存；"未分页"是保留在物理内存中的内存，这部分不会被映射到硬盘，不会被复制到页面文件中。

6.4.3 "进程"选项卡

【任务 6-10】 查看"进程"选项卡，结束进程。

1）查看"进程"选项卡。启动任务管理器后，单击"进程"选项卡，其界面如图 6-28 所示。

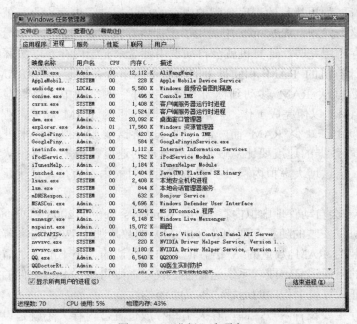

图 6-28 "进程"选项卡

2）结束进程。找到需要结束的进程名，然后单击"结束进程"按钮或者执行鼠标右键快捷菜单中的"结束进程"命令，就可以强行终止。不过这种方式将丢失未保存的数据，而且如果结束的是系统服务，则系统的某些功能可能无法正常使用。

6.5 优化系统

计算机系统在配置运行一段时间后，将会暴露各种问题。有的问题受物理、环境等各方面因素所制约无法得到解决，但有的问题可以通过对系统进行优化和重新配置来加以改善。优化系统是指通过尽可能执行少的进程、更改工作模式、删除不必要的中断等手段让机器运行更有效，优化文件位置使数据读写更快，空出更多的系统资源供用户支配，减少不必要的系统加载项及自启动项提高运行效率。例如，可以清理临时文件夹中的临时文件，释放硬盘空间；可以清理注册表里的垃圾文件，减少系统错误的产生；它还能加快开机速度，阻止一些程序开机自动执行；加快上网和关机速度；还可以把系统个性化。

优化系统的途径很多，可以通过人工手动更改系统配置，也可以通过目前市面上大量的第三方系统优化软件来实现。在不影响系统稳定性的原则下，可以针对当前系统运行的情况进行不同的操作，例如减少启动时加载的项目、增大虚拟内存、卸载不常用组件、关闭系统还原、使用朴素界面、简化视觉效果、移动临时文件储存路径、禁用多余的服务组件、修改注册表等。

6.5.1　增大虚拟内存

除了 CPU 及硬盘，系统运行性能很大程度取决于内存。计算机中所有运行的程序都需要经过内存来执行，如果执行的程序分配的内存的总量超过了内存大小，就会导致内存消耗殆尽。为了解决这个问题，Windows 中运用了虚拟内存技术，即拿出一部分硬盘空间来充当内存使用，当内存占用完时，计算机就会自动调用硬盘来充当内存，以缓解内存的紧张。

虚拟内存将计算机的 RAM 和硬盘上的临时空间组合在一起。当 RAM 运行速度缓慢时，虚拟内存将数据从 RAM 移动到称为"分页文件"的空间中。将数据移入与移出分页文件可以释放 RAM，以便完成工作。一般而言，计算机的 RAM 越多，程序运行得越快。如果计算机的速度由于缺少 RAM 而降低，则可以尝试增加虚拟内存来进行补偿。虽然计算机从 RAM 读取数据的速度要比从硬盘读取数据的速度快得多，但在从物理上增加内存受限制的情况下，通过增大虚拟内存来扩充系统运行时的内存容量，是优化系统的一个很好的方法。

通常 Windows 会自动管理虚拟内存大小，Windows Server 2008 将页面文件的初始最小大小设置为计算机上安装的随机存取内存（RAM）的数量加上 300 兆字节（MB），最大大小是计算机上安装的 RAM 数量的 3 倍。但是如果默认的大小不能满足需要，比如收到警告虚拟内存不足的错误消息，或者系统运行性能较差，则可增加分页文件的大小、手动增大虚拟内存，来保证计算机上程序的运行，提高系统的性能。

对于虚拟内存主要设置两点，即内存大小和存放位置，内存大小就是设置虚拟内存最小为多少和最大为多少；而存放位置则是设置虚拟内存应使用哪个分区中的硬盘空间。默认的分页文件为物理内存的 1.5 倍。手动配置分页文件时，一般情况下最小值是物理内存的 1.5～2 倍，最大值为物理内存的 2～3 倍。当然严格按照这个倍数关系并不一定合理，最好根据系统的实际应用情况进行设置。对于 Windows Server 2008，如果当前计算机的内存低于256MB，请勿禁用分页文件，否则会导致系统崩溃或无法再启动系统。增加大小通常不需要重新启动，但是如果减小大小则需要重新启动计算机更改才能生效。建议用户不要禁用或删除页面文件。对存放位置而言，最好的方式是单独建立一个空白分区，在该分区设置虚拟内存，专门用来存储页面文件，不要再存放其他任何文件。这样分区不会产生磁盘碎片，保证页面文件的数据读写不受磁盘碎片的干扰；同时也减少了读取系统盘里的页面文件的机会，减轻了系统盘的压力。

【任务 6-11】　增大系统的虚拟内存。

1）在系统桌面用鼠标右键单击"计算机"，在弹出的快捷菜单中选择"属性"命令，打开"系统"窗口，在左分栏中单击"高级系统设置"，打开"系统属性"对话框，如图6-29 所示。

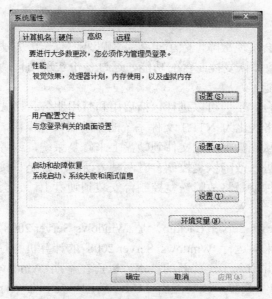

图 6-29　"系统属性"对话框

2）在"高级"选项卡的"性能"选项中，单击"设置"按钮，打开"性能选项"对话框，单击"高级"选项卡，如图 6-30 所示。

3）在"虚拟内存"下，单击"更改"按钮，进入"虚拟内存"对话框，清除"自动管理所有驱动器的分页文件大小"复选框。在"驱动器 [卷标]"下，单击要更改的页面文件所在的驱动器。单击"自定义大小"，在"初始大小（MB）"或"最大值（MB）"框中键入新的大小（以兆字节为单位），单击"设置"按钮，然后单击"确定"按钮完成设置，如图 6-31 所示。

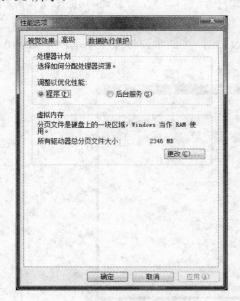

图 6-30　性能选项

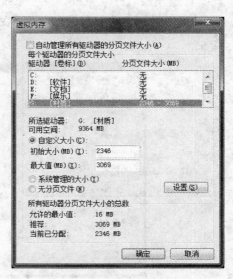

图 6-31　虚拟内存设置

6.5.2　故障恢复

系统运行久了难免会出现故障，除了重装系统以外还有一些方法使操作系统恢复原状，比如 Windows 系统的故障恢复控制台的功能、通过备份实现的自动系统恢复功能、通过还原点实现的系统还原功能等。

使用故障恢复控制台，不但可以进行包括启用和禁用服务、格式化驱动器、在本地驱动器上读写数据（包括被格式化为 NTFS 文件系统的驱动器）等操作，还可以执行许多其他管理任务。可让用户通过从光盘上复制文件到硬盘上来修复系统，或者对阻止计算机正常启动的服务进行重新配置。进入故障恢复控制台有两种方法，一种是直接利用系统安装光盘从光盘启动系统进入；另一种就是将故障恢复控制台安装到硬盘上，它会自动在系统启动菜单中增加一个选项，从中选择进入。

服务器备份（Windows Server Backup）是 Windows Server 2008 中的一项功能，它提供了一组向导和其他工具来对运行 Windows Server 2008 的计算机执行基本备份和恢复任务。此功能已经过重新设计并引入了一些新的技术，以前在早期 Windows 版本中可用的备份功能（Ntbackup.exe）已被删除。该功能由 MMC 管理单元和命令行工具组成，可为日常备份和恢复需求提供完整的解决方案。可以使用 Windows Server Backup 备份整个服务器（所有卷）、选定卷或系统状态，可以恢复卷、文件夹、文件、某些应用程序和系统状态。另外，在出现类似硬盘故障的灾难时，可以使用整个服务器备份和 Windows 恢复环境执行系统恢复，这样可将整个系统还原到新的硬盘。

还原点表示计算机系统文件的存储状态。"系统还原"功能会按特定的时间间隔创建还原点，还会在检测到计算机开始变化时创建还原点。此外，还可以在任何时候手动创建还原点。

【任务 6-12】 设置系统还原属性。

1）单击"开始"→"运行"，在"运行"窗口输入"gpedit.msc"，然后单击"确定"按钮或按〈Enter〉键，打开系统组策略控制台窗口。在该窗口的左分栏逐一展开"计算机配置"→"管理模板"→"系统"→"系统还原"选项，在对应"系统还原"分支选项的右侧显示区域可以看到"关闭配置"以及"关闭系统还原"这两个目标组策略选项，如图 6-32 所示。

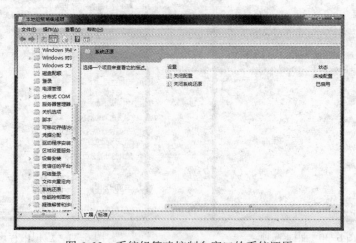

图 6-32　系统组策略控制台窗口的系统还原

2）用鼠标右键单击"关闭系统还原"，在弹出的右键菜单中选择"属性"命令，打开窗口，重新设置系统还原属性，然后单击"确定"完成设置，如图 6-33 所示。

图 6-33　关闭系统还原属性设置

6.6　实训

1．查看 Windows Server 2008 性能监视器数据，并保存数据。
2．体验 Windows Server 2008 数据收集器集的创建。
3．设置性能计数器警报并完成相关配置。
4．查看并设置 Windows Server 2008 的事件查看器。
5．根据当前 Windows Server 2008 系统的运行情况，配置系统虚拟内存。

6.7　习题

1．填空题

（1）Windows Server 2008 的"可靠性和性能监视器"中主要有＿＿＿＿＿＿、和＿＿＿＿＿＿几个系统监视工具。

（2）通过"可靠性和性能监视器"的资源视图，可以查看＿＿＿＿＿、＿＿＿＿＿＿、＿＿＿＿＿＿、＿＿＿＿＿＿资源的实时使用情况。

（3）性能监视器保存的结果可以以＿＿＿＿＿＿和＿＿＿＿＿＿两种方式存在。

（4）可以通过＿＿＿＿＿＿选择当性能计数器的值大于或小于限制时发出警报。

（5）在 Windows Server 2008 里事件日志分为＿＿＿＿＿＿和＿＿＿＿＿＿两个类别。通过＿＿＿＿＿＿可以查看来自多个事件日志的事件。

（6）＿＿＿＿＿＿提供了有关计算机性能的信息，显示最常用的度量进程性能的单位，查看反映＿＿＿＿＿＿和＿＿＿＿＿＿使用情况的图形和数据。

（7）＿＿＿＿＿＿技术指拿出一部分硬盘空间来充当内存使用，当内存占用完时，计算机就会自动调用硬盘来充当内存，以缓解内存的紧张。当 RAM 运行速度缓慢时，它可将数据从 RAM 移动到称为＿＿＿＿＿＿的空间中。

2．问答题

（1）Windows Server 2008 的系统监视功能有哪些新特性？主要通过哪些工具实现？

（2）Windows Server 2008 的性能监视器与任务管理器有哪些相似之处，哪些不同之处？

（3）数据收集器集在 Windows Server 2008 里的主要功能和角色是什么？

（4）启动事件查看器后，可以对事件日志做些什么样的操作？

（5）请列举一些进行系统优化可以采取的方法及其作用。

（6）在 Windows Server 2008 里该如何实现备份的创建？

第 7 章　硬件安装与管理

本章要点：

- Windows Server 2008 添加、卸载硬件的方法
- Windows Server 2008 对硬件属性的配置
- Windows Server 2008 如何解决硬件冲突

在前面的章节中已经涉及到硬件安装的知识，但内容还不系统。在本章中主要介绍 Windows Server 2008 中对硬件的安装与管理操作，包括硬件的添加与卸载这类基本操作的详细步骤，以及硬件属性窗口的功能和配置选项知识。

计算机的硬件是计算机系统中各种设备的总称。硬件除了制造和生产时连接到计算机上的设备（硬盘、内存、主板、显卡等）以外，还包括后来添加的外围设备。外围设备泛指计算机及其网络基本配置的附属设备，如光驱、软驱、打印机、条码打印机、扫描仪、MODEM、UPS 电源等。这些设备（分为即插即用和非即插即用）能以多种方式连接到计算机上，有些设备（例如网卡和声卡）连接到计算机内部的扩展槽中，有些设备（例如打印机和扫描仪）连接到计算机外部的端口上，还有些被称为 PC 卡的设备只能连接到便携式计算机的 PC 卡插槽中。

"管理和安装"是一组支持安装硬件设备和设备驱动程序软件的 Windows 技术，可使这些设备能够与 Windows 操作系统进行通信。Windows 系统一般有专门负责硬件安装与管理的工具，操作系统通过"%System%INF"目录下面的 INF 文件来识别硬件，也通过 INF 文件来向有关的软件提供信息，其中"%System%"表示系统安装的文件夹，例如操作系统安装在 C 盘上，则"%System%"指代的是"C:\Windows"。识别的过程是 Windows 向相应的即插即用（Plug-and-Play，PnP）硬件提出询问，硬件 BIOS 返回相应的标识；然后 Windows 系统在默认或者指定的目录中寻找相应标识的 INF 文件，根据 INF 文件提供的信息，对硬件进行管理。因此，通过编辑相应的 INF 文件，就能改变相应即插即用硬件从中断、DMA、IRQ 到生产厂家的信息、硬件版本等相关属性。

Windows Server 2008 的硬件管理可以完成安装和升级硬件驱动程序、卸载硬件驱动程序、停止硬件的使用、查看硬件信息和修改硬件配置等功能，这一系列操作可通过系统属性、设备管理器、添加硬件等工具来实现，具体操作步骤简单介绍如下。

- 设备管理器：通过单击"控制面板" → "设备管理器"可以打开"设备管理器"窗口，该窗口提供计算机上所安装硬件的图形视图。"设备管理器"上的所有设备都通过"设备驱动程序"与 Windows 操作系统进行通信。使用"设备管理器"可以判断计算机中的硬件设备是否正常工作，查看硬件设备使用的驱动程序文件及版本信息，安装和升级硬件设备的驱动程序、修改这些设备的硬件设置以及解决问题，禁用、启用和卸载硬件设备，返回到驱动程序的前一版本，解决疑难问题等。一般来说，不需要使用"设备管理器"更改资源设置，因为在硬件安装过程中系统会自动分配资源。使用设备管理器只

能管理"本地计算机"上的设备。在访问远程计算机时，该计算机上的"设备管理器"将仅以只读模式工作，此时只允许通过"设备管理器"查看该远程计算机上的硬件配置，但不允许更改配置。

- 添加硬件：通过"控制面板"→"添加硬件"能启动添加硬件向导。它是 Windows 即插即用功能的后备支持和补充，当某个硬件设备连接后不能识别或者正常运行时需要使用。
- 系统属性：通过"控制面板"→"系统"→"高级系统设置"能查看到当前的系统属性窗口，包括"计算机名"、"硬件"、"高级"、"远程"选项卡。
- 系统信息：可以快速全面地了解服务器的详细信息，可以将这些信息保存或打印。

7.1 添加硬件

添加硬件的操作按照硬件类型来分，一般可以分为添加即插即用硬件和添加非即插即用硬件。添加即插即用硬件的过程一般由系统自动完成安装，添加非即插即用硬件一般由用户通过手工方式完成。

即插即用的作用是由操作系统自动配置新插入到计算机中的设备，解决设备驱动程序、跳线、开关等技术问题。即插即用的任务是把物理设备和软件（设备驱动程序）相配合，并操作设备在每个设备和它的驱动程序之间建立通信信道。即插即用功能只有在同时具备了即插即用的标准 BIOS、即插即用的操作系统、即插即用的设备和即插即用的驱动程序 4 个条件时才可以。安装新的即插即用设备时不用为此硬件再安装驱动程序了，因为系统里面里附带了它的驱动程序，像 Windows XP、Windows Server 2008 里面就附带了一些常用硬件的驱动程序。

Windows Server 2008 支持即插即用规范，该规范定义了计算机怎样才能检测和配置新添加的硬件并自动安装设备驱动程序。用户添加硬件后，Windows 将检测新硬件，并向即插即用服务发出信号以使设备可操作。系统将搜索适当的设备驱动程序包，并自动将该硬件配置为不影响其他设备而运行，其操作流程如图 7-1 所示，其中"PnP"指 Windows 中运行的即插即用服务。如果任何所述的安全检查失败，或如果找不到适当的设备驱动程序包，则此过程将停止。

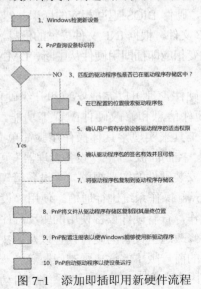

图 7-1　添加即插即用新硬件流程

至于非即插即用设备、以及 Windows 无法自动识别的较老的设备，插入到计算机后，可以通过使用系统提供的添加硬件向导，对硬件驱动程序进行手工安装和配置，以此来完成新硬件操作的添加。本节将详细介绍完成此操作的具体过程。

7.1.1　系统自动安装新硬件

【任务 7-1】　通过系统自动安装的方式添加新的即插即用设备。

1）按照制造商的说明将新的即插即用设备与计算机相连，系统会自动检测到新硬件，弹出"发现新硬件"对话框，其中包含三个选项，如图 7-2 所示。如果 Windows 没有检测到新即插即用设备，则说明该设备本身无法正常工作、安装不正确或者根本未安装。

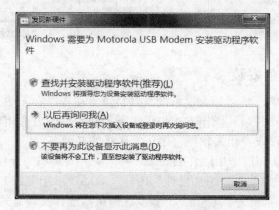

图 7-2　"发现新硬件"对话框

其中，选择"查找并安装驱动程序软件"将开始安装过程；选择"以后再询问我"则不安装设备且不更改计算机的配置，如果下次登录到计算机时该设备仍插入，则会再次显示此对话框；选择"不要再为此设备显示此消息"会将即插即用服务配置为不安装此设备的驱动程序，并且不会使设备起作用，若要完成设备驱动程序的安装，必须断开设备然后重新进行连接。

2）安装硬件的驱动软件。

选择"查找并安装驱动程序软件"选项，安装硬件的驱动软件。该设备若受 Windows Server 2008 所包含的驱动程序包支持，系统将自动安装 Windows 所包含的对应驱动程序，完成新硬件的添加。

另外，若计算机管理员已在驱动程序存储区中暂存了驱动程序包，用户也可选择安装存储在存储区（如光盘、硬盘、软盘等）中的硬件驱动程序包，由系统自动完成硬件添加的操作。

7.1.2　手工添加新硬件

【任务 7-2】　通过手工操作的方式添加新硬件。

1）在"控制面板"中双击"添加硬件"图标，如图 7-3 所示，启动"添加硬件"向导。

2）在"添加硬件"向导中，单击"下一步"按钮，如图 7-4 所示。然后按向导上的说明执行操作，完成手工添加。

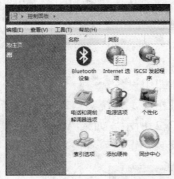

图 7-3　添加硬件

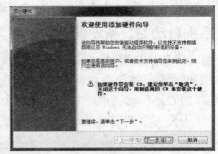

图 7-4　"添加硬件"向导

7.1.3　非即插即用硬件安装

在外部设备的使用中，将遇到大量系统没有自带驱动程序、无法完成自动安装的情况。对于非即插即用硬件的安装，其操作方式与手工添加新硬件的方式相似。安装设备的驱动程序是非即插即用设备硬件或者相关软件程序正常运行的必要条件。

【任务 7-3】　完成非即插即用硬件的安装。

1）在"控制面板"中双击"添加硬件"图标，启动"添加硬件"向导。

2）在"添加硬件"向导中，单击"下一步"按钮，选择安装方式，如图 7-5 所示。

3）若系统无法自动检测出该硬件或用户希望手动选择安装，选择第 2 个选项，单击"下一步"按钮，从列表中选择硬件，如图 7-6 所示。选择要安装的硬件，单击"下一步"按钮，在"选择要为此硬件安装的设备驱动程序"对话框中单击"从磁盘安装"按钮，选择该设备驱动程序所在的路径，然后单击"确定"按钮。这时添加硬件向导将列出硬件在指定位置找到的所有驱动程序，选择相应的硬件驱动，单击"确定"按钮，即可完成该非即插即用硬件的安装。

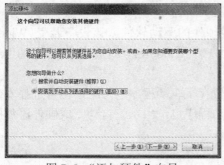

图 7-5　"添加硬件"向导

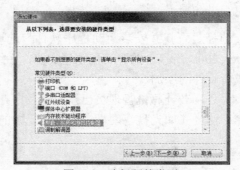

图 7-6　选择硬件类型

7.2　卸载硬件

卸载硬件也称为在系统里删除硬件，对于不同类型的硬件，有的设备在卸载时不需要使用设备管理器，只要从计算机断开设备即可，有的设备则需要手工完成删除的操作。

【任务 7-4】 完成硬件的卸载。

1）打开"设备管理器"，双击要卸载的硬件类型，或者单击要卸载的硬件类型前面的"+"号。

2）用鼠标右键单击需要卸载的设备，在弹出的快捷菜单中单击"卸载"命令，如图 7-7 所示，即可完成卸载硬件的操作。

若想某个设备（例如网卡）不起作用但仍保留在计算机上，则不需要卸载该设备，只需简单地禁用该设备即可。当禁用该类设备时，设备与计算机仍旧保持物理连接，但是 Windows 将更新系统注册表，以便启动计算机时不再加载已禁用设备的驱动程序。当重新启用该设备后，驱动程序又可以使用了。如果用户需要在两种硬件设备之间转换，或是需要检查硬件问题，这种功能非常有用。

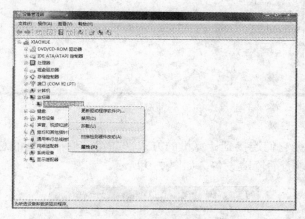

图 7-7 卸载硬件

7.3 配置硬件属性

在前面章节中已经介绍了添加新的即插即用设备时，Windows 会自动配置设备，以使该设备与计算机上安装的其他设备一起正常工作。作为配置过程的一部分，系统会向正在安装的设备分配一组唯一的系统资源，这些资源包括中断请求（IRQ）线路号、直接内存访问（DMA）通道、输入/输出（I/O）端口地址、内存地址范围。分配给设备的每项资源都必须是唯一的，否则设备无法正常运行。对于即插即用设备，Windows 会自动地正确配置这些资源。一般来说，使用系统的过程中应避免手动更改资源设置，因为这么做会导致操作系统向其他设备分配资源时不太灵活。如果过多资源都变为固定的，那么系统可能无法正常安装新的即插即用设备。

但同时也可以使用"设备管理器"手动配置硬件属性，比如遇到硬件问题，或者安装非即插即用设备时 Windows 无法自动为设备配置资源设置，都有可能要求用户手动配置这些硬件的属性。还有的时候两种设备需要相同的资源，导致"硬件冲突"。如果发生这种情况，则可以手动更改资源设置和硬件属性，以确保资源的配置是合理的。

7.3.1 查看硬件常规属性

通过使用"设备管理器"，可以查看硬件配置的详细信息，包括其状态、使用中的驱动程序和其他信息。默认情况下，设备按其设备类型显示在不同的组中，如图 7-8 所示。

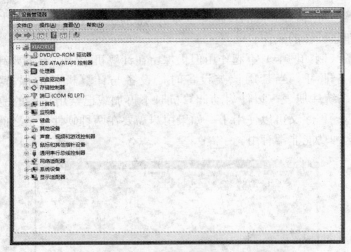

图 7-8 "设备管理器"按设备类型显示

此外，还可以根据它们连接到计算机的方式（如将它们插入到的总线）、或其使用的资源来查看设备，还可以查看隐藏设备，如图 7-9 所示。

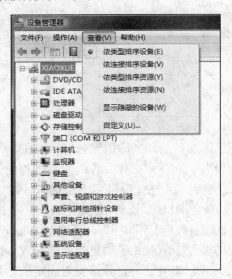

图 7-9 "设备管理器"按其他方式显示

在 Windows Server 2008 中，只有属于 Administrators 组成员的用户才能具有计算机设备或其驱动程序进行更改、添加、管理等操作的权限。

【任务 7-5】 通过设备管理器查看硬件相关属性。

1）在系统桌面上用鼠标右键单击"计算机"图标，在弹出的快捷菜单中选择"属性"命令，打开"系统"窗口，单击"设备管理器"即可打开"设备管理器"窗口，其中显示了当前计算机配置的所有硬件设备。从上往下依次排列着光驱、磁盘控制器芯片、CPU、磁盘驱动器、监视器、键盘、声音及视频等信息，最下方则为显示适配器。利用"设备管理器"除了可以看到常规硬件信息之外，还可以进一步了解主板芯片、声卡及硬盘工作模式等情况。例如想要查看硬盘的工作模式，只要双击相应的 IDE 通道即可弹出属性对话框，在属性对话框中可看到硬盘的设备类型及传送模式。想要了解哪一种硬件的信息，单击其前方的"+"或双击将其下方的内容展开，然后单击选择需要的设备，这里以网卡为例，如图 7-10 所示。

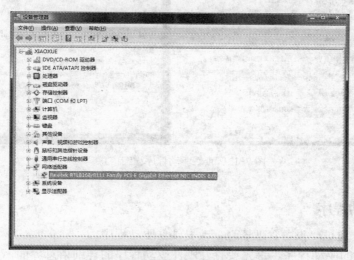

图 7-10　查看"设备管理器"里的设备

2）用鼠标右键单击所需的设备，在弹出的快捷菜单中选择"属性"命令，即可打开当前设备的属性对话框，对话框中包含"常规"、"高级"、"驱动程序"、"详细信息"、"资源"、"电源管理"6 个选项卡。在"常规"选项卡上，"设备状态"区域显示了当前状态的描述，如图 7-11 所示。

图 7-11　硬件属性对话框

"驱动程序"选项卡显示了有关当前已安装驱动程序的信息。单击"驱动程序详细信息"按钮，将出现"驱动程序文件详细信息"对话框，显示了组成当前设备驱动程序的单独文件的列表，如图 7-12 所示。

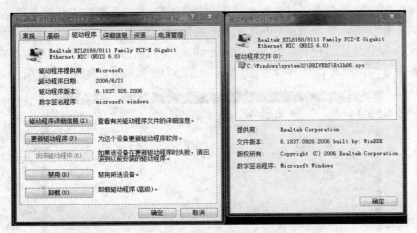

图 7-12　查看驱动程序详细信息

7.3.2　改变驱动程序

【任务 7-6】　通过"设备管理器"，改变硬件驱动程序。

1）更改硬件的驱动程序，首先要打开硬件驱动程序的详细信息界面，可以通过下面两种方式实现。

方式一：打开"设备管理器"，双击要更新或更改驱动程序的设备类型，用鼠标右键单击所需的设备，在弹出的快捷菜单中选择"更新驱动程序软件"命令，如图 7-13 所示，这里以网卡为例。

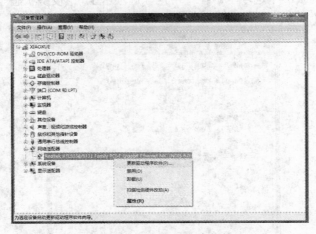

图 7-13　更新驱动程序软件

方式二：用鼠标右键单击所需的设备，在弹出的快捷菜单中选择"属性"命令，打开当前设备的属性对话框，选择"驱动程序"选项卡，单击"更新驱动程序"按钮，如图 7-14 所示。

2）在打开的"更新驱动程序软件"向导中，按照说明可分别选择系统自动搜索和用户手工选择驱动程序的操作，完成驱动程序的更改，如图7-15所示。

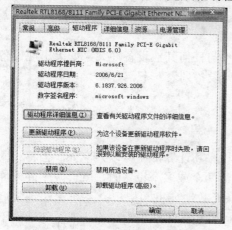

图7-14　在属性窗口更新驱动程序

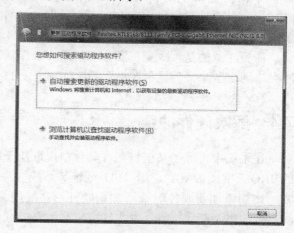

图7-15　"更新驱动程序软件"向导

7.3.3　改变资源分配

【任务7-7】　通过"设备管理器"改变资源分配。

1）打开"设备管理器"，双击要更改资源分配的设备类型，双击所需的设备，打开当前设备的属性对话框，选择"资源"选项卡，这里以网卡为例，如图7-16所示。如果该设备没有"资源"选项卡，则说明无法更改其资源或者它没有使用任何资源设置。清除"使用自动设置"复选框，如果无法向该设备分配特定的资源，则此复选框不可用。对于没有其他设置可以配置的设备，"使用自动设置"未启用。对于由即插即用资源控制而不应由用户更改的设备，该选项也未启用。

图7-16　设备"资源"选项卡

2）在"设置基于"中，单击要更改的硬件配置。在"资源设置"中的"资源类型"下，单击要更改的资源类型。可供选择的内容有：直接内存访问（DMA）、中断请求（IRQ）、输入/输出（I/O）端口、内存地址。单击"更改设置"按钮，然后为资源类型键入新值，完成资源分配的改变。

需要注意的是，改变资源分配时需要确保新设置不与任何其他设备冲突，如果出现设备冲突，则这些冲突会显示在"资源"选项卡上的"冲突设备列表"下。

7.4　解决硬件冲突

在系统中，除了某些资源（具体情况取决于驱动程序和计算机）可以共享外，当将相同的 IRQ 中断、DMA 通道、I/O 地址等系统资源分配给两个或多个设备时，就会发生硬件冲突，比如添加新硬件时或添加新硬件后系统经常无缘无故地死机、黑屏，系统无法正常启动，打印机不能运行等。发生冲突将导致一个或多个硬件设备无法正常工作，或系统工作不稳定。

解决硬件资源冲突首选的方法是更换引起冲突的硬件，如果条件不允许还可以采用其他的方法帮助排除问题。例如，确保设备驱动程序仅只正确安装了一次，查看冲突设备的资源设置，配置一种或多种设备使之使用不同的资源，释放保留的资源设置，禁用不再需要的设备等。

7.4.1　使用"添加/删除硬件"解决冲突

有时系统自带的设备驱动程序可能已经不满足添加新设备的需求，造成与系统中已有资源的冲突，用户可通过手工添加硬件的方式来向系统中加入新的设备，保证驱动程序的正确选择。

如果发生冲突的设备之一已经不再需要，可以将其禁用，以解决硬件冲突问题。即插即用设备禁用后，其他设备可自动获取这些设备的资源。如果禁用的设备不是即插即用设备，那么必须从"设备管理器"的硬件列表中删除此设备，以释放所占用的资源。

Windows Server 2008 添加硬件及删除硬件的操作可参阅前面的第 7.1、7.2 节内容。

7.4.2　卸载后重新安装

为排除硬件在安装过程中可能出现的意外，或者希望重新实现系统资源的分配，可以通过卸载后重新安装的方式来解决冲突。一般只有在设备工作不正常或已完全停止工作时才需要重新安装。重新安装设备前需要尝试重新启动计算机并检查设备，以确定其是否正常运行。如果运行不正常，则可尝试重新安装。

【任务 7-8】　卸载后重新安装硬件。

1）打开"设备管理器"，双击要卸载的硬件类型。用鼠标右键单击需要卸载的设备，在弹出的快捷菜单中选择"卸载"命令，完成硬件卸载的操作。

2）在"设备管理器"窗口中，在顶部节点上单击鼠标右键，在弹出的快捷菜单中选择"添加过时硬件"命令，如图 7-17 所示。

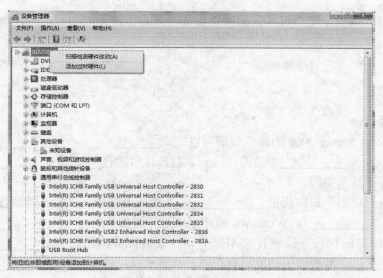

图 7-17　添加过时硬件

3）在"添加硬件向导"中按提示执行操作，完成手工添加。

7.4.3　更改驱动程序

在操作系统的使用过程中，软件的频繁卸载可能会将设备驱动程序与其他程序共享的 DLL 文件给删除掉；病毒的疯狂肆虐，可能会破坏设备驱动程序中的某些文件；不经意间的驱动更新，可能会造成新旧版本的软件资源不兼容……所有这些都有可能导致设备出现硬件冲突现象。因此，在遇到驱动程序不正常时，可通过更改驱动程序的方式来解决硬件冲突。

Windows Server 2008 更改驱动程序的操作可参考第 7.3 节。

7.4.4　改变设备资源分配

用户通常不必更改资源设置，因为安装硬件时系统会自动分配。但用户可通过任务管理器改变当前系统已经分配给各设备的资源，为某些老式的工业标准体系结构（ISA）和即插即用基本输入/输出系统（BIOS）设备手动分配资源。对于硬件冲突问题，既然是因为将相同的系统资源分配给两个或多个设备而造成，那也可以通过采用改变设备资源分配的方式来解决。

不过，一般说来资源设置只应由拥有计算机硬件和硬件配置设置专业知识的用户更改，因为不正确地更改资源设置可能会禁用硬件，引起新的问题，导致计算机运行不正常或变得无法运行。关于在 Windows Server 2008 改变资源分配的具体操作可参阅第 7.3 节。

7.5　实训

1．在 Windows Server 2008 系统里手工添加、删除一个新的硬件，并且将硬件卸载后重新安装。

2．查看在实训 1 里添加的新硬件的相关属性，并更新其驱动程序。

3．查看当前系统里是否有冲突的硬件设备，若有，请采取不同的方法解决当前的硬件冲突。

7.6　习题

1．填空题

（1）Windows Server 2008 的硬件管理可以完成＿＿＿＿＿＿＿＿＿、＿＿＿＿＿＿＿＿＿＿、＿＿＿＿＿＿＿＿＿＿、＿＿＿＿＿＿＿＿等功能，这一系列操作可通过＿＿＿＿＿＿＿、＿＿＿＿＿＿＿、＿＿＿＿＿＿＿等工具来实现。

（2）"设备管理器"窗口提供＿＿＿＿＿＿＿＿＿的图形视图，"设备管理器"上的所有设备都通过＿＿＿＿＿＿＿＿＿与 Windows 操作系统进行通信。

（3）添加硬件的操作按照硬件类型来分，一般可以分为添加＿＿＿＿＿＿＿＿，以及添加＿＿＿＿＿＿＿＿。即插即用功能只有在同时具备了＿＿＿＿＿＿＿＿＿、＿＿＿＿＿＿＿＿＿、＿＿＿＿＿＿＿和＿＿＿＿＿＿＿＿ 4 个条件时才可以使用。

（4）在"控制面板"中双击＿＿＿＿＿＿＿图标，可启动添加硬件向导。

（5）若想某个设备不起作用但仍保留在计算机上，不需要＿＿＿＿＿＿＿该设备，只需简单地＿＿＿＿＿＿＿该设备即可。

（6）系统会向正在安装的设备分配一组系统资源，这些资源可以包括＿＿＿＿＿＿＿＿、＿＿＿＿＿＿＿＿＿、＿＿＿＿＿＿＿＿＿、＿＿＿＿＿＿＿＿＿。分配给设备的每项资源都必须是＿＿＿＿＿＿＿＿＿的，否则设备无法正常运行。

（7）有的时候两种设备需要相同的资源，将导致＿＿＿＿＿＿＿＿＿。如果发生这种情况，可以手动更改资源设置和硬件属性，以确保资源的配置是合理的。

2．问答题

（1）请列举曾经在操作系统里添加过哪些硬件。其中哪些是由系统自动安装完成，哪些是由自己手动添加的？请描述操作步骤。

（2）Windows Server 2008 里可以对硬件设备配置哪些属性？

（3）Windows 系统对资源的分配应该遵循什么样的原则？

（4）请列举一些硬件冲突的例子，并思考解决方法。

第 8 章　管理打印服务

本章要点：

- 在 Windows Server 2008 中安装本地打印机、网络打印机
- 在 Windows Server 2008 中共享打印机
- 在 Windows Server 2008 中管理网络打印机
- 在 Windows Server 2008 中连接网络打印机

打印服务是 Windows Server 2008 中服务管理的一个重要方面。本章通过对安装本地打印机基础操作的介绍，引导读者学习网络打印机的管理技能，包括网络打印机的安装、共享、连接等操作。

8.1　打印简介

通过操作系统的打印服务，用户几乎可以打印所有能够在计算机上查看的文档、图片、网页或文件。打印的物理过程需要通过打印机来实现，打印机不是一次性资金投入的硬件设备，实现打印服务的打印成本主要包括墨盒与打印纸。打印机按其复制纸张上文本和图形的不同方式分类，每种类型的打印机都有不同的优势。

- 喷墨打印机：通过将小墨水点喷在页面上复制文本或图形进行打印。喷墨打印机可以用彩色墨水或黑色墨水打印。尽管必须定期更换墨盒，但是家庭用户常常购买喷墨打印机，因为喷墨打印机的价格相对来说更便宜。某些喷墨打印机可以复制高质量的图片和复杂的图形。

- 激光打印机：使用墨粉（一种细小的、粉末状的物质）复制纸张上的文本和图形。激光打印机可以用彩色或黑色打印，彩色激光打印机通常贵得多。与大多数喷墨打印机相比，激光打印机打印速度更快，并且更省墨。如果打印数量较多，这意味着激光打印机打印每个页面的成本更低。

- 多功能打印机：将能够发送传真、影印文件或扫描文档的喷墨打印机或激光打印机称为多功能打印机。单个多功能打印机比多个设备更便于连接到计算机，还可以在不打开计算机的情况下使用多功能打印机的某些功能。

- 有线打印机：它指使用电缆和计算机上的端口进行连接的任意一台打印机。大多数打印机都使用通用串行总线（USB）电缆。当将有线打印机连接到计算机并启动它时，Windows 将自动尝试安装打印机。如果 Windows 无法检测打印机，则可以手动查找并添加该打印机。

- 无线打印机：它指使用 Bluetooth 或其他无线技术（如 802.11a、802.11b 或 802.11g）连接到计算机的任意一台打印机。

打印质量由最高打印分辨率、墨滴大小、墨水色数以及打印纸张类型等来决定，打印质量包含了精度、色彩、层次三部分。其中打印精度主要反映在文本打印，打印精度越高，打印样张包含的墨点数将越多，打印的文字会越精细。而色彩和层次主要取决于墨水色数和墨滴大小，墨水色数越多、墨滴直径越小，其打印样张的色彩与层次就越丰富。打印时不仅要看打印图像的品质，还要看它是否有良好的打印速度，这一点对商业用户来说就更为重要一些。

8.1.1 打印术语

为了更好的了解打印方面的知识，表 8-1 提供了一些常用术语供参考。

表 8-1 常用打印术语

名　称	描　述
DPI（Dot Per Inch，每英寸所打印的点数）	用来表示打印机的打印分辨率，这是衡量打印机打印精度的主要参数之一。该值越大表明打印机的打印精度越高
CPI（Characters Per Inch，每英寸内所含的字符数）	用来表示字符的大小、间距
CPL（Characters Per Line，每行中所含的字符个数）	用来在横向方向表示字符的宽度与间距
CPS（Character Per Second，每秒所能打印的字符个数）	用来表示打印机的打印速度。当然它和打印的字符大小与笔划有关。一般以10cpi的西文字符为基准来计算打印速度
LPI（Lines Per Inch，每英寸内所含的行数）	用来表示在垂直方向字符的大小、间距
PPM（Papers Per Minute，每分钟打印的页数）	这是衡量打印机打印速度的重要参数，是指连续打印时的平均速度。厂商在标注产品的技术指标时通常都会用黑白和彩色两种打印速度进行标注，因为打印图像和文本时打印机的打印速度是有很大不同的。另一方面打印速度还与打印时设定的分辨率有直接的关系，打印分辨率越高，打印速度自然也就越慢了。所以对衡量打印机的打印速度必须在统一标准下进行综合的评定。通常打印速度的测试标准为A4标准打印纸，300dpi分辨率
IPM（Image Per Minute，每分钟打印的图像）	表示图像打印速度
并行接口	一次传输一个字节（8位）数据，有3种传输模式。ECP：增强能力端口，针对的是打印机和扫描仪；EPP：增强并行端口，针对的是非打印机外设；SPP：标准打印机端口
串行接口	25针，一次传输一位数据，用于连接PC机。COM1和COM2是主板硬件提供的接口，COM3、COM4是逻辑上提供的扩展接口，优先权：COM2>COM1>COM3>COM4
USB1.1/USB2.0	一种目前主流的接口技术，传输速度有所不同：USB1.1为12Mbit/s，USB2.0为480Mbit/s（USB2.0可以全面兼容USB1.1）。特征：传输速度快，支持即插即用和热插拔，支持多种设备连接
SCSI（Small Computer System Interface，小型计算机系统接口）	一种用于计算机和智能设备之间（硬盘、软驱、光驱、打印机、扫描仪等）的通用接口标准。现在最快的传输速度已经达到160Mbit/s，可以同时连接7~15个设备
IEEE 1394	高速的串行总线，传输速度可达到400Mbit/s；适用于需要传输大量数据的设备

8.1.2 打印配置

在打印机、打印纸、墨盒等硬件条件已经具备的情况下，可以进行打印配置，使用打印功能。添加打印机之后，应确保打印机已准备就绪。如果仅添加一台打印机，它将成为默认打印机，这表示打印文档或文件时将自动选择该打印机。如果添加多台打印机，则可以选择最常使用的打印机作为默认打印机。

打印文档或文件一般可通过 Windows 打印和程序打印两种方式实现。最快速的方式是使用 Windows 打印，用户不必打开文件、选择打印选项或更改打印机设置，Windows 将使用默认打印机设置打印文档。若要使用程序进行打印，需要打开要打印的文档、图片或文件，在程序中打开文档之后，可以选择打印选项。在大多数程序中，"打印"按钮在工具栏

上都显示为图标 。单击"打印"按钮将会把打印作业发送到默认打印机。

大多数打印选项位于"打印"对话框中，可以在程序的"文件"菜单中访问这些选项。可用的选项取决于所使用的程序和打印机。若要访问某些选项，可能需要单击"打印"对话框中的"首选项"、"属性"或"高级选项"链接或者按钮。常见的打印配置选项如图 8-1 所示：

a)

b)

图 8-1　常用打印配置选项

各配置选项说明如下。

- 选择打印机：使用户从连接到计算机的打印机列表中选择一台打印机。
- 页面范围：使用户能够打印文档的指定页面或部分。若要选择单独的页面或页面序列（范围），通常可以键入以逗号或连字符分隔的页码。例如，如果键入数字字符串"1,4,5-7"，将只打印第 1 页、第 4 页，以及第 5 页至第 7 页（即 5、6、7 页）。"当前页"选项是设置只打印当前显示的页面。
- 份数：能够调整一次打印多份文档、图片或文件。使用"自动分页"选项将按顺序打印文档中的所有页面，然后打印多份文档。

- 页尺寸：如果打印机能够在多种尺寸的纸张上进行打印，则此选项能够选择已加载到打印机中的纸张尺寸。
- 方向：它也称为"纸张布局"，能够按页面高度（"纵向"）或页面宽度（"横向"）打印内容。
- 双面打印：它也称为"双面"或"两面"打印，此选项能够在纸张的两个页面上进行打印。此选项仅在打印机支持时才可用。
- 纸张来源：它也称为"输出目标"或"送纸器"，此选项能够指定打印机应该使用哪个送纸器，这样可以在每个送纸器中加载和存储不同尺寸的纸张。
- 用彩色墨水或黑色墨水打印：此选项仅在打印机支持时才可用。
- 打印预览：若要在打印之前查看打印副本的效果，可在提供"打印预览"的程序中打开该文档。"打印预览"通常位于程序的"文件"菜单上，可预览文档的每一页。在某些程序中可以选择预览模式中的打印选项，然后直接从预览打印。在其他程序中，可能必须关闭预览、更改文档或打印机设置，然后才能打印文档。如果预览或打印一份文档，而该文档与想要的效果不符，则可能需要编辑该文档或更改打印选项。

当文档或其他类型的文件发送到打印机时，就形成了"打印作业"，许多打印机在计算机上的通知区域显示消息。使用 Windows，可以查看打印队列以保持对打印作业进行跟踪。打印队列显示等待打印的文档的信息，如打印状态、文档所有者和要打印的页数。可以使用打印队列查看、暂停、继续、重新启动和取消打印作业。

8.2 设置打印机

打印管理从来都是 Windows Server 服务管理的重要方面，使用 Windows Server 2008 中的打印服务，可以在网络上共享打印机，而且可以使用打印管理控制台集中执行打印服务器和网络打印机的管理任务。打印管理控制台是在 Windows Server 2008 下管理打印机和打印服务器的首选工具。当在 Windows Server 2008 中安装完打印服务后，就可以利用打印管理控制台进行诸如安装、查看、打印监控等打印管理操作。此外，该服务还可以使用组策略迁移打印服务器并部署打印机连接。不过，要对网络中的打印机进行有效管理首先要将其添加到管理控制台中。默认情况下，打印管理控制台已经将本地打印服务器中安装的打印机添加进来了。如果要对其他远程的打印机和打印服务器进行管理则需要手动添加。

8.2.1 安装本地打印机

Windows Server 2008 中的"打印服务"角色包含 3 个角色服务：打印服务器、LPD 服务、Internet 打印。其中，打印服务器是"打印服务"角色一项必需的角色服务。该服务将"打印服务"角色添加到"服务器管理器"中，并安装"打印管理"管理单元。"打印管理"用于管理多个打印机或打印服务器，并从其他 Windows 打印服务器迁移打印机或向这些打印服务器迁移打印机。共享了打印机之后，Windows 将在具有高级安全性的 Windows 防火墙中启用"文件和打印机共享"例外。

【任务 8-1】 添加"打印服务"角色，安装"打印管理"管理单元。

1）依次单击"开始"→"管理工具"→"服务器管理器"，打开"服务器管理器"窗口，单击左侧"角色"选项，如图 8-2 所示。

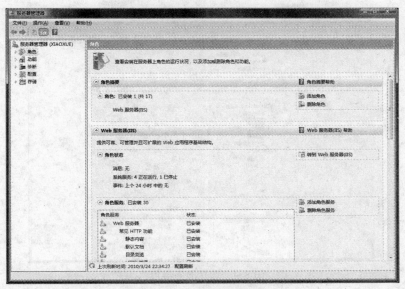

图 8-2 "服务器管理器"窗口

2）在"角色摘要"中单击"添加角色"，出现"添加角色向导"窗口，如图 8-3 所示。

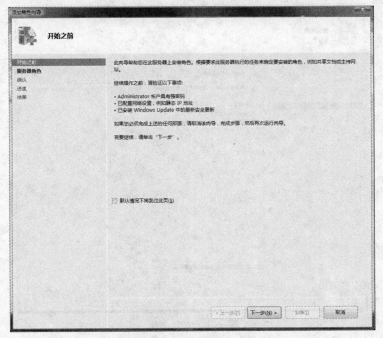

图 8-3 添加角色向导

3）单击"下一步"按钮，出现"选择服务器角色"界面，选中"打印服务"复选框，如图 8-4 所示。

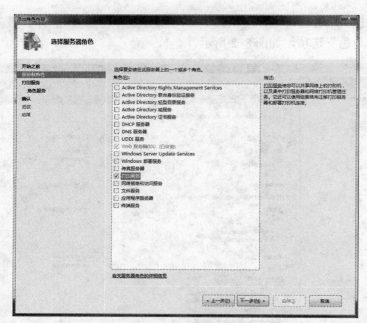

图 8-4　选择服务器角色

4）单击"下一步"按钮，在向导下完成安装，直至出现"安装结果"界面，如图 8-5所示。

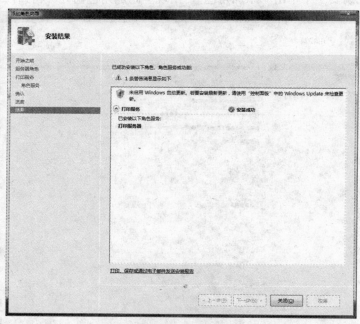

图 8-5　安装结果

默认情况下，通过"打印管理"可以管理本地计算机。另外还可以通过将打印服务器添加到"打印管理"中，管理或监视任意数目的运行 Windows 2000、Windows XP、Windows Server 2003、Windows Vista 或 Windows Server 2008 的打印服务器。

"打印机"首选扩展可通过使用"本地打印机"首选项创建、配置和删除本地打印机。所谓"首选项扩展"是指通过使用打印机控制面板上的菜单可以将默认出厂设置更改为用户偏好使用的设置。

在创建"本地打印机"首选项之前，应先查看该扩展的每种类型的可以操作的行为。添加打印机时，根据打印机厂商的说明将打印机附加或连接到计算机后，Windows 将自动安装打印机。如果 Windows 无法安装打印机，或者删除了打印机后想要重新添加它，可手动进行安装。

【任务 8-2】 安装本地打印机。

1）在"控制面板"里双击"打印机"图标，在菜单里单击"添加打印机"，打开"添加打印机"向导，如图 8-6 所示。

2）在"添加打印机"向导中，选择"添加本地打印机"。 在"选择打印机端口"界面上，请确保选择"使用现有的端口"选项和建议的打印机端口，然后单击"下一步"按钮，如图 8-7 所示。

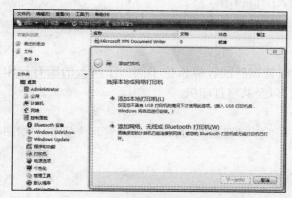

图 8-6 "添加打印机"向导

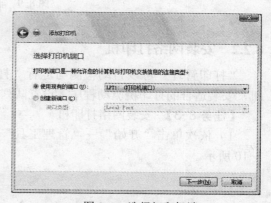

图 8-7 选择打印机端口

3）在"安装打印机驱动程序"界面上，选择打印机厂商和打印机名称，如图 8-8 所示。如果打印机未列出，单击"从磁盘安装"按钮，然后浏览至磁盘上存储打印机驱动程序的位置。

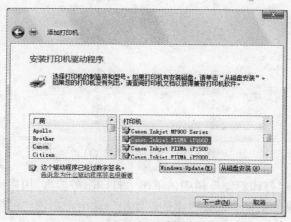

图 8-8 安装打印机驱动程序

4）单击"下一步"按钮，输入打印机名称，如图 8-9 所示，然后单击"下一步"按钮，完成向导中的其余安装步骤，然后单击"完成"按钮，实现本地打印机的安装。

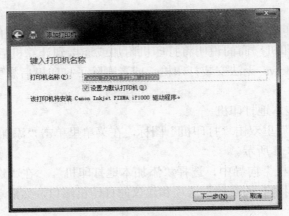

图 8-9　输入打印机名称

8.2.2　安装网络打印机

"打印管理"可以自动检测与运行"打印管理"的计算机位于同一子网上的所有打印机，安装适合的打印机驱动程序、设置队列、以及共享打印机。

【任务 8-3】　安装网络打印机。

1）依次单击"开始"→"管理工具"→"打印管理"，打开"打印管理"窗口，如图 8-10 所示。

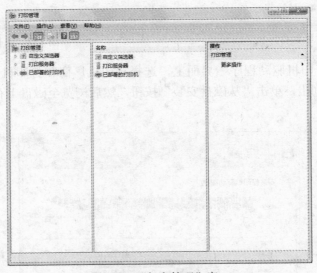

图 8-10　"打印管理"窗口

2）在窗口左侧的"打印管理"树中，单击"打印服务器"，用鼠标右键单击选择的服务器名，然后在弹出的快捷菜单中选择"添加打印机"命令，出现"网络打印机安装向导"对话框，选中"在网络中搜索打印机"，如图 8-11 所示。

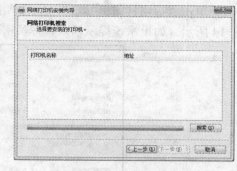

图 8-11　网络打印机安装向导　　　　　　　　　　　图 8-12　网络打印机搜索

3）单击"下一步"按钮，打开"网络打印机搜索"对话框，如图 8-12 所示。当搜索完成后，将会显示搜索出的网络打印机。按照提示指定要为打印机安装的驱动程序，即可完成安装。

8.2.3　共享已经存在的打印机

如果计算机连接了打印机，则可以与同一网络内的任何人共享该打印机。无论打印机是什么类型，只要它已安装在计算机上，并用通用串行总线（USB）电缆或其他类型的打印机电缆连接即可。如果选择了共享打印机的用户能在网络中找到该计算机，那他们就可以使用该打印机进行打印。

【任务 8-4】　共享已经存在的打印机。

1）在"控制面板"里双击"网络和共享中心"图标，在"共享和发现"里展开"打印机共享"，如图 8-13 所示。

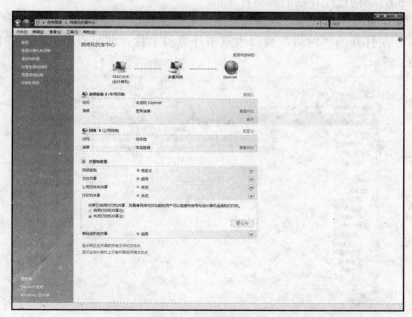

图 8-13　网络和共享中心

2）单击"启用打印机共享"，然后单击"应用"按钮，此时打印机已在网络中共享，如图 8-14 所示。如果系统提示输入管理员密码或进行确认，请键入密码或提供确认。

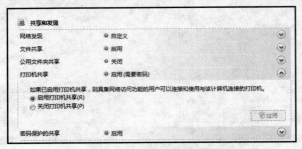

图 8-14　启用打印机共享

3）查看"密码保护的共享"已启用还是已关闭。如果"密码保护的共享"已启用，则只有具有该计算机账户和密码的用户才能访问该打印机。如果希望网络上的任何人都能访问共享的打印机，则关闭此选项。

8.3　管理网络打印机

网络打印机在添加后，要创建安全有效的网络打印环境，需要考虑以下因素：网络上使用什么客户端操作系统，要为不同用户分配哪些打印权限，以及将打印机连接到网络后怎样管理打印机等。下面介绍一些涉及网络打印机使用、管理、设置的常用操作。

8.3.1　访问打印机

【任务 8-5】 访问已经存在的网络打印机。

1）在"控制面板"里双击"网络和共享中心"图标，在弹出的窗口左侧点击"查看计算机和设备"，在打开的"网络"窗口里双击计算机名称，即可查看已经存在的网络计算机，如图 8-15 所示。

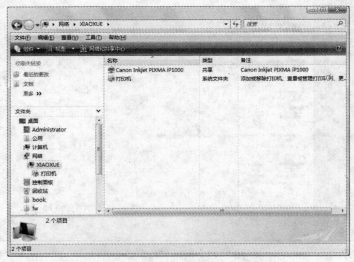

图 8-15　查看网络打印机

2）双击需要访问的打印机名称，即可访问相应的打印机，如图 8-16 所示。

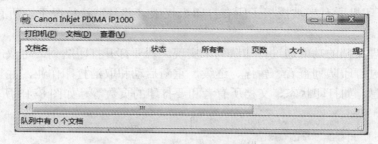

图 8-16　访问网络打印机

8.3.2　管理打印机

对于已安装的网络打印机，可用鼠标右键单击打印机名称，在弹出的快捷菜单中选择相应的选项进行管理，如"暂停打印"、"删除"、"重命名"等，如图 8-17 所示。

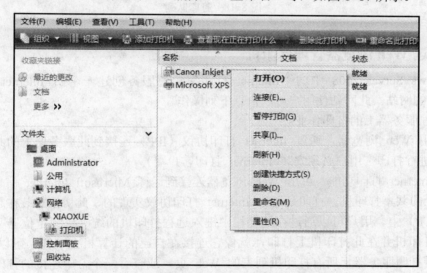

图 8-17　管理打印机

8.3.3　管理文档

Windows Server 2008 提供了 4 种类型的打印机权限，其说明如下。

● 打印：默认情况下，每个用户可以打印、取消、暂停或重新启动要发送到打印机的文档或文件。

● 管理文档：如果具有此权限，则可以管理在打印队列中等待的打印机的所有作业，包括其他用户打印的文档或文件。

● 管理打印机：此权限能够重命名、删除、共享和选择打印机的首选项，还能够为其他用户选择打印机权限以及管理打印机的所有作业。默认情况下，计算机的

Administrator 组的成员具有管理打印机的权限。

● 特殊权限：这些权限通常仅由系统管理员使用，如果需要，可用于更改打印机所有者。打印机所有者被授权了所有打印机权限，并且默认情况下，所有者是安装打印机的人。

其中，管理文档的功能通过打印队列来实现。若要打开打印队列，可双击正在使用的打印机。系统通过打印队列查看、暂停、继续、重新启动和取消打印作业，并且能显示等待打印的文档的信息，如打印状态、文档所有者和要打印的页数等，如图 8-18 所示。

图 8-18　打印队列

8.3.4　通过 Web 浏览器管理打印机

Windows Server 2008 中的"Internet 打印"角色服务创建一个由 Internet 信息服务（IIS）托管的网站。此网站使用户可以执行下列操作。

● 管理服务器上的打印作业。

● 使用 Web 浏览器，通过 Internet 打印协议（IPP）连接到此服务器上的共享打印机并进行打印（用户必须安装 Internet 打印客户端）。

通过 Internet 打印功能，可用 Web 浏览器连接到运行 Microsoft Internet 信息服务的打印服务器上的共享打印机。打印是通过 Internet 打印协议实现的，此协议封装在超文本传送协议（HTTP）中。用户可以通过在地址栏中键入远程打印机的统一资源定位器（URL）来连接到此打印机并在此打印机上打印，就像它连接在自己的计算机上一样。可以通过 Web 浏览器查看打印服务器上所有打印机列表的 Web 页，或查看一个希望连接的打印机页面。从特定打印机的 Web 页上，可以查看有关该打印机的信息，如打印机型号、位置、等待打印的文档份数，以及属性（如打印速度、打印机是否支持彩色打印等）。可以暂停、恢复和取消发送给打印机的任何文档的打印。如果拥有对该打印机的"管理打印机"权限，还可以暂停或恢复打印机操作。

【任务 8-6】　安装 Internet 打印客户端，通过 Web 浏览器管理打印机。

1）单击"开始" → "管理工具" → "服务器管理器"，打开"服务器管理器"窗口。

2）单击左侧"功能"选项，在"功能摘要"中单击"添加功能"，打开"选择功能"对话框，选中"Internet 打印客户端"复选框，如图 8-19 所示。

3）单击"下一步"按钮，如图 8-20 所示，在"确认安装选择"界面里单击"安装"按钮，按向导完成安装操作。

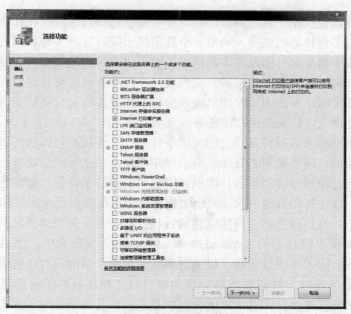

图 8-19　添加功能向导

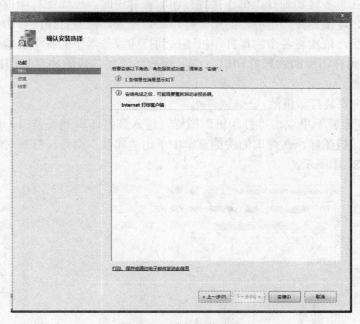

图 8-20　确认安装选择

4）使用"Internet 打印"创建的网站管理服务器，打开 Web 浏览器并浏览至"http://servername/printers"，其中"servername"是打印服务器的 UNC 路径。

8.3.5　安装打印机池

打印机池就是将多个相同的或者特性相同的打印设备集合起来，只建立一个打印机映射到这些打印设备上。也就是一台逻辑打印机对应着多台物理打印机，在计算机系统上安装一台打印机，可以与多台计算机连接，利用一个打印机来同时管理多台相同的打印设备。这种技术适用于打印服务器少而打印设备多的情况，可以提高打印的效率。而且，当多台物理打印机都加入到打印机池后，它们将被客户端当成一个打印整体，要是其中有一台物理打印机遇到卡纸或缺墨现象时，原本由该打印机处理的打印任务都将被自动转发到打印机池的另外一台打印机中去处理，以此来确保打印任务的延续性。

要使用打印机池技术必须符合一定的使用条件，一是连接到打印服务器中的多台物理打印机型号尽量要相同，或者使用的打印机驱动程序相同，二是每一台物理打印机必须连接到打印服务器的不同打印端口。当多台打印机同时满足上面的条件后，就能使用打印机池技术来集中管理它们，并让打印机池中的任何一台物理打印机都能自动承担打印任务。

在默认状态下，打印服务器会将接受到的各种打印任务，按照接受时的先后顺序，临时保存到操作系统文件夹路径下的"system32\spool\printers"文件夹中，之后打印缓冲池会对目标打印机和当前打印工作进行监视，以确定到底调用哪个空闲的打印机进行打印。当打印任务发送给打印服务器时，打印服务器会自动检查与之相连接的所有物理打印机的工作状态，以便查看一下究竟哪台打印机正处于空闲状态，一旦发现某台打印机正处于空闲等待状态时，打印服务器就会自动把打印任务传送给目标空闲打印机去处理。

一般来说，在将多台物理打印机连接到打印服务器中时，应该把打印内存最大、打印速度最快的打印机，连接到打印服务器的第一打印端口位置。按照打印内存由大到小、打印速度由快到慢的顺序，依次将各个物理打印机连接到打印服务器中的各个端口中，来确保打印任务在没有被送到打印慢的物理打印机之前，就被发送到最快的物理打印机中进行快速打印，提高打印效率。

【任务 8-7】 安装打印机池。

1）在"控制面板"里双击"打印机"图标，进入到打印机列表窗口，用鼠标右键单击其中的某一台打印机图标，在弹出的快捷菜单中单击"属性"命令，打开对应打印机的属性设置窗口，如图 8-21 所示。

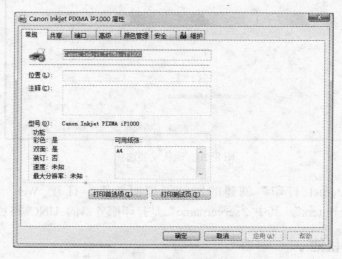

图 8-21　打印机属性窗口

2）单击该设置窗口中的"端口"选项卡，选中其中的"启用打印机池"复选框，然后在"打印到下列端口"列表框中，选中当前打印机所使用的具体端口，同时将其他需要加入到打印机池的打印机所用的端口一并选中，如图8-22所示，单击"应用"按钮。

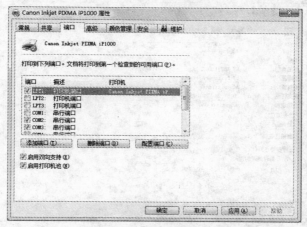

图 8-22　启用打印机池

3）按照相同的操作方法，再逐一打开其他打印机的属性设置界面，并在对应界面的"端口"选项卡中，也将"启用打印机池"复选项选中，同时将打印服务器所用的打印端口依次选中。

4）在打印机列表窗口中，用鼠标右键单击打印机，在弹出的快捷菜单中选择"共享"命令，在共享设置界面中选中"共享这台打印机"选项，同时在"共享名"文本框中输入打印机池的名称，如图8-23所示，单击"确定"按钮，完成打印机池的安装。

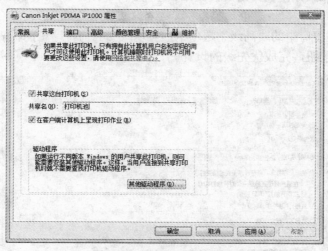

图 8-23　配置打印机池名称

8.3.6　设置打印优先级

如果需要改变打印优先级或调度打印作业，用鼠标右键单击该作业，在弹出的快捷菜单中选择"属性"命令，在属性对话框中选择"常规"选项卡，使用优先滑块，可调整文档的优先级次序，1为最低优先权，99为最高优先权，如图8-24所示。

图8-24　设置打印作业优先级

使用网络打印机时，如果需要对不同权限的打印用户授予不同级别的打印顺序，或者想授予小尺寸打印文档比大尺寸打印文档具有更高的打印优先级时，那么可以在打印服务器中安装多台网络打印机时，分别为每一台物理打印机分配不同的打印优先级。

【任务8-8】　设置网络打印机的打印优先级。

1）在"控制面板"里双击"打印机"图标，进入到打印机列表窗口，用鼠标右键单击其中的某一台打印机图标，在弹出的快捷菜单中选择"属性"命令，打开对应打印机的属性设置窗口。

2）单击该设置窗口中的"高级"选项卡，可以改变当前打印机的优先级，如图8-25所示，单击"确定"按钮，完成优先级的设置。

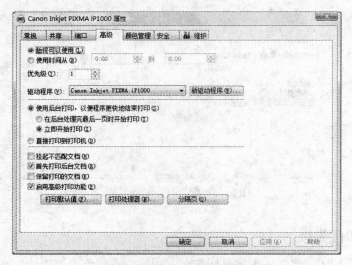

图8-25　设置打印机优先级

8.3.7　常见打印故障诊断

1．自检过程中总是出现"I/O CARD NOT READY"错误提示

这类故障一般是打印服务器本身损坏所致，也有可能是打印服务器所选择的网络接口类型与当前使用网络不一致，当然还有可能是打印机本身接口损坏等。这种故障的解决方法是找一个现正常使用的打印服务器（要接口类型与当前网络一致）插入试一下自检即可知道是打印机本身问题，还是打印服务器问题；对于接口类型是否一致可以查看一下说明书或服务器本身标注即可查明。

2．在服务器中不能安装网络打印机

要解决这一故障的关键是要查清楚为该打印机设置的 IP 地址和端口，然后在添加端口时对应加上这一端口即可，如果加到其他端口上系统就找不到所添加的打印设备了。

3．工作站中不能安装网络打印机

打印机虽然在服务器上成功安装了，但在工作站中安装时却找不到该打印机，一般是因为在服务器安装时没有正确输入共享名，或者是工作站没有正确找到这一共享名的打印机。

4．打印机比平时打印更慢，或者看到有关"后台打印程序"问题的错误消息

后台打印程序是一种在打印机准备打印作业之前，将其临时存储到计算机硬盘或内存中的软件。如果打印文档已经等待很长时间，或者看到有关后台打印程序、后台打印程序子系统或后台打印程序资源的错误消息，可能需要重新启动计算机，或者手动重启后台打印程序服务。

5．打印机无法正常打印

检查打印机驱动程序是否合适以及打印配置是否正确，在打印机"属性"窗口中详细资料选项中检查以下内容：在"打印到下列端口"选择框中，检查打印机端口设置是否正确，最常用的端口为"LPT1（打印机端口）"，但是有些打印机却要求使用其他端口；如果不能打印大型文件，则应重点检查"超时设置"栏目的各项"超时设置"值，此选项仅对直接与计算机相连的打印机有效，使用网络打印机则无效。

6．无法删除网络打印端口

在重新配置网络打印服务时操作系统提示无法删除网络打印端口，这种情况一般是由于工作站上有打印作业正在通过此网络端口进行打印，或有其他打印设备的驱动程序正在使用该端口。可以通过停止此网络端口的所有打印工作，或删除使用该端口的打印驱动程序来解决。

8.4　连接网络打印机

8.4.1　使用"添加打印机"向导

前面已经介绍过使用"添加打印机"向导安装本地打印机的方法，同样可以使用这种方式连接网络打印机。在"控制面板"里双击"打印机"图标，在菜单里单击"添加打印机"，打开"添加打印机"向导，如图 8-26 所示，选择"添加网络、无线或 Bluetooth 打印机（W）"，单击"下一步"按钮，然后按照向导完成添加。

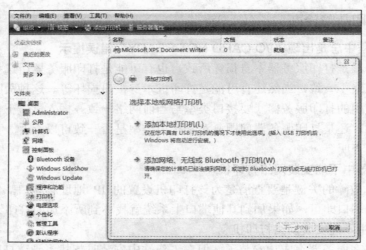

图 8-26 "添加打印机"向导

8.4.2 使用 Web 浏览器

通过 Internet 打印功能，可用 Web 浏览器连接、管理网络打印机。Windows Server 2008 使用 Web 浏览器管理网络打印机的操作可参考第 8.3.4 节。

打印是通过 Internet 打印协议实现的，此协议封装在超文本传送协议中。用户可以通过在地址栏中输入远程打印机的统一资源定位器（URL）来连接到此打印机并进行打印，就像这台打印机连接在自己的计算机上一样。从特定打印机的 Web 页上，可以查看有关该打印机的信息，如打印机型号、位置、等待打印的文档份数、以及属性（如打印速度、打印机是否支持彩色打印等）。可以暂停、恢复和取消发送给打印机的任何文档的打印操作。如果拥有对该打印机的"管理打印机"权限，还可以暂停或恢复打印机操作。

打开 Web 浏览器并浏览至"http://servername/printers"，其中"servername"是打印服务器的 UNC（Universal Naming Convention，通用命名约定） 路径。通过 Web 浏览器可查看列出打印服务器上所有打印机的 Web 页，如图 8-27 所示。

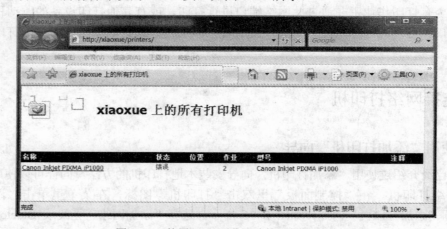

图 8-27 使用 Web 浏览器连接网络打印机

还可单击查看一个希望连接的打印机页面，查看有关该打印机的信息，如图 8-28 所示。

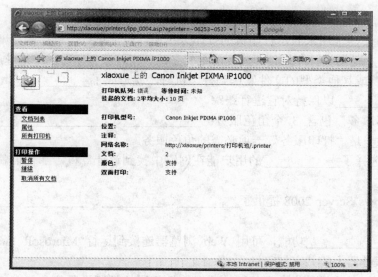

图 8-28　使用 Web 浏览器查看网络打印机信息

8.4.3　下载打印机驱动程序

如果安装打印机时遇到问题、或已添加打印机但无法使用，可能需要安装或更新打印机驱动程序，以便与所运行的 Windows 版本兼容。某些与 Windows 一起提供的驱动程序软件可以通过 Windows 更新，或通过硬件安装过程将其保存到计算机获得。在其他情况下，需要使用打印机厂商提供的光盘安装驱动程序。如果需要的驱动程序未存储在计算机上或者没有光盘，可搜索打印机厂商的网站，查看是否可以从此处下载并安装驱动程序。

若要从打印机厂商的网站下载兼容的驱动程序，首先应查看所运行的 Windows 的版本，然后搜索兼容的驱动程序。在"控制面板"中打开"系统"窗口后，查看"Windows 版本"以查明所运行的操作系统的版本。进入打印机厂商的网站后，搜索与 Windows 版本兼容的打印机驱动程序软件，然后按照网站上的说明下载并安装驱动程序。

8.5　实训

1. 在 Windows Server 2008 中安装本地打印机并共享。
2. 在 Windows Server 2008 中安装"打印管理"单元，并添加新的打印机服务器。
3. 安装网络打印机，并通过 Web 浏览器进行访问。
4. 安装打印机池，并为打印机池里的打印机设置不同的优先级。
5. 通过 Windows Server 2008 为已安装的打印机更新驱动程序，若无法更新，则手动下载驱动程序，完成更新。

8.6 习题

1. 填空题

（1）_____用来表示打印机的打印分辨率，是衡量打印机打印精度的主要参数之一。_____是衡量打印机打印速度的重要参数，指连续打印时的平均速度。

（2）当文档或其他类型的文件发送到打印机时，就形成了_____，使用 Windows 可以查看_____以保持对它进行跟踪。

（3）"打印服务"包含 3 个角色服务：_____、_____、_____。其中，_____是"打印服务"一项必需的角色服务。

（4）如果选择了_____的用户能在网络中找到该计算机，那他们就可以使用该打印机进行打印。

（5）Windows Server 2008 提供了_____、_____、_____、_____ 4 种类型的打印机权限。

（6）通过_____功能，可用 Web 浏览器连接到运行 Microsoft Internet 信息服务（IIS）的打印服务器上的共享打印机。

（7）_____就是将多个相同的或者特性相同的打印设备集合起来，只建立一个打印机映射到这些打印设备上。一般来说，应该把打印内存更大、打印速度更快的打印机，连接到打印服务器的_____位置。

（8）使用网络打印机时，如果需要对不同权限的打印用户授予不同级别的打印顺序，那么可以为每一台物理打印机分配不同的_____。

2. 简答题

（1）Windows Server 2008 的"打印服务"角色包含哪几个角色服务？各有什么作用？

（2）Windows Server 2008 里如何管理打印作业？

（3）针对一个大型企业的办公情况，应该如何配置打印服务最合理？

第9章 Windows 系统注册表管理

本章要点：
- Windows 注册表基本概念
- Windows 注册表操作与管理
- Windows 注册表常用设置与使用

注册表是 Windows 的一个组成部分，它保存了 Windows 中的各种配置参数。Windows 的各个功能模块和安装的应用程序，在启动时都要读取注册表中的信息，并根据这些参数来设置自己的运行环境。本章提供了数十个典型的利用注册表解决问题的实例，大家可以通过这些例子达到先用后学而后再精通的目的，从而尽快掌握常用注册表修改技巧。

9.1 注册表基础

对于绝大部分计算机用户来说，最大限度的优化以及个性化自己的电脑不仅可以让自己的计算机一直处于最佳工作状态而且也使自己的工作效率有很大提高。众所周知，计算机是通过用户所安装的操作系统来控制的，所以，计算机的优化以及个性化一定要通过操作系统来实现，其中，最直接的方法就是修改操作系统的注册表。

9.1.1 注册表概述

在早期的 Windows 3.x 系统中，系统的配置信息保存在.ini 文件中，例如 system.ini 和 win.ini。系统在启动和初始化的过程中，根据这些文件中的配置信息，设置系统的环境。每一个设备和应用程序都可以有自己的.ini 文件，随着配置的计算机硬件和安装的应用程序的增多，造成了 Windows 3.x 系统中的.ini 文件过多，这就为管理这些文件增加了难度。另外，由于这些文件都采用了局域化存储方式，要通过网络实现远程访问几乎是不可能的。

为了克服上述问题，微软公司从 Windows NT 3.51 开始，采用了注册表的管理方式。所谓"注册表"，实际上就是一个数据库，它存储了应用程序和计算机系统的全部配置信息。用户可以通过注册表调整软件运行性能、检测和恢复系统、定制桌面等。Windows 操作系统与注册表的管理如图 9-1 所示。

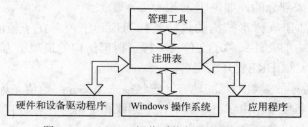

图 9-1　Windows 操作系统与注册表的关系

图中各部分详细说明如下。

1）硬件和设备驱动程序：在安装硬件和设备驱动程序时，一般都要向注册表中添加新的配置信息，系统启动时，需要在注册表中查找这些硬件和设备的驱动程序，并将其载入系统。

2）Windows 操作系统：在系统启动过程中，Windows 从注册表中提取信息，然后依据这些信息来启动和设置系统。内核程序也将自己的版本信息传递给注册表。另外，Windows 在启动后，可以通过注册表对硬件和应用程序进行管理。

3）应用程序：在安装应用程序时，也需要向注册表添加新的配置信息。当用户启动应用程序时，注册表会提供与该应用程序相关的配置信息。系统就是根据这些配置信息，完成与应用程序的相关设置工作并运行程序。

4）管理工具： Windows Server 2008 操作系统提供了大量的其他接口程序，使得系统管理员可以修改系统配置。这些接口程序包括控制面板、用户管理器和安装程序等。反过来，用户也可以定制这些管理程序，以增加系统的安全性。

9.1.2 注册表结构

注册表是一个树形的数据结构，由项、子项和值项组成，每个值项具有一定的数据类型。和 Windows 系统一样，注册表中的数据也是保存在注册表文件中的。

1. 注册表的层次结构

与 Windows 系统的文件和文件夹的概念类似，注册表也采用层次结构来组织注册表中的数据。选择"开始"→"运行"菜单项，打开"运行"对话框，输入"regedit"命令，单击"确定"按钮，打开"注册表编辑器"窗口，即可看到注册表的层次结构，如图 9-2 所示。

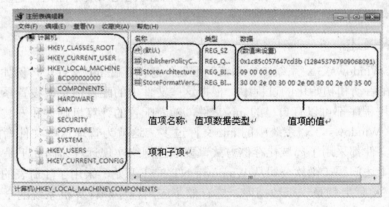

图 9-2　注册表层次结构

注册表项目各组成部分的详细说明如下。

1）项和子项：注册表树形结构的树枝就称为项和子项。在子项的下面还可以包含子项，就向资源管理器中的文件夹和子文件夹一样。树形结构的最顶层为注册表的根项，它是系统定义的配置单元，以 HKEY 开头命名。

2）值项：值项是存放参数信息的地方，它包括三个部分：数值名称、值项的数据类型和值项的值。值项的名称可以由字符、数字、下划线和空格等任意数目组成，但是不能包含反斜杠。每一个项至少包含一个"默认"值项。

3）值项的值：值项可以保存不同数据类型的值，其数据可以占用 64KB 的空间。值项的值可以为空，其长度为 0。另外，每一个值项都包含一个为空或者不为空的默认值，被称为"默认"（Default）。

2．注册表文件

注册表是一个数据库，其数据存放在二进制文件中，并且只能通过注册表编辑器来读写。在 Windows Server 2008 中，用户配置和默认用户配置数据存放在"%System Root%\SYSTEM 32\CONFIG"目录（"%SystemRoot%"为 Windows Server 2008 的安装目录）下，包含 DEFAULT、SAM、SECURITY、SOFTWARE 和 SYSTEM 5 个文件。

3．注册表的根项

Windows Server 2008 注册表是一个二进制的数据库，它由项、子项和值项组成。其中 5 个根项（预定义项），它们分类保存了系统的配置信息，注册表预定义项介绍如下。

1）HKEY_CLASSES_ROOT，此处存储的信息可以确保当使用 Windows 资源管理器打开文件时，将打开正确的程序。

2）HKEY_CURRENT_USER，包含当前登录用户的配置信息的根目录。用户文件夹、屏幕颜色和"控制面板"设置存储在此处。该信息被称为用户配置文件。

3）HKEY_LOCAL_MACHINE，包含针对该计算机（任何用户）的配置信息。

4）HKEY_USERS，包含计算机上所有用户的配置文件的根目录。

5）HKEY_CURRENT_CONFIG，包含本地计算机在系统启动时所用的硬件配置文件信息。

9.1.3 编辑注册表

由于注册表是以二进制方式存储的，它不像.ini 文件（文本文件）那样可以通过文本编辑器打开进行读写，因此，Windows 提供了"注册表编辑器"程序，用来对注册表进行编辑。

【任务 9-1】 在注册表中进行查找操作。

由于注册表的内容很多，因此查找也就成了使用注册表要经常进行的操作。下面以注册表查找某一对象的操作任务为例讲解查找操作步骤。

1）确定要查找的起点。如果要查找整个注册表，则在左侧窗格中选择"计算机"。

2）选择"编辑"→"查找"菜单项，或者直接按下〈Ctrl+F〉组合键。

3）此时，会打开"查找"对话框，如图 9-3 所示。在"查找目标"文本框中输入要查找的内容，在"查看"选项区中选择要查找的对象类型。单击"查找下一个"按钮开始查找，编辑器将自动滚动到查找到的内容上面。

图 9-3 "查找"对话框

4）如果要继续查找，可选择"编辑"→"查找下一个"菜单项，也可以直接按〈F3〉键。

因为注册表的内容非常多，全部查找一遍需要花费的时间很长。即使是知道某一个项的具体位置，一层一层找下去也是很麻烦的。如果要经常查看某个注册表项，可将其放到收藏夹中。找到某一项后，选择"收藏夹"→"添加到收藏夹"菜单项，在打开的对话框中输入一个名字，单击"确定"按钮即可将该项放到收藏夹中。在下次定位该项时，选中"收藏夹"菜单中的相应项即可。

【任务 9-2】 创建注册表项和值项。

创建注册表项的操作步骤如下。

1）在左侧窗格中选定要创建子项的项，然后选择"编辑"→"新建"→"项"菜单项。也可以直接在要创建子项的项上单击鼠标右键，然后在弹出的快捷菜单中选择"新建"→"项"命令。

2）此时，会在选定项的下面出现一个名为"新项 #1"的子项，如图 9-4 所示。如果要修改新建子项的名称，可直接输入新的名称，按〈Enter〉键即可创建该子项。

图 9-4　新建子项

创建一个值项的操作过程和创建项的操作过程基本相同，不同的是，需要在"新建"子菜单中选择要创建的值项的数据类型，如图 9-5 所示。创建的值项的默认名称为"新值 #1"、"新值 #2"等。用户只需要输入名称即可。

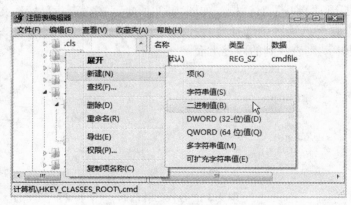

图 9-5　新建值项

【任务9-3】 修改注册表项和值项。

修改项就是修改项的名称，修改值项则包括修改名称和修改值项的值，值项的类型不能修改。如果确实要修改值项的类型，则应先删除该值项，然后创建一个新的值项，并在创建时选择所需的类型。

要修改项或值项的名称，首先要选择该项或者值项，然后选择"编辑"→"重命名"菜单项，或者在要修改的项或者值项上单击鼠标右键，然后在弹出的快捷菜单中选择"重命名"选项。此时，名称变为可编辑状态，输入新的项或者值项的名称，按〈Enter〉键即可。

要修改值项的值，可在选定值项后，选择"编辑"→"修改"菜单项，或者在值项上单击鼠标右键，在弹出的快捷菜单中选择"修改"命令。此时，注册表编辑器会根据值项的类型自动调用不同的编辑器对话框，用户可以在此对话框中修改值项的值。

【任务9-4】 删除注册表项和值项。

删除注册表项或者值项的操作步骤如下。

1）选定要删除的项或者值项，然后选择"编辑"→"删除"菜单项，或者直接按下<Delete>键。

2）此时会打开一个"确认项删除"或者"确认数值删除"对话框，单击"是"按钮即可删除选定的项或者值项。

【任务9-5】 导出和导入注册表项。

利用注册表的导入、导出功能，可以对注册表进行备份、修改等操作。导出的注册表文件可以为普通的文本文件，也可以是二进制文件。导出注册表的操作步骤如下。

1）打开"注册表编辑器"，选择要导出的注册表项，然后选择"文件"→"导出"菜单。

2）此时会打开"导出注册表文件"对话框，在"文件名"下拉列表框中输入要导出的注册表文件的名称。

3）打开"保存类型"下拉列表框，选择需要导出的注册表文件格式，如图9-6所示。

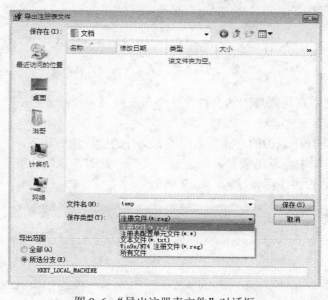

图9-6 "导出注册表文件"对话框

"保存类型"下拉列表框中各选项的含义如下。

● 注册文件：　Windows Server 2008 使用 REGEDIT5 格式，以 REG 为文件扩展名。

● 注册表配置单元文件：以二进制格式保存文件。

● 文本文件：以文本文件格式保存。

● Win9x/NT4 注册文件：Windows 9x/Me/NT 使用 REGEDIT4 格式的注册表文件，以 REG 为文件扩展名。

● 所有文件：在导出时，允许指定注册表文件的扩展名。

4）设置完成后，单击"保存"按钮即可。

注册表导入的方式有两种，在"注册表编辑器"中导入和在资源管理器中使用鼠标双击文件的方式导入。使用"注册表编辑器"导入注册表的操作步骤如下。

1）选择"文件"→"导入注册表文件"菜单项，打开"导入注册表文件"对话框，如图 9-7 所示。

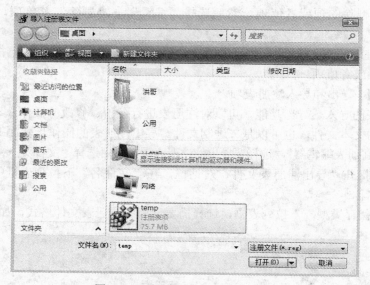

图 9-7　"导入注册表文件"对话框

2）在该对话框中查找要导入的文件，选中该文件，再单击"打开"按钮，即可将该注册表文件导入。

在资源管理器中使用双击的方式导入注册表文件的操作步骤如下。

1）在资源管理器中，双击要导入的注册表文件，此时，系统会弹出"注册表编辑器"对话框，提示用户是否将注册表导入，如图 9-8 所示。

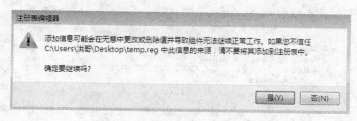

图 9-8　"注册表编辑器"对话框

2）单击"是"按钮即可将注册表文件导入，并弹出一个导入完成的提示对话框。

【任务9-6】 通过网络连接到注册表。

在注册表编辑器中，可以通过网络打开远程计算机上的注册表，其操作步骤如下。

1）在注册表编辑器中选择"文件"→"连接网络注册表"菜单项。

2）在打开的"选择计算机"对话框中输入计算机名称或者计算机的 IP 地址，如图 9-9所示。

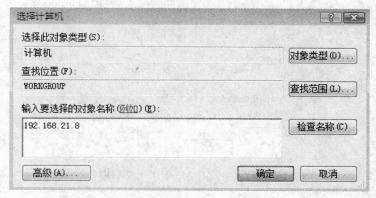

图9-9 "选择计算机"对话框

3）单击"确定"按钮，即可打开远程计算机上的注册表。

9.1.4 维护注册表

为了维护注册表的安全，需要对不同的用户指派不同的访问注册表的权限。例如，由于 Administrators 组中的成员对注册表拥有完全访问权限，因此应只将需要访问注册表的用户添加到 Administrators 组中。另外，也可以使用注册表编辑器为特定的注册表项和子项设置权限，或者对于不希望修改注册表的用户，干脆将注册表编辑器从他们的计算机上删除。

同时，在修改注册表时，可能会由于误操作而导致注册表破坏，导致 Windows 启动不正常，或者根本不能启动。因此，在对注册表进行任何操作以前，一定要对注册表进行备份。如果注册表出现问题，可以使用以前正确的备份进行还原。

1．注册表的安全性

对于注册表，Windows Server 2008 提供了两种权限，读取和完全控制。被赋予完全控制权限的用户可以打开、编辑和获得所选项所有的权限；只被赋予读取权限的用户可以读取注册表项的内容，但不能修改注册表。给注册表项制定权限的操作步骤如下。

1）打开注册表编辑器，选择要指派权限的注册表项。

2）选择"编辑"→"权限"菜单项，打开"HKEY_LOCAL_MACHINE 的权限"对话框（本例中指定 HKEY_LOCAL_MACHINE 项的权限），如图 9-10 所示。在此对话框中，可以设置用户组和用户对注册表项的权限。

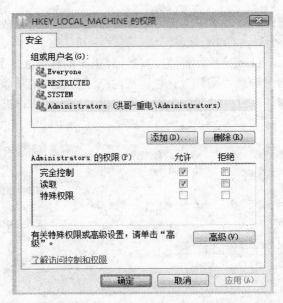

图 9-10 "HKEY_LOCAL_MACHINE 的权限"对话框

3）如果要指派给用户特殊的权限，可以单击"高级"按钮，打开"HKEY_LOCAL_MACHINE 的高级安全设置"对话框，如图 9-11 所示。

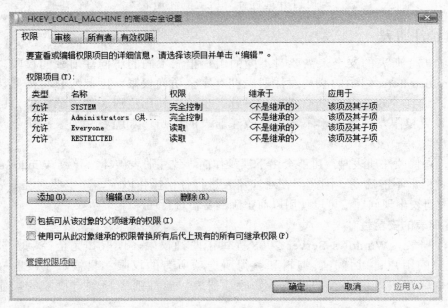

图 9-11 "HKEY_LOCAL_MACHINE 的高级安全设置"对话框

4）在"权限项目"列表框中选择用户组或者用户，然后单击"编辑"按钮，或者直接在所选择的用户组或者用户上双击鼠标左键，打开"HKEY_LOCAL_MACHINE 的权限项目"对话框，如图 9-12 所示。在此对话框的"权限"列表框中，可以指派特殊权限。

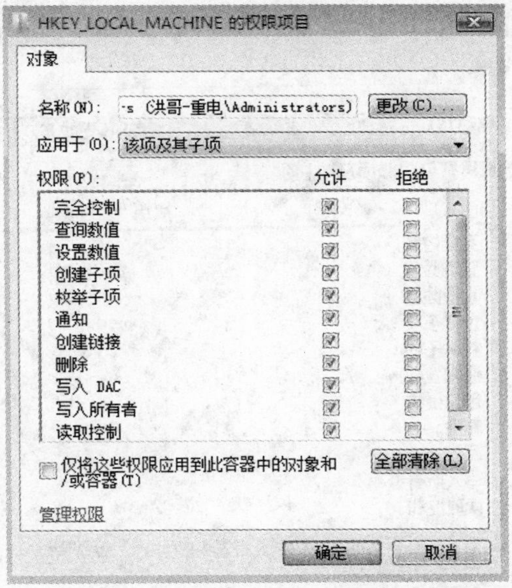

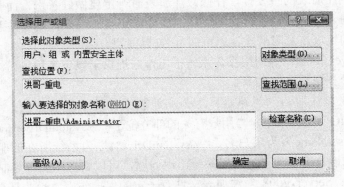

图 9-12　"HKEY_LOCAL_MACHINE 的权限项目"对话框

为了保证注册表的安全性，有时候需要对注册表项进行审核。通过审核，可以记录哪个用户曾经对注册表进行过编辑修改，以及在什么地方进行的操作等。这可以通过事件查看器的"安全日志"来查看审核成功和审核失败的事件。

审核注册表项活动的操作步骤如下。

1）打开注册表编辑器，选择要审核的注册表项。

2）选择"编辑"→"权限"菜单项，打开权限对话框。

3）单击"高级"按钮，然后在弹出的对话框中单击"审核"选项卡。

4）此时，"审核项目"列表框为空，需要添加用户或者用户组。单击"添加"按钮，打开"选择用户或组"对话框，如图 9-13 所示。

图 9-13　"选择用户或组"对话框

5）选择需要审核的用户或组，单击"确定"按钮，打开审核项目设置对话框，如图 9-14 所示。和设置权限类似，也可以在这里设置要审核的项目。

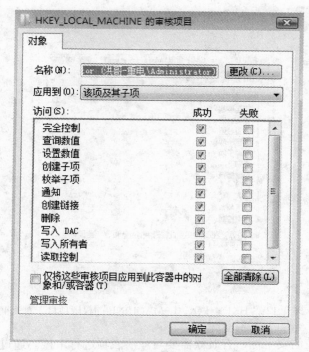

图 9-14　审核项目设置对话框

6）设置完成后，单击"确定"按钮，返回到高级安全设置对话框。此时，"审核项目"列表框中已经出现刚设置完成的审核项目。可以直接双击该项目或单击"编辑"按钮来更改审核项目的设置。

2．注册表的备份和还原

注册表在 Windows 系统中占有很重要的地位，它存放了大量的信息，对系统的顺利启动和正常运行起着关键的作用。但是，在有些情况下，注册表很容易被破坏，从而导致系统出现问题。考虑到注册表的重要性，在修改注册表时一定要做好备份，而且在没有把握的情况下不要改动注册表。对于特别重要的密码，要经常更换。另外，还要注意维护注册表，经常清除注册表中的垃圾，及时清除计算机病毒等破坏性程序。

Windows Server 2008 作为商用操作系统推出，它提供了以下多种备份注册表的方法。

（1）手工备份和恢复注册表

手工备份和恢复注册表的思路是：因为注册表文件的系统部分位于"%SystemRoot%\SYSTEM32\CONFIG"文件夹下，与用户有关的部分位于"%systemDrive%\users\UserName"文件夹，其中"UserName"为用户名，"%systemDrive%"为系统所在的驱动器。可以将这些文件复制到其他地方进行保存，如果系统出现问题，可以将这些文件复制出来。

由于 Windows Server 2008 对注册表文件有一定的保护作用，除非是系统本身访问它，一般不允许用户访问。如果用户要复制它们，则会出现"文件正在使用"的信息提示框，如图 9-15 所示。这时，可以将该硬盘移动到其他系统上，或者使用本地计算机上的其他系统来复制这些注册表文件。

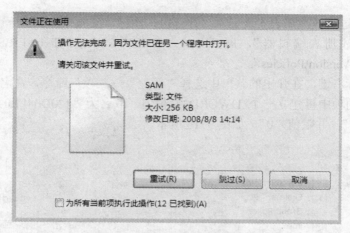

图 9-15 "文件正在使用"提示框

（2）使用最后一次正确配置

Windows Server 2008 在注册表中有 2～4 个系统硬件控制信息集合。在每次正常启动后，系统会将硬件的控制信息集合 HKEY_LOCAL_MACHINE\SYSTEM\Current Control Set 复制到"最好正确的配置"控制集合中，如果系统中进行了错误的硬件配置，导致系统不能启动，则在下次启动时，可以选择"最后一次正确的配置"，来使用上次正确启动后的硬件配置控制信息，来代替 HKEY_LOCAL_MACHINE\SYSTEM\Current ControlSet 中的硬件配置信息，从而使得系统能正确的启动。

使用"最后一次正确配置"的操作步骤如下。

1）在启动计算机时，按〈F8〉键。

2）在弹出的启动菜单中选择"最后一次正确配置（高级）"。

3）Windows Server 2008 会自动使用"最后一次正确的配置"硬件控制信息。

使用"最后一次正确的配置"是从问题（如新增的驱动程序与硬件不相符）中恢复系统的一种方法。但是它不能解决由于驱动程序或文件被损坏或丢失所导致的问题。当选择"最后一次正确的配置"时，Windows Server 2008 只还原注册表项 HKEY_LOCAL _MACHINE \SYSTEM\CurrentControlSet 中的信息，任何在其他注册表项中所做的更改均保持不变。

9.2　常见注册表使用实例

通过前面的学习，对注册表的基本知识已经有了比较全面的了解。下面通过实例来进一步学习和掌握修改注册表的知识和技巧。

9.2.1　系统设置类

【任务 9-7】　隐藏和显示桌面的系统图标。

Windows Server 2008 在默认情况下，桌面上仅仅显示"回收站"系统图标，很多用户习惯使用的"文档"、"网络"、"计算机"等图标必须通过菜单访问，这就显得比较麻烦。因此很多用户希望将这些图标显示出来，采用修改注册表的方法可以达到此目的。

例如，要通过修改注册表实现显示"计算机"图标，其操作步骤如下。

1）打开"注册表编辑器"，展开分支"HKEY_CURRENT_USER\Software\Microsoft\Windows\CurrentVersion\Policies"。

2）单击鼠标右键，在弹出的菜单中选择"新建"→"项"命令，命名为"onEnum"。

3）在新建的项中再建立一个 DWORD32 位值，取名为"{20D04FE0-3AEA-1096-A2D8-08002B30309D}"，并赋值"0"，如图 9-16 所示。

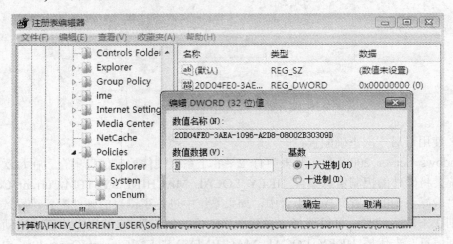

图 9-16　隐藏或显示桌面图标

【任务 9-8】　退出时不保存桌面设置。

有时候计算机的管理员不希望用户随意修改计算机的桌面设置，如外观、墙纸、图标等，通过以下注册表的修改，用户仍然可以对桌面做更改，但用户注销后这些更改都不会被保存。操作方法如下。

1）打开"注册表编辑器"，展开分支"HKEY_CURRENT_USER\Software\Microsoft\Windows \CurrentVersion\Policies"。

2）单击鼠标右键，在弹出的菜单中选择"新建"→"项"命令，命名为"Explorer"。

3）在新建的项中再建立一个 DWORD32 位值命名为"NoSaveSettings"，并赋值"1"。

【任务 9-9】　屏蔽"清理桌面向导"功能。

Windows Server 2008"清理桌面向导"会每隔 60 天自动在用户电脑上运行，以清理那些用户不经常使用或者从来不使用的桌面图标。有的用户可能会很讨厌这项功能，可以通过设定注册表来屏蔽这项功能，操作步骤如下。

1）打开"注册表编辑器"，展开分支"HKEY_CURRENT_USER\Software\Microsoft\Windows \CurrentVersion\Policies"。

2）单击鼠标右键，在弹出的菜单中选择"新建"→"项"命令，命名为"Explorer"。

3）在新建的项中再建立一个 DWORD32 位值命名为"NoDesktopCleanupWizard"，并赋值"1"。

【任务 9-10】　防止用户访问系统属性。

通常用户可以从"计算机"图标访问系统属性，这样用户便可修改系统的各种设置，如

"性能"、"视觉效果"、"外观"、"远程"等。管理员可能不希望用户做这些事情，此时可以通过修改注册表的方法来实现。

1）打开"注册表编辑器"，展开分支"HKEY_CURRENT_USER\Software\Microsoft\Windows\CurrentVersion\Policies"。

2）单击鼠标右键，在弹出的菜单中选择"新建"→"项"命令，命名为"Explorer"。

3）在新建的项中再建立一个 DWORD32 位值命名为"NoPropertiesMyComputer"，并赋值"1"。

【任务 9-11】 精减开始菜单。

如果觉得 Windows 的"开始"菜单太臃肿的话，可以将不需要的菜单项从"开始"菜单中删除。通常情况下，用户只能删除那些应用程序所产生的菜单项，而操作系统自身的菜单项是不能删除的。通过修改以下注册表可以实现将"帮助"菜单项从开始菜单中删除。

1）打开"注册表编辑器"，展开分支"HKEY_CURRENT_USER\Software\Microsoft\Windows\CurrentVersion\Policies"。

2）单击鼠标右键，在弹出的菜单中选择"新建"→"项"命令，命名为"Explorer"。

3）在新建的项中再建立一个 DWORD32 位值命名为"NoSmHelp"，并赋值"1"。

【任务 9-12】 去掉开始菜单中的"注销"和"关机"选项。

当计算机启动以后，如果管理员不希望这个用户再进行"关机"和"注销"操作，也可以修改注册表达到这个目的。

1）打开"注册表编辑器"，展开分支"HKEY_CURRENT_USER\Software\Microsoft\Windows\CurrentVersion\Policies"。

2）单击鼠标右键，在弹出的菜单中选择"新建"→"项"命令，命名为"Explorer"。

3）在新建的项中再建立一个 DWORD32 位值命名为"StartMenuLogOff"，并赋值"1"；再建立第二个 DWORD32 位值并命名为"NoClose"，并赋值"1"。

【任务 9-13】 禁止用户修改音量。

当一台计算机被摆放在展会、大厅或公共场所用作演示项目时，管理员往往已经预先将计算机的音量设定好。此时不希望用户随意调整，以免影响演示效果。在其他的一些应用场景中，也可能需要禁止用户对音量属性的访问，此时可以设定注册表如下。

1）打开"注册表编辑器"，展开分支"HKEY_CURRENT_USER\Software\Microsoft\Windows\CurrentVersion\Policies"。

2）单击鼠标右键，在弹出的菜单中选择"新建"→"项"命令，命名为"Explorer"。

3）在新建的项中再建立一个 DWORD32 位值命名为"HideSCAVolume"，并赋值"1"。

【任务 9-14】 禁用"Internet 选项"对话框中的"常规"选项卡。

IE 浏览器在使用过程中，管理员可以对"Internet 选项"进行设定，如安全级别、广告窗口预防、仿冒网站避免等。但是其他使用这台计算机的用户可能会去修改这些设置，通过修改注册表，便可以禁止其他用户使用这项功能。

1）打开"注册表编辑器"，展开分支"HKEY_CURRENT_USER\Software\Policies\Microsoft"。

2）单击鼠标右键，在弹出的菜单中选择"新建"→"项"命令，命名为"Internet Explorer"，在项"Internet Explorer"下再新建一个项并命名为"Control Panel"。

3）在"Control Panel"项中再建立一个 DWORD32 位值命名为"GeneralTab"，并赋值"1"。修改后的"Internet 选项"对话框如图 9-17 所示。

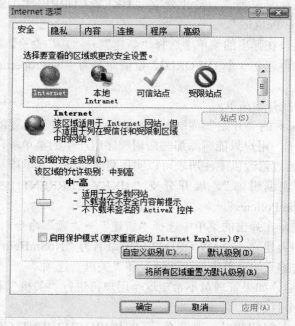

图 9-17　没有"常规"选项卡的"Internet 选项"对话框

【任务 9-15】　禁止修改 IE 浏览器的主页。

很多用户在日常使用 IE 浏览器浏览网页时，会遇到浏览器主页被修改的问题。有一部分是用户自身操作造成的，另一部分是某些网站网页代码导致的。IE 浏览器主页被改成一些其他网站后，每次打开 IE 浏览器都会自动访问该网站。如果不希望他人对自己设定的 IE 浏览器主页进行随意更改的话，可以通过修改注册表来实现。

1）打开"注册表编辑器"，展开分支"HKEY_CURRENT_USER\Software\Policies\Microsoft\Internet Explorer"。

2）单击鼠标右键，在弹出的菜单中选择"新建"→"项"命令，命名为"Main"。

3）在新建的项中再建立一个 DWORD32 位值命名为"Start Page"，并赋值"希望锁定你的域名"。

【任务 9-16】　设置并锁定 Windows Media Player 外观。

Windows Media Player 是目前最流行的多媒体播放器之一，在 Windows Server 2008 中的 Media Player 更是用户经常使用的媒体播放软件。Media Player 具备更换外观和界面的功能，如果不希望其他用户随意更改其界面外观，可以对注册表进行设定。

1）打开"注册表编辑器"，展开分支"HKEY_CURRENT_USER\Software\Policies\Microsoft"。

2）单击鼠标右键，在弹出的菜单中选择"新建"→"项"命令，命名为"Windows MediaPlayer"。

3）在新建的项中建立一个 DWORD32 位值并命名为"SetAndLockSkin"，然后赋值

"1"；同时建立一个字符串值并命名为"DefaultSkin"，保留值为空。

【任务 9-17】 优化配置网络缓冲。

当用户使用 Windows Media Player 播放在线流媒体时，播放器在播放前会对流式媒体进行缓冲处理，以便可以流畅地进行播放。在实际应用中，根据网络带宽和服务器的连接速度，缓冲的时间长短并不一样，但 Windows Media Player 却是统一设置，这无疑与实际网络情况不匹配。因此，需要对注册表进行相关设置可以解决此问题。

1）打开"注册表编辑器"，展开分支"HKEY_CURRENT_USER\Software\Policies\Microsoft"。

2）单击鼠标右键，在弹出的菜单中选择"新建"→"项"命令，命名为"WindowsMediaPlayer"。

3）在新建的项中建立一个 DWORD32 位值命名为"NetworkBufferingPolicy"，并赋值"1"；再建立第二个 DWORD32 位值，命名为"BufferingType"，赋值为"2"；最后建立一个 DWORD32 位值，命名为"NetworkBuffering"，赋值为"a"。

【任务 9-18】 禁止用户删除上网记录。

用户通过 IE 浏览器浏览互联网的内容后，这些浏览记录甚至缓存文件均会被暂时保存到 Internet 临时文件中。通过 IE 浏览器上的"历史记录"命令，可以随时看到近期用户浏览了哪些网站。但是使用计算机的用户出于某些目的，可能会通过 IE 选项清除这些历史记录，从而阻碍了管理员对用户行为的可知性。修改注册表禁止用户删除上网记录的方法如下。

1）打开"注册表编辑器"，展开分支"HKEY_CURRENT_USER\Software\Policies\Microsoft"。

2）单击鼠标右键，在弹出的菜单中选择"新建"→"项"命令，命名为"Internet Explorer"，在项"Internet Explorer"下再新建一个项并命名为"PhishingFilter"。

3）在新建项"PhishingFilter"中建立一个 DWORD32 位值，命名为"History"，并赋值"1"；再新建第二个 DWORD32 位值，命名为"Settings"，赋值"1"。

【任务 9-19】 限制 Windows 的界面语言。

对 Windows Server 2008 熟悉一些的用户都知道，通过控制面板可以更改操作系统界面所使用的语言。默认的中文版 Windows 至少可以在简体中文和英文之间切换。如果用户安装更多的语音包，则可以切换到更多的语言文字版本上。如果管理员需要锁定 Windows Vista/Server 2008 的语言设定，可以通过修改注册表来达到目的。

1）打开"注册表编辑器"，展开分支"HKEY_CURRENT_USER\Software\Policies\Microsoft"。

2）单击鼠标右键，在弹出的菜单中选择"新建"→"项"命令，命名为"Control Panel"。

3）在该项下建立一个子项，命名为"International"，并在其中建立一个 DWORD32 位值，命名为"HideAdminOptions"，赋值"1"。

【任务 9-20】 防止用户打开和关闭 Windows 功能。

Windows Server 2008 被管理员安装好之后，系统中的各种功能组件应当都是固定的，不希望用户进行更改。譬如管理员关闭了游戏功能，以免用户在上班时间运行 Windows 中的小游戏。可以通过修改注册表防止用户通过控制面板将它们重新打开。

1）打开"注册表编辑器"，展开分支"HKEY_CURRENT_USER\Software\Microsoft\

Windows\CurrentVersion\Policies"。

2）单击鼠标右键，在弹出的菜单中选择"新建"→"项"命令，命名为"Programs"。

3）在新建项中建立一个 DWORD32 位值，命名为"NoWindowsFeatures"，并赋值"1"。

9.2.2　系统安全设置类

适当的修改注册表还能提高操作系统的安全性。

【任务 9-21】　强行开启仿冒网站筛选。

近年来，"网络钓鱼"犯罪日益猖獗，仿冒网站层出不穷。犯罪分子瞄准用户的互联网游戏账号、银行账号和密码实施钓鱼。为了提高安全性，可以通过注册表的修改来防止仿冒网站。

1）打开"注册表编辑器"，展开分支"HKEY_CURRENT_USER\Software\Policies\Microsoft"。

2）单击鼠标右键，在弹出的菜单中选择"新建"→"项"命令，命名为"Internet Explorer"，在项"Internet Explorer"下再新建一个项并命名为"PhishingFilter"。

3）在新建项中再建立一个 DWORD32 位值，命名为"Enabled"，并赋值"2"。

【任务 9-22】　阻止用户访问"控制面板"。

限制用户通过"控制面板"操控计算机的最好方法，是直接将"控制面板"完全禁用，虽然有点不近人情，但却是最有效的方法。

1）打开"注册表编辑器"，展开分支"HKEY_CURRENT_USER\Software\Microsoft\Windows\CurrentVersion\Policies"。

2）单击鼠标右键，在弹出的菜单中选择"新建"→"项"命令，命名为"Explorer"。

3）在新建项中再建立一个 DWORD32 位值，命名为"NoControlPanel"，并赋值"1"。

【任务 9-23】　防止用户删除软件。

在处于工作环境的公用计算机中，各种应用软件应该是为满足工作需要而安装的。某些不知情的用户可能会将它们删除，为了避免这种现象出现，管理员应该采取措施阻止用户的这种行为。

1）打开"注册表编辑器"，展开分支"HKEY_CURRENT_USER\Software\Microsoft\Windows\CurrentVersion\Policies"。

2）单击鼠标右键，在弹出的菜单中选择"新建"→"项"命令，命名为"Programs"。

3）在新建项中建立一个 DWORD32 位值，命名为"NoProgramsAndFeatures"并赋值"1"。

【任务 9-24】　强制使用屏保密码保护计算机。

很多用户缺乏保密和安全意识，在离开时并不会随手锁定计算机。这给那些图谋不轨的人带来了可乘之机。通过设置屏幕保护程序的密码可以有效的解决该问题。按下面步骤设置注册表，可以强制实现屏幕保护。

1）打开"注册表编辑器"，展开分支"HKEY_CURRENT_USER\Software\Policies\Microsoft\Windows"。

2）单击鼠标右键，在弹出的菜单中选择"新建"→"项"命令，命名为"Control Panel"。

3）在该项下再建立一个子项，命名为"Desktop"，并在其中建立一个字符串值"ScreenSaverIsSecure"，赋值为"1"。

【任务 9-25】 隐藏指定的驱动器。

用户在打开"计算机"图标之后，可以看到计算机中的各个驱动器，如"C："、"D："、"E："等，它们有的是硬盘分区，有的可能是光盘驱动器或者移动存储器。在实际工作中，管理员可能并不希望用户访问这些驱动器中的某一个或者几个。如"C:"盘通常作为系统分区，希望用户不要访问，以免错误的操作损坏系统中的关键文件，此时可以设置注册表将"C:"盘隐藏起来。

1）打开"注册表编辑器"，展开分支"HKEY_CURRENT_USER\Software\Microsoft\Windows\CurrentVersion\Policies"。

2）单击鼠标右键，在弹出的菜单中选择"新建"→"项"命令，命名为"Explorer"。

3）在新建项中建立一个 DWORD32 位值，命名为"DisableThumbnails"，并赋值为"1"。

【任务 9-26】 禁止用户访问驱动器和文件。

在一些特殊的计算机上，管理员也许希望这台计算机只能运行各种软件和应用，但是不能让用户访问硬盘上的任何文件。如果通过 NTFS 文件系统精细权限限制可能会影响应用程序的使用，而且配置也非常麻烦。修改注册表的方式就显得比较简单了。

1）打开"注册表编辑器"，展开分支"HKEY_CURRENT_USER\Software\Microsoft\Windows\CurrentVersion\Policies"。

2）单击鼠标右键，在弹出的菜单中选择"新建"→"项"命令，命名为"Explorer"。

3）在新建项中再建立一个 DWORD32 位值，命名为"NoViewOnDrive"，并赋值"4"。

【任务 9-27】 防止用户查看隐藏文件。

某些不想被其他用户看到的文件，最好的保护办法是将它们隐藏起来。但是稍有 Windows 使用经验的用户都知道，只需要在资源管理器菜单上打开"文件夹选项"，然后选中"显示隐藏的文件和文件夹"选项，即可将隐藏文件显示出来的。因此简单的隐藏文件并不能很好的保护这些信息，通过设置注册表的方法可以实现文件的隐藏。

1）打开"注册表编辑器"，展开分支"HKEY_CURRENT_USER\Software\Microsoft\Windows\CurrentVersion\Policies"。

2）单击鼠标右键，在弹出的菜单中选择"新建"→"项"命令，命名为"Explorer"。

3）在新建项中建立一个 DWORD32 位值，命名为"NoFolderOptions"，并赋值"1"。

【任务 9-28】 禁止用户修改 NTFS 权限。

对某个文件夹拥有所有权限的用户，可以自行修改该文件夹的 NTFS 访问控制列表，阻止其他用户的访问。这种修改不能阻止系统管理员用户，同时也会带来很多工作上的麻烦。修改 NTFS 访问控制列表通常是通过资源管理器属性对话框中的"安全"标签来实现的，只要通过注册表将"安全"选项卡隐藏起来，便可实现防止用户随意修改 NTFS 权限的目的。

1）打开"注册表编辑器"，展开分支"HKEY_CURRENT_USER\Software\Microsoft\Windows\CurrentVersion\Policies"。

2）单击鼠标右键，在弹出的菜单中选择"新建"→"项"命令，命名为"Explorer"。

3）在新建项中建立一个 DWORD32 位值，命名为"NoSecurityTab"，并赋值"1"。

【任务 9-29】 阻止使用命令提示符。

在 Windows Server 2008 中，命令提示符拥有非常强大的功能。许多通过图形界面能做的事情用命令提示符都能完成，同时即便是很多图形界面无法完成的操作，命令提示符也能完成。因此很多时候管理员对图形界面进行了限制与管理，却出现用户利用命令提示符绕过管理的情况。所以在需要的情况下有必要阻止用户使用命令提示符。

1）打开"注册表编辑器"，展开分支"HKEY_CURRENT_USER\Software\Policies\Microsoft\Windows"。

2）单击鼠标右键，在弹出的菜单中选择"新建"→"项"命令，命名为"System"。

3）在该项下再建立一个子项，命名为"Desktop"，并在其中建立一个字符串值"DisableCMD"，赋值为"1"。

【任务9-30】 保护注册表不被修改。

注册表是 Windows Server 2008 的核心状态数据库，保存着 Windows 和各种应用程序的设定和配置信息。如果没有经验的用户胡乱的修改注册表的内容，有可能导致某些应用功能出现问题，更严重的是可能导致系统出现故障。所以在有多个用户公用的计算机上，有必要将注册表编辑器禁用，从而避免用户修改注册表。

1）打开"注册表编辑器"，展开分支"HKEY_CURRENT_USER\Software\Microsoft\Windows\CurrentVersion\Policies"。

2）单击鼠标右键，在弹出的菜单中选择"新建"→"项"命令，命名为"System"。

3）在新建项中建立一个 DWORD32 位值，命名为"DisableRegistryTools"，并赋值"2"。

【任务9-31】 阻止应用程序的运行。

计算机在日常使用的过程中，总是会启动各种各样的应用程序。有些可能是与工作相关的，而有些可能是无关的，甚至存在安全威胁的。此时管理员可以通过修改注册表禁止某些应用程序的使用，从而达到限制用户行为的目的。

1）打开"注册表编辑器"，展开分支"HKEY_CURRENT_USER\Software\Microsoft\Windows\CurrentVersion\Policies"。

2）单击鼠标右键，在弹出的菜单中选择"新建"→"项"命令，命名为"System"。

3）在新建项中建立一个 DWORD32 位值，命名为"DisallowRun"，并赋值"1"。

4）接下来再建立一个下级注册表项，命名为"DisallowRun"，并在该项中建立几个字符串值，按照数字命名如"1"、"2"、"3"。分别赋值为需要阻止的可执行文件名称，如"QQ.EXE"。

【任务9-32】 阻止用户修改 TCP/IP 设置。

Windows Server 2008 计算机的网络属性被设定好之后，便可以成功的接入网络。如果用户随意的修改这些设置，则可能导致网络连接的失败，或者与其他用户的地址产生冲突。所以避免普通用户修改系统的 IP 地址与其他 TCP/IP 设置是非常重要的管理手段。

1）打开"注册表编辑器"，展开分支"HKEY_CURRENT_USER\Software\Policies\Microsoft\Windows"。

2）单击鼠标右键，在弹出的菜单中选择"新建"→"项"命令，命名为"Network Connections"。

3）在新建项中建立一个 DWORD32 位值，命名为"LanProperities"，并赋值"0"。

【任务9-33】 阻止用户用 U 盘带走信息。

用户可以很容易利用便携的 U 盘、移动硬盘、各种数码存储卡等移动设备，通过 USB 接口插入计算机中，将数据从计算机中带走。这可能造成严重的安全问题和商业机密的丢失。可以通过设置注册表，禁用 USB 设备达到这一目的。

1）打开"注册表编辑器"，展开分支"HKEY_CURRENT_USER\Software\Policies\Microsoft\Windows"。 ◆

2）单击鼠标右键，在弹出的菜单中选择"新建"→"项"命令，命名为"Removable StorageDevices"。

3）接下来在建立一个下级注册表项，命名为"{53f5630d-b6bf-11d0-94f2-00a0c91efb8b}"。

4）在新建项中建立一个 DWORD32 位值，命名为"Deny_Write"，并赋值"1"。

这样的设置，还可以禁止 CD-RW、磁带机、软盘驱动器等设备的读写功能，非常方便。

【任务 9-34】 禁止使用打印机。

在企业的某些计算机上可能存放有部分敏感信息，由于工作需要这些敏感信息只能供用户查看，而不能让用户带走。因此除了防止用户通过 USB 移动存储器和网络传输带走数据以外，还要防止用户通过网络打印机将信息打印出来带走。

1）打开"注册表编辑器"，展开分支"HKEY_CURRENT_USER\Software\Microsoft\Windows\CurrentVersion\Policies"。

2）单击鼠标右键，在弹出的菜单中选择"新建"→"项"命令，命名为"Explorer"。

3）在新建项中建立一个 DWORD32 位值，命名为"NoAddPrinter"，并赋值"1"。

9.2.3　注册表优化

适当地修改注册表，对注册表进行有效地优化可以充分利用现有硬件，加快计算机的运行速度，从而有效的提高工作效率，下面几例供大家学习参考。

【任务 9-35】 加快程序运行速度。

单击"开始"菜单，选择"所有程序"→"附件"→"记事本"，在记事本中输入如下内容：

```
Windows Registry Editor Version 5.00
[HKEY_LOCAL_MACHINE\SYSTEM\CurrentControlSet\Control\FileSystem]
"ConfigFileAllocSize"=dword:000001f4
```

然后单击"文件"→"另存为…"命令，打开"另存为"对话框，如图 9-18 所示。在文件名中输入"提高程序的运行速度.reg"，在保存类型中选择"所有文件"，再单击"保存"按钮，便可建立好一个注册表文件。然后在注册表编辑器中"导入"此注册表文件，即可完成此优化。

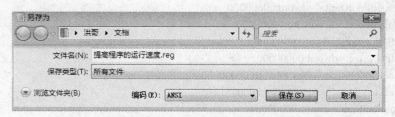

图 9-18　"另存为"对话框

【任务 9-36】 加快开关机速度，自动关闭停止响应。

按照上述相同的办法建立如下内容的注册表文件，然后再导入到注册表中即可完成加快开关机速度，自动关闭停止响应的优化。

```
Windows Registry Editor Version 5.00
[HKEY_USERS\.DEFAULT\Control Panel\Desktop]
"AutoEndTasks"="1"
"HungAppTimeout"="200"
"WaitToKillAppTimeout"="1000"
```

【任务 9-37】 加快开机速度。

建立如下内容的注册表文件，然后再导入到注册表中即可完成加快开机速度的优化。

```
Windows Registry Editor Version 5.00
 [HKEY_LOCAL_MACHINE\SYSTEM\ControlSet001\Control]
"WaitToKillServiceTimeout"="1000"
```

【任务 9-38】 清除内存中不被使用的 DLL 文件。

建立如下内容的注册表文件，然后再导入到注册表中即可完成清除内存中不被使用的 DLL 文件的优化，这样可以提高内存的使用效率。

```
Windows Registry Editor Version 5.00
[HKEY_LOCAL_MACHINE\SOFTWARE\Microsoft\Windows\CurrentVersion\explorer\AlwaysUnloadDLL]
@="1"
```

【任务 9-39】 开启 CPU（512kB）二级缓存，加速系统核心处理进程。

二级缓存是 CPU 性能表现的关键之一，在 CPU 核心不变化的情况下，增加二级缓存容量能使性能大幅度提高。而同一核心的 CPU 高低端之分往往也是在二级缓存上有差异，由此可见二级缓存对于 CPU 的重要性。

要开启 CPU（512kB）二级缓存，加速系统核心处理进程，只需要建立如下内容的注册表文件，然后再导入到注册表中即可。

```
Windows Registry Editor Version 5.00
 [HKEY_LOCAL_MACHINE\SYSTEM\CurrentControlSet\Control\Session Manager\Memory Management]
"WriteWatch"=dword:00000001
"ClearPageFileAtShutdown"=dword:00000000
"DisablePagingExecutive"=dword:00000000
"LargeSystemCache"=dword:00000000
"NonPagedPoolQuota"=dword:00000000
"NonPagedPoolSize"=dword:00000000
"PagedPoolQuota"=dword:00000000
"PagedPoolSize"=dword:00000000
"PhysicalAddressExtension"=dword:00000000
"SecondLevelDataCache"=dword:00000512
"SessionPoolSize"=dword:00000004
"SessionViewSize"=dword:00000030
"SystemPages"=dword:00183000
"PagingFiles"=hex(7):3f,00,3a,00,5c,00,70,00,61,00,67,00,65,00,66,00,69,00,6c,\
```

00,65,00,2e,00,73,00,79,00,73,00,00,00,00,00
        "ExistingPageFiles"=hex(7):5c,00,3f,00,3f,00,5c,00,44,00,3a,00,5c,00,70,00,61,\
        00,67,00,65,00,66,00,69,00,6c,00,65,00,2e,00,73,00,79,00,73,00,00,00,00,00,00
        [HKEY_LOCAL_MACHINE\SYSTEM\CurrentControlSet\Control\Session Manager\Memory Management\
PrefetchParameters]
        "BootId"=dword:00000024
        "BaseTime"=dword:0a858dac
        "VideoInitTime"=dword:0000001f
        "EnableSuperfetch"=dword:00000003
        "EnablePrefetcher"=dword:00000003
        "EnableBootTrace"=dword:00000000

9.3 实训

练习使用 Windows 注册表，实训内容如下。

1．隐藏和显示桌面的系统图标。

2．去掉开始菜单中的"注销"和"关机"选项。

3．禁用"Internet 选项"对话框中的"常规"选项卡。

4．防止用户访问系统属性。

5．禁止用户修改 NTFS 权限。

6．强制使用屏保密码保护计算机。

7．阻止用户修改 TCP/IP 设置。

8．开启 CPU（512kB）二级缓存，加速系统核心处理进程。

9．清除内存中被不使用的 DLL 文件。

10．保护注册表不被修改。

11．加快开关机速度，自动关闭停止响应。

9.4 习题

1．填空题

（1）注册表的层次结构是由_____、_____、_____、_____四部分组成。

（2）在注册表编辑器中，查找注册表项的快捷键是_____。

（3）注册表中主要根项有_____、_____、_____、_____等。

2．简答题

（1）如何强行开启仿冒网站筛选。

（2）要禁止修改 IE 浏览器的主页，如何对注册表进行设置。

（3）简述注册表的备份和还原的方法。

（4）简述如何提高注册表的安全性。

（5）简述注册表的备份与还原操作。

第 10 章　Windows PowerShell 的使用

本章重点：
- Windows PowerShell 的由来与特性
- Windows PowerShell 的安装与运行
- Windows PowerShell 的应用

Windows PowerShell 是微软公司为 Windows 环境所开发的壳程序（Shell）及脚本语言技术，采用的是控制台界面（控制台界面在一些文档中也被称之为字符操作界面、命令行界面等）。这项全新的技术丰富了系统管理的控制与自动化能力。本章中主要介绍在 Windows PowerShell 环境中，如何调用 cmdlet 命令。

10.1　Windows PowerShell 简介

Windows PowerShell 是微软公司于 2006 年第四季度正式发布的。它的出现标志着微软公司向服务器领域迈出了重要的一步，拉近了与 Unix、Linux 等操作系统的距离。PowerShell 的前身为 Monad，在 2006 年 4 月 25 日正式发布 beta 版时更名为 PowerShell。

PowerShell 是建立在 .Net 框架之上的外壳程序，目前支持 .Net Framework 2.0。PowerShell 能够运行在 Windows XP SP2，Windows Vista，Windows 7，Windows Server 2003 操作系统上，能够同时支持 WMI、COM、ADO.NET、ADSI 等已有的 Windows 管理模型。

1. 脚本语言起源与目的

脚本语言也是计算机程序语言（Programming Language）的一种，因此用户也可以用脚本语言编写出程序。由于脚本语言是"以简单的方式快速完成某些复杂的事情"为原则，这使得脚本语言通常比 C、C++ 或 Java 之类的"系统程序语言（System Programming Language）"更简单、容易，也使脚本语言拥有一些特有的特性：语法和结构简单、学习和使用比较容易、通常以容易修改程序的"直译"作为执行方式，而不需要编译，程序的开发产能优于执行效能。

脚本语言源自早期文字模式的命令行计算机系统，在当时只能以键盘敲入命令才能操作计算机的情况下，为了减少某些需要不断重复敲入命令的情况，计算机操作系统的外壳程序（在 UNIX 系统中通常称为 Command Shell）提供了"批处理操作"（Batch Operation）的方式，让计算机操作者可以将整个流程的命令，循序、逐行的编排在称为"批处理"（Batch File，也称为 Batch Jobs 或 Shell Scripts）的文字文件中，若有相同的操作需要处理，即可加载批处理文档而不需再次重复敲入指令。

由于批处理对使用命令行的计算机系统操作者帮助非常之大，因此操作系统的命令处理器也不断加强功能，尤其加入了许多程序语言的重要元素，包括变量、循环、条件判断等，让计算机操作不只是循序的执行命令，而能更精确的操控计算机系统的运作。这种程序设计通常称为 Shell Programming。因此，不论是大型主机的系统操作员，或者是整个计算机环境的系统管理员、网络管理员，Shell Programming 都是相当重要的技能，这项技能可以有效且快速的管理辖下的计算机。

除了盛行于 UNIX 环境的 Shell，其他操作系统也有专属的 Shell 或 Shell 脚本语言，例如苹果公司 Mac 系统的 AppleScript、IBM 公司 OS/2 的 REXX（Restructured eXtended eXecutor）。而 DOS 以及早期 Windows 的 Shell 是 Command.com，但功能较弱，因此有 4DOS、4NT 等软件可增强功能。Windows 2000 以及之后的 Windows 则改以功能较强 cmd.exe 作为 Shell，并且以 Windows Script Host 作为脚本语言执行环境，大幅提高了 Shell 的可用性。目前微软公司已经推出了功能更强的 Shell，被称为 Windows PowerShell。

虽然现在许多计算机系统都提供了图形化的操作方式，但是却都没有因此而停止提供字符模式的命令行操作方式。相反，许多系统反而加强这部份的功能，例如 Windows 就不只加强了操作命令的功能和数量，也一直在改善 Shell Programming 的方式。而之所以要加强、改善，是因为 Windows 的图形化操作方式对单一客户端计算机的操作已经相当方便，但如果对一群客户端的计算机，或者是作为 24 小时运作的服务器而言，在效率上，图形化操作方式反而不及命令行操作模式。

2. 认识 Windows PowerShell 的 cmdlet 命令

cmdlet（读做"command-let"）是 Windows PowerShell 中用于操作对象的单功能命令。cmdlet 命令名称的格式都是以连字号（-）隔开的一对动词和名词，并且名词通常都是单数名词。名称中的动词部分大致有"get"、"set"、"format"、"out"等，每个动词代表一种特别的操作含义，如"get"仅检索数据，"set"仅建立或更改数据，"format"仅设置数据格式，"out"仅将输出定向到指定的目标。

cmdlet 命令名称不区分大小写字母，比如 Get-Help 与 get-Help 是等价的。

3. Windows PowerShell 特性

Windows PowerShell 解决了命令行界面操作存在的一些问题，并且根据计算机和服务器管理需要添加了一些新功能。Windows PowerShell 致力改进命令行和脚本环境。

（1）可发现特性

命令行界面操作中存在一个非常大的制约因素是用户对命令名的记忆。由于图形界面的所见即所得的直观性，给计算机带来了巨大的发展，同时也是由于图形界面的操作系统，特别是微软的 Windows 系列操作系统，使信息技术得以普及应用。然而对于信息技术的专业人员，如服务器的管理员，面对大量的系统管理工作，如果使用图形界面反而将会令其工作效率降低。

cmdlet 提供了"get-command"、"get-help"、"get-member" 3 个命令，分别用于查找命令拼写、查阅命令帮助、查看命令输出结果。这样解决了 Windows PowerShell 用户对命令名称的准确记忆问题，又解决了专业用户对工作效率的需求。

（2）一致性

系统管理是一项复杂的任务，而具有统一接口的工具将有助于控制其固有的复杂性。在一致性方面，无论是命令行工具还是可编写脚本的 COM 对象都乏善可陈。

Windows PowerShell 的一致性是其主要优点之一。例如，如果用户掌握了如何使用

cmdlet 的排序命令 Sort-Object，则可利用这一知识对任何 cmdlet 命令的输出进行排序，而无需了解每个 cmdlet 命令的不同的排序例程。

此外，cmdlet 的开发人员也不必为其 cmdlet 设计排序功能。Windows PowerShell 为这些功能提供了框架，并强制在接口的许多方面保持一致。该框架虽然消除了通常会留给开发人员的某些选项，但作为回报，开发强健、易于使用的 cmdlet 的工作将更加简单。

（3）交互式脚本环境

Windows PowerShell 将交互式环境和脚本环境组合在一起，从而允许用户访问命令行工具和 COM 对象，同时用户还可利用 .NET Framework 类库的强大功能编写功能强大的脚本程序。

交互式脚本环境还对 Windows 命令提示符进行了改进，改进后的 Windows 命令提示符提供了带有多种命令行工具的交互式环境。此外，还对 Windows Script Host （WSH）脚本进行了改进，WSH 允许用户使用多种命令行工具和 COM 对象，但未提供交互式环境。

（4）面向对象

Linux、UNIX 等操作系统的设计思想决定所有的输入和输出都尽可能是文本格式，这样可以方便系统各进程之间的合作。同样这也要求各个程序提供一定强度的文本解析能力。但 Windows 的思想与此不同，PowerShell 中很多输入输出都不是普通的文本，而是一个个对象。因此与其说 PowerShell 是一种交互环境，不如说它是一种强大语言的运行环境，而这种语言甚至是面向对象的。

Windows PowerShell 命令的输出即为对象。可以将输出对象发送给另一条命令以作为其输入。因此，Windows PowerShell 为曾使用过其他外壳程序的人员提供了熟悉的界面，同时引入了新的、功能强大的命令行范例。通过允许发送对象（而不是文本），从而扩展了在命令之间发送数据的概念。

（5）易于过渡到脚本

使用 Windows PowerShell，用户可以很方便地从以交互方式键入命令过渡到创建和运行脚本。用户可以在 Windows PowerShell 命令提示符下键入命令以找到可执行任务的命令。随后，可将这些命令保存到脚本或历史记录中，然后将其复制到文件中以用作脚本。

4．对 Windows 命令和实用工具兼容

在 Windows 系列操作系统中存在一个 cmd.exe 命令行程序。熟悉命令行操作界面的用户比较喜欢使用。可以在"开始"菜单中查找到"命令提示符"菜单项，单击该菜单项即可运行；另外用户也可以依次选择"开始"→"程序"→"附件"→"命令提示符"菜单项来运行 cmd.exe。在"命令提示符"的命令行界面中用户可以直接输入 Windows 命令和实用工具来实现相应的操作与管理。

在 Windows PowerShell 中也可以运行 Windows 命令行程序，换句话说，在"命令提示符"窗口中能够运行的命令与工具，同样也可以在 Windows PowerShell 中运行，即 Windows PowerShell 实现了对 Windows 命令和实用工具的兼容。

但是，如果 Windows 命令或实用工具使用 Windows PowerShell 保留字或者使用 Windows PowerShell 不熟悉的命令格式，如 Nant 的"-D:debug=false"参数（Windows

PowerShell 将此参数解释为两个参数："-D"和"debug=false"），请用引号将参数括起来，以指示 Windows PowerShell 应该将参数发送给该工具而不进行解释。

5．管道传输命令

通常外壳程序的管道传输命令是将一个命令的输出作为另一个命令的输入。通过管道传输命令用户可以将一系列命令连接起来，将第一个命令的输出结果作为第二个命令的输入，接着第二个命令的输出作为第三个命令的输入，依次类推。

Windows PowerShell 是面向对象操作的，使用对象的一个主要优点是，它使得用管道传输命令更加容易。在传统的命令行环境中，用户必须对文本进行操作，以便将输出从一种格式转换为另一种格式，并删除标题和列标题。

然而 Windows PowerShell 提供了一个基于对象的新体系结构。接收对象的 cmdlet 可以直接作用于其属性和方法，而无需进行转换或操作。用户可以通过名称引用对象的属性和方法，而不是计算数据在输出中的位置。

10.2　Windows PowerShell 安装与运行

Windows Server 2008 操作系统中虽然已经自带了 Windows PowerShell 组件，但是默认情况下并没有安装。因此在 Windows Server 2008 系统中不能直接使用 Windows PowerShell。下面就 Windows PowerShell 的安装与使用进行简单介绍。

10.2.1　Windows PowerShell 的安装

安装完成 Windows Server 2008 操作系统后，如果在安装操作系统过程中并没有增加安装 PowerShell 组件，用户可以在"服务器管理器"窗口中进行添加安装组件，具体实现安装过程，参照任务 10-1 来实现。

【任务 10-1】　安装 Windows PowerShell 组件。

（1）打开"服务器管理器"窗口

用户打开"服务器管理器"窗口，可以用多种方法。下面介绍几种常用的方法。

1）通过单击任务栏上的快速启动栏中的"服务器管理器"图标█打开"服务器管理器"窗口。

2）通过"开始"菜单打开"服务器管理器"窗口。依次选择"开始"→"管理工具"→"服务器管理器"菜单即可打开"服务器管理器"窗口。

3）在控制面板中打开"服务器管理器"应用程序。在控制面板中，选择"管理工具"，并在"管理工具"窗口中双击"服务器管理器"图标，即可打开"服务器管理器"窗口。

4）在系统安装盘的"%SystemRoot%System32"文件夹下，查找到名为"CompMgmt Launcher.exe"的"服务器管理器"程序文件，双击此文件即可打开"服务器管理器"窗口。注意，这里的"%SystemRoot%"是表示 Windows Server 2008 的安装目录，例如 Windows Server 2008 是安装在"C:"盘下，则"%SystemRoot%"表示的是"C:\Windows"目录。

5）通过"运行"程序打开"服务器管理器"窗口。用户可以单击"开始"菜单中的

"运行"菜单项，然后在"运行"对话框的输入框中输入"CompMgmtLauncher.exe"或"CompMgmtLauncher"，再单击"确定"按钮即可打开"服务器管理器"窗口，如图 10-1 所示。

图 10-1　在"运行"窗口中运行"服务器管理器"程序

（2）在"服务器管理器"窗口中选择增加新功能

在"服务器管理器"左边的导航窗格中选中"功能"，其显示内容如图 10-2 所示。在"服务器管理器"右边的"功能"窗格中，显示当前系统已经安装的功能。在图 10-2 中可以清楚看到当前系统中已经安装了".NET Framework 3.0 功能"、"Windows PowerShell"、"Windows 进程激活服务" 3 个功能。注意，Windows Server 2008 操作系统默认不会安装任何功能，也就是说当用户第一次打开"服务器管理器"窗口时，"功能"窗格显示的已安装的功能是零个。

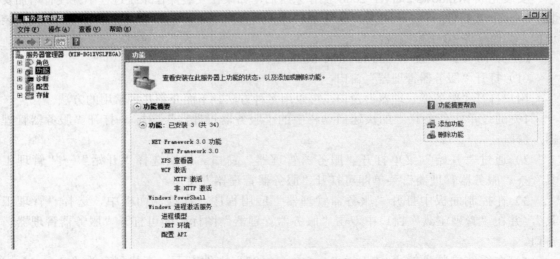

图 10-2　"服务器管理器"窗口

（3）打开"添加功能"向导，安装 PowerShell 功能组件

在"服务器管理器"窗口的"功能"窗格中，单击超链接"添加功能"，如图 10-2 所示。这样计算机就开始运行"添加功能向导"窗口，如图 10-3 所示。

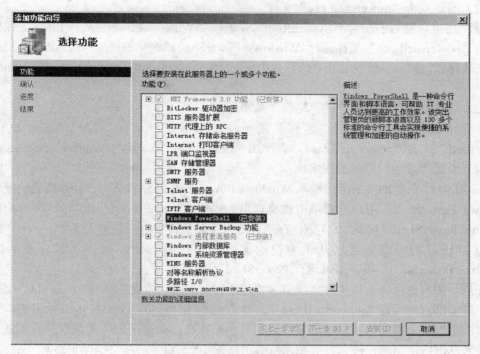

图 10-3 "添加功能向导"窗口

在"添加功能向导"窗口中分别选中".NET Framework 3.0 功能"、"Windows PowerShell"、"Windows 进程激活服务"3 个功能组件选项。

之所以在安装"Windows PowerShell"组件时，同时安装".NET Framework 3.0 功能"和"Windows 进程激活服务"两个组件，是因为 Windows PowerShell 是以.NET Framework 技术为基础，为保证 PowerShell 脚本能够存取.NET CLR，也能使用现有的 COM 技术，所以需要系统中有 Framework 功能支持；而 Framework 功能组件安装时，又需要"Windows 进程激活服务"组件支持。

选中".NET Framework 3.0 功能"、"Windows PowerShell"、"Windows 进程激活服务"3 个功能组件选项后，按照"添加功能向导"的引导，可顺利完成 3 个功能组件的安装。

10.2.2　Windows PowerShell 的运行与关闭

通过前面的任务 10-1 的操作，在当前的 Windows Server 2008 系统中已经完成了安装 Windows PowerShell 功能组件。下面介绍 Windows PowerShell 的启动和停止操作。

1．Windows PowerShell 的启动

用户可以通过多种方式运行 Windows PowerShell，下面简要介绍几种常用的启动操作方法。

（1）通过"开始"菜单

用户可以通过依次单击"开始"→"所有程序"→"Windows PowerShell 1.0"→"Windows PowerShell"，启动"Windows PowerShell"功能组件。

（2）通过双击"powershell.exe"文件

用户还可以通过打开"%SystemRoot%System32/WindowsPowerShell/V1.0"文件夹，然后双击"powershell.exe"文件运行 Windows PowerShell。这里的"%SystemRoot%"代表系统的安装目录，例如系统安装在"C:"盘中，则"%SystemRoot%"表示的是"C:\Windows"目录。

（3）通过"开始"菜单中的"运行"菜单项

单击"开始"菜单中的"运行"菜单项，然后在"运行"窗口的文本框中输入"powershell"或者"powershell.exe"，再单击"确定"按钮即可运行 Windows PowerShell。

（4）通过"开始"菜单的搜索框

在"开始"菜单的搜索框中输入 Windows PowerShell 部分字符串，计算机会快速检索出 Windows PowerShell，用户只要单击被检索出的"Windows PowerShell"项，即可启动运行 Windows PowerShell。如图 10-4 中，在"开始"菜单的搜索框中仅输入了"powers"几个字符，计算机就将所有包含这几个字符的文件和文件夹显示出来，这时只要单击程序"Windows PowerShell"项，即可运行 PowerShell 程序。

注意，用户也可以利用文件夹或资源管理器窗口上的"搜索"框对 PowerShell 文件的搜索，然后通过双击运行"powershell.exe"文件达到运行 Windows PowerShell 的目的。只是这种搜索的范围是当前窗口所显示的文件夹及其子文件夹，如果用户所需要查找的文件不在当前文件夹范围内，则这种搜索方法是无效的。如图 10-5 显示的是"C:\Window"文件夹中的内容，这时用户可以在窗口的"搜索"框中输入"powershell.exe"字符串中的部分字符串，则计算机会在"C:\Windows"文件夹及其子文件夹中查找所有包含这个字符串的文件和文件夹名称，在筛选出的文件和文件夹项目中，双击文件"powershell.exe"也可以运行 Windows PowerShell。

图 10-4　用"开始"菜单的搜索功能

图 10-5　显示"C:\Windows"文件夹内容

2．Windows PowerShell 的关闭

启动 Windows PowerShell，则在桌面上会出现一个如图 10-6 所示的 Windows

PowerShell 命令行界面。在 Windows PowerShell 命令行界面中，字符串"PS C:\Users\Administrator>"是命令行提示符，用户只要在命令提示符后输入相应的命令，然后按下〈Enter〉键即可运行该命令。命令提示符一般由 3 个部分组成："PS"、"当前工作目录"和">"。当用户改变当前工作目录时，提示符中间的"工作目录"部分也随之改变。

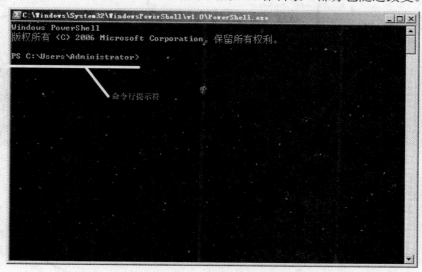

图 10-6　Windows PowerShell 程序窗口

关闭 Windows PowerShell 常用的方法有两种：一是直接单击窗口的关闭按钮⊠；二是在命令行提示符后输入 Exit 命令，然后按〈Enter〉键。

10.3　Windows PowerShell 基本概念

一般而言，一个新技术的出现，随之而来的是与此技术相关的一系列术语与概念定义。Windows PowerShell 也是一样。尽管 Windows PowerShell 与其他的 Shell 一样，都是一种外壳程序，但 Windows PowerShell 作为一种新的外壳程序，与 UNIX、Linux 等系统中的 shell 外壳程序仍然存在为相当大的差别，因此在 Windows PowerShell 中存在着一套有别于其他 shell 的术语与概念。这一节中，主要介绍 Windows PowerShell 特有概念、命令术语、命令表达式。

10.3.1　命令格式综述

命令是任何一种 Shell 程序的基础，是用户下达给计算机完成相应操作的指令。命令一般的格式为：

commandName　–parameter1　–parameter2　argument1　argument2

其中"commandName"表示的是命令的名称，如"Write-Output"、"exit"、"get-command"等；"–parameter1"表示的是命令不带参量的参数使用形式；"–parameter2 argument1"表示命令后带参量的参数使用形式；"argument2"是一种默认参量使用方法，即命令后可直接跟参量而其前给出具体参数名，命令则根据其默认设置的方式，将参量赋予给指定的参数，并参加运算。

例如，在图 10-7 中，命令名为"Write-Output"，参数为"–inputobject"，参量为"hello"。此处用两种方式执行 Write-Output 命令，即带参数"–inputobject"和不带参数。然而这两个命令执行后的输出结果完全相同。这是因为不带参数的"Write-Output hello"命令是采用默认参量法，尽管在命令中没有给出参量"hello"赋予什么参数，但 Write-Output 命令默认将参量"hello"赋予参数"–inputobject"，因此这两个命令是等价的，执行后输出结果相同。

图 10-7　带参数参量与默认参量的命令比较

在 Windows PowerShell 命令中，系统允许用户输入参数名称的前几个字符来代替整个参数名称，输入参数名称前几个字符的数量，由命令能够唯一确定为准。例如在 Write-Output 命令中只有一个"-inputobject"参数，所以可以将此参数缩写成"–i"、"–in"、"–inp"、"–inpu"等，而不会产生歧义，并且命令可以正确执行。需要提醒的是，命令行中不区分字母的大小写。

但在处理 Windows PowerShell 命令中的参量时，就需要小心了。由于 PowerShell 是面向对象的，参量表示的是一个对象，因此就存在类型等方面的制约因素。比如以下命令：

　　　　PS C:\Users\Administrator>**Write-Output "-inputobject"**

☞注意：

以后章节中，命令中粗体字代表用户输入的命令。

这时"-inputobject"不是参数，而是参量，运行此命令则输出字符串"-inputobject"。

再比如命令"Get-process -id 0"与"Get-process -id "0""是等价的，尽管后者命令中参量是字符串"0"，但此字符串在执行的时候会被转换成.Net 的 System.Int32 类型。然而如果执行"Get-process -id "a123""则会报错。因为字符串"a123"无法转换成相应的 System.Int32 整数类型。

另外在命令后，连续写出两个短横线（–），表示紧随其后的所有字符串均是参量。还是以 Write-Output 命令为例，参看几种输出比较，如图 10-8 所示。

图 10-8　加双横线输出比较

特别要注意加引号与不加引号输出时的区别。

前面列举的例子中主要阐述了命令中带参量的参数调用和参量调用两种格式类型。在 Windows PowerShell 还存在一种不带参量的参数调用形式。对于不带参量的参数一般被称为开关参数（Switch Parameter），即当命令行中添加这种参数时，命令将按参数规定方法执行，如果命令中没有给出这种参数则按命令默认方式执行。例如 dir 命令是一个显示当前文件夹下所有文件和文件夹列表的命令。而如果在 dir 命令后添加不带参量参数"-recurse"，则 dir 命令不仅仅显示当前文件夹下的所有文件和文件夹名称列表，而且还要显示所有子文件夹下的文件名与文件夹名列表。

10.3.2 命令类型

前面讲解了命令的书写格式，当用户在命令提示符后输入一个正确的、完整的并且存在的命令名称后，Windows PowerShell 不仅要解析出执行什么命令，而且还要解析出执行何种类型的命令。因为在 Windows PowerShell 中实际上存在 4 类命令形式：cmdlet 命令、Shell 函数命令、脚本命令、可运行程序（Native Commands）。这 4 种命令在名称结构、执行效率等方面都存在差异。

1. cmdlet 命令

cmdlet 是"command-let"的缩写，是指专门在 Windows PowerShell 环境下运行的一组指令。一个 cmdlet 命令实际上是一个.NET 类，该类是派生于 PowerShell 软件开发包（Software Developers Kit，SDK）的 Cmdlet 类。cmdlet 命令被编译到 dll 文件中，并且当 PowerShell 进程启动时，cmdlet 命令的代码也随之被载入进程中，因此 cmdlet 指令执行速度最快。

cmdlet 命令名称一般由"动词—名词"形成构成。"动词"明确出命令执行的行为，"名词"明确出操作的对象。Windows PowerShell 动词并非一定为英语动词，但其表示 Windows PowerShell 中的特定操作。名词与所有语言中的名词十分类似，它们描述在系统管理中起重要作用的特定对象类型。

如果仅有两个名词和两个动词，则这样的命名方式并不会极大地简化用户了解这些命令的过程。但是，假定是由 10 个动词和 10 个名词组成的一组标准命令名称，则用户只需记住 20 个单词，而使用这些单词可以构成 100 个不同的命令名称。

通常，用户只需通过命令的名称即可识别其用途，而对新命令应使用什么样的名称，这通常也是显而易见的。例如，计算机关闭命令可能为 Stop-Computer。用于列出网络上的所有计算机的命令可能为 Get-Computer，用于获取系统日期的命令为 Get-Date。

在 Get-Command 中使用 -Verb 参数可以列出所有包含特定动词的命令，参数用处更大，因为使用该参数可以查看影响同一对象类型的一系列命令。例如用户想查看包含动词"get"的所有命令，则可执行命令"Get-Command –Verb Get"；如果用户想查看所有用于管理服务命令，则执行"Get-Command –Noun Service"命令即可。

☞注意：

命令具有"动词—名词"命名方案，并不意味着该命令一定为 cmdlet。比如 Clear-Host 命令，实际上是一个内部函数，该命令用于清空命令行界面窗口中显示内容。

2. Shell 函数

Shell 函数是指直接在 PowerShell 环境下编写并被解析执行的 PowerShell 脚本程序片段，当 PowerShell 终止时，该函数也随之消失。函数一般是用户自定义的程序段，并且该程序段一旦定义即被解析并保存在存储器中，这样用户在调用这个函数时，就不必每次都进行解析，直到 PowerShell 终止。

虽然函数也可以像 cmdlet 命令一样带有参数，但在 PowerShell 中并没有对函数确定像对 cmdlet 命令一样的参数全部规范功能。在图 10-9 中，定义的是一个名为 Write-InputObject 函数代码程序片段。其中 function 为声明函数的关键字；大括弧是用于界定程序边界的，即程序边界从"{"开始，到"}"结束。大括弧要求必须成对出现，并且允许在一个括弧中完整嵌入另外一对括弧。程序段中的 param 是用于定义函数参数的关键字，紧随其后的是定义的参数名称。程序中的 process 是用于声明程序运行的代码块，即函数具体执行的工作内容和处理流程在这里定义。

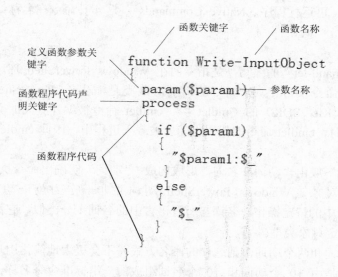

图 10-9　自定义 Write-InputObject 函数程序代码

3. 脚本命令

脚本命令是一个写在扩展名为.psl 文件中的程序片段。写法上与函数的写法比较一致，但脚本文件在每次运行时都必须重新载入和解析，这样在运行速度上要比函数慢（函数第一次运行时与脚本文件运行的速度相同，但函数一旦运行后则驻留在 PowerShell 进程中，以后再次调用函数时，则不必再次解析）。

脚本文件也可以定义参数，这与函数定义参数完全一样。图 10-10 中显示的是一个名为 MyScript_Write.psl 脚本文件中的代码。

对比图 10-10 与图 10-9 可以看出，脚本文件中的代码的写法格式实际上与函数中的写法格式几乎一样。

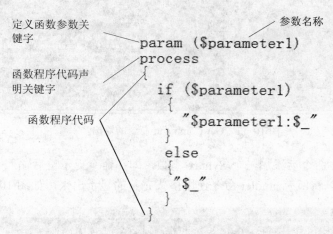

定义函数参数关键字 ─── 参数名称

函数程序代码声明关键字

函数程序代码

```
param ($parameter1)
process
{
    if ($parameter1)
    {
        "$parameter1:$_"
    }
    else
    {
        "$_"
    }
}
```

图 10-10　MyScript_Write.psl 脚本文件

4．可运行程序

可运行程序（Native Command）是指除上面 3 种类型命令外，能够被操作系统执行的外部程序，尤其指可运行文件或具有已注册文件类型处理程序的外部文件。

由于可运行程序的运行意味着要在系统中创建新的进程，这会消耗计算机相对较多的资源，所以在以上四个类型的命令中，可运行程序是运行最慢、消耗计算机资源最多的命令。

由于可运行程序启用的是非 PowerShell 命令格式，因此可运行程序有自己的参数形式，所以可运行程序的语法调用格式与另外 3 种格式不一定相同。

例如，在计算机系统中有一个记事本程序，在 Windows PowerShell 中可以直接运行它。写字板程序的文件名称是 notepad.exe，在 PowerShell 命令提示符后输入 notepad 或 notepad.exe，则可启动记事本程序。

10.3.3　获取命令信息的命令

PowerShell 中 cmdlet 命令多达 130 多个（2.0 版本更多达 144 个命令），对于用户而言，最重要的是如何及时获取相应 cmdlet 命令名称及语法信息。在前面曾经介绍过的 cmdlet 命令 Get-Command 就是获取其他 cmdlet 命令使用信息的命令。本节将系统介绍如何使用 Get-Command 命令获取其余 cmdlet 命令信息的方法。

1．用 Get-Command 检索 cmdlet 命令信息

通过 Windows PowerShell 的 Get-Command 命令可检索所有可用命令的名称。在 Windows PowerShell 提示符下键入 Get-Command 时，则会输出如图 10-11 中显示的内容。

从图 10-11 中可以看到，Get-Command 命令是以表格格式 3 个纵列的方式输出的。第 1 列 CommandType 显示的是命令的类型；第 2 列 Name 显示的是命令的名称；第 3 列 Definition 显示的是命令使用格式的定义。在 Get-Command 命令的输出中，所有定义都以省略号（...）结尾以指示 PowerShell 无法在可用空间内显示所有内容。

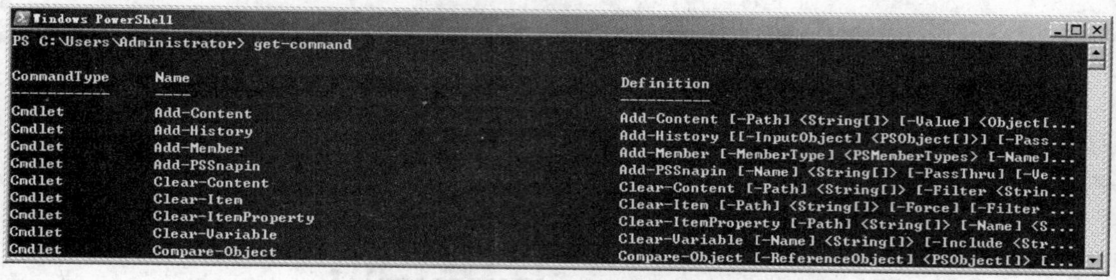

图 10-11 Get-Command 命令的输出

在 Get-Command 命令后添加一个 Syntax 参数，即在命令提示符后输入 "Get-Command -Syntax" 命令，则可以将所有 cmdlet 命令使用格式完整的显示出来，如图 10-12 所示。

图 10-12 用 Get-Command 显示 cmdlet 命令的使用语法

2. 用 Get-Command 检索其他类型命令信息

实际上，Get-Command 命令仅罗列出当前 PowerShell 中的 cmdlet 类型命令，如图 10-11 所示。Windows Powershell 除 cmdlet 命令类型之外，还有另外函数、脚本、命令别名、可运行程序（可执行文件或具有已注册文件类型处理程序的外部文件）命令类型。如果要用 Get-Command 命令列出所有 Windows Powershell 可用命令，则可以通过在命令提示符后输入 "Get-Command *" 命令达到目的。

☞注意：

> Get-Command 命令后的参量 "*" 是表示 "匹配一个或多个任意字符"，因此 "*" 一般被称为通配符号。比如查找所有的以 P 开头的命令，则可以输入并运行 "Get-Command P*" 命令。

由于 Get-Command *命令所检索出的列表包括搜索路径中的外部文件，因此它可能包含数千个项目，返回这样庞大的命令列表对于用户查找所需要的命令信息并不是最有效的。在 Get-Command 命令后添加 CommandType 参数指定命令类型，指示查找返回命令的类型，以精简返回命令列表中的命令数量。

【例1】 返回所有别名命令列表，则输入并运行以下命令：

  PS C:\Users\Administrator> **Get-Command -CommandType Alias**

所谓别名就是为标准命令名称定义的替代名称，例如 cmdlet 标准命令 Add-Content 的别名为 ac。

【例2】 显示所有 Windows PowerShell 函数，则输入并运行以下命令：

> PS C:\Users\Administrator> Get-Command   -CommandType   Function

【例3】 显示 Windows PowerShell 搜索路径中的外部脚本，则输入并运行以下命令：

> PS C:\Users\Administrator> Get-Command   -CommandType   ExternalScript

10.3.4 获取命令帮助的命令

前一节的 Get-Command 命令可以帮助用户顺利查找到 Windows PowerShell 中的命令及其信息摘要，但如果需要更多的有关命令信息，如命令的使用方法、用例等，则 Get-Command 命令无法提供。

这一节中将学习如何获取 Windows PowerShell 命令的详细帮助信息。

1. 获取 cmdlet 帮助

若要获取有关 Windows PowerShell cmdlet 的帮助，通过使用 Get-Help 命令。例如，若要获取 Get-ChildItem 命令的帮助，在命令提示符后输入：

> get-help   get-childitem

或

> get-childitem   -?

同样，可以通过 Get-Help 命令来获取有关 Get-Help 命令自身的帮助信息。例如：

> get-help get-help

若要在会话中获取所有 cmdlet 帮助主题的列表，可以输入：

> get-help -category cmdlet

若要每次显示每个帮助主题的一页，则可以使用 help 函数或其别名 man。例如，若要显示 Get-ChildItem 命令的帮助，则输入如下命令：

> man get-childitem

或

> help get-childitem

若要显示有关 cmdlet 命令、函数或脚本的详细信息，包括其参数说明和使用示例，则可使用 Get-Help 命令的 Detailed 参数。例如，若要获取有关 Get-ChildItem 命令的详细信息，可以输入：

> get-help get-childitem -detailed

若要显示帮助主题中的所有内容，可使用 Get-Help 命令的 Full 参数。例如，若要显示 Get-ChildItem 命令的帮助主题的所有内容，则输入：

```
get-help get-childitem -full
```

若要获取有关 cmdlet 的参数的详细帮助，可使用 Get-Help 命令的 Parameter 参数。例如，若要获取 Get-ChildItem 命令的所有参数的详细帮助，则输入：

```
get-help get-childitem -parameter *
```

其中，*是通用匹配符号。

若要仅显示帮助主题中的示例，可使用 Get-Help 的 Example 参数。例如，若要仅显示 Get-ChildItem 命令的帮助主题中的示例，则可输入：

```
get-help get-childitem -examples
```

2. 获取概念性帮助

Get-Help 命令还可显示有关 Windows PowerShell 中的概念性主题的信息，包括有关 Windows PowerShell 语言的主题。概念性帮助主题以"about_"前缀开头，例如 about_line_editing。（概念性主题的名称必须用英文输入，即使在非英文版的 Windows PowerShell 上也是如此）

若要显示所有的概念性主题的列表，可以输入：

```
get-help about_*
```

其中，*是通用匹配符号。

若要显示特定的帮助主题，则键入主题名称，例如要想查看 about_command_syntax 帮助主题，则输入如下命令：

```
get-help about_command_syntax
```

Get-Help 的各个参数（例如 Detailed、Parameter 和 Examples）对概念性帮助主题的显示没有影响。

3. 获取有关提供程序的帮助

Get-Help 命令显示有关 Windows PowerShell 提供程序的信息。若要获取提供程序的帮助，先输入"Get-Help"，并在后面键入提供程序的名称。例如，若要获取 Registry 提供程序的帮助，可以输入：

```
get-help registry
```

若要在会话中获取所有提供程序帮助主题的列表，可以输入：

```
get-help -category provider
```

Get-Help 的各个参数（例如 Detailed、Parameter 和 Examples）对提供程序帮助主题的显示没有影响。

4. 获取有关脚本和函数的帮助

Windows PowerShell 中的很多脚本和函数具有相应的帮助主题。使用 Get-Help 命令可以显示脚本和函数的帮助主题。

若要显示函数的帮助，首先输入"get-help"，并在后面输入函数名称。例如，若要获取 Disable-PSRemoting 函数的帮助，可以输入：

get-help disable-psremoting

若要显示脚本的帮助，请输入脚本文件的完全限定路径。如果脚本位于 Path 环境变量中所列的路径中，则可在命令中省略路径。

例如，如果在用户的"C:\PS-Test"目录下有一个名为"TestScript.ps1"的脚本，若要显示该脚本的帮助主题，可以输入：

get-help c:\ps-test\TestScript.ps1

用于显示 cmdlet 帮助的参数（例如 Detailed、Full、Examples 和 Parameter）也适用于脚本帮助和函数帮助。但是，在通过输入"get-help *"来显示所有帮助时，不会显示函数和脚本的帮助。

有关如何编写函数和脚本的帮助主题信息，请参阅 about_Functions、about_Scripts 和 about_Comment_Based_Help。

5. 获取联机帮助

如果连接到 Internet，则获取帮助的最佳方式之一是联机查看帮助主题。由于联机主题易于更新，因此可以获得最新的内容。

若要获取联机帮助，可使用 Get-Help 命令的 Online 参数。Get-Help 的 Online 参数仅适用于 cmdlet 帮助、函数帮助和脚本帮助。不能将 Online 参数用于概念性（About）主题或提供程序帮助主题。此外，由于此功能是可选的，因此它并非适用于每个 cmdlet、函数或脚本帮助主题。

但是，Windows PowerShell 随附的所有帮助主题都可在 Microsoft TechNet Library 的 Windows PowerShell 部分中联机查看，包括提供程序帮助和概念性（About）帮助主题。

若要使用 Get-Help 的 Online 参数，可使用以下命令格式：

get-help <command-name> -online

例如，若要获取有关 Get-ChildItem 的帮助主题的联机版本，请输入：

get-help get-childitem -online

如果提供了帮助主题的联机版本，则它将在默认浏览器中打开。

有关如何为帮助主题提供联机支持的信息，请参阅 about_Comment_Based_Help，另外也可参阅 MSDN（Microsoft Developer Network）Library 中的"如何编写 Cmdlet 帮助"（http://go.microsoft.com/fwlink/?LinkID=123415）。

10.3.5 别名

1. 别名的概念与使用意义

别名的机制是 Windows PowerShell 允许用户为标准命令取昵称，这样用户既可以输入标准命令名称执行命令，也可以输入标准名称的别名执行命令。使用别名好处是对于习惯于具有其他 shell 经验的用户，可以在 Windows PowerShell 中使用其已知的通用命令名称来执行类似操作。

例如在 Windows PowerShell 环境中，清除命令行窗口中信息的内部命令是 Clear-Host，而在 Cmd.exe 程序中清除屏幕信息命令是 cls。为那些已经习惯使用 cls 命令清除屏幕信息的用户依然能够在 Windows PowerShell 环境下使用，Windows PowerShell 为 Clear-Host 命令又取一个 cls 别名。当在 Windows PowerShell 环境下使用 cls 时，该命令被解释为 Clear-Host 函数的别名并运行 Clear-Host 函数。

别名的机制有助于用户了解 Windows PowerShell。首先，大多数 Cmd.exe 和 UNIX 用户都有其已按名称记忆的大型命令清单，尽管 Windows PowerShell 的等价命令可能不会产生完全相同的结果，但它们在形式上的相似性足以让用户无需先记住 Windows PowerShell 名称即可直接使用这些命令来完成工作。其次，对于已经熟悉其他 Shell 的用户而言，了解新 shell 的主要困难在于"手指记忆"所导致的错误。假定一个已经使用 Cmd.exe 多年的用户，在他看到满屏输出并希望将其清除时，他会条件反射地输入 cls 命令，然后按〈Enter〉键。但在 Windows PowerShell 中没有 Clear-Host 函数的别名，因而可能只会看到错误消息 "'cls' is not recognized as a cmdlet, function, operable program, or script file."，并且仍不知道要清除输出应执行什么操作。

Windows PowerShell 中的一个 cmdlet 命令允许有几个别名。如表 10-1 所示，Windows PowerShell 的 Get-ChildItem 的别名有 3 个：dir、ls 和 gci。其中别名 dir 和别名 ls 是保留的 UNIX 和 Cmd.exe 中使用熟悉的命令名称，而 gci 是 Windows PowerShell 对 Get-ChildItem 命令定义的标准的别名。这样用户可以输入 "dir"、"ls"、"gci"、"Get-ChildItem" 中的任何一个，都可以实现 Windows PowerShell 对 Get-ChildItem 命令的调用。

表 10-1 中列出了与 Windows PowerShell 命令对应的 cmd.exe 命令别名、UNIX 命令别名以及标准的 Windows PowerShell 别名（如果存在）。

表 10-1　部分 PowerShell 命令与别名对照表

Cmd.exe 命令	UNIX 命令	PowerShell 命令	PowerShell 标准别名
dir	ls	Get-ChildItem	gci
cls	clear	Clear-Host（函数）	不可用
del, erase, rmdir	rm	Remove-Item	ri
copy	cp	Copy-Item	ci
move	mv	Move-Item	mi
rename	mv	Rename-Item	rni
type	cat	Get-Content	gc
cd	cd	Set-Location	sl
md	mkdir	New-Item	ni
不可用	pushd	Push-Location	不可用
不可用	popd	Pop-Location	不可用

如果用户发现自己会条件反射地使用某些指令别名，同时又希望知道本机 Windows PowerShell 命令的真实名称，则可以使用 Get-Alias 命令查看别名所指向的 Windows

PowerShell 命令。

【例 4】 查看别名 cls 所指向的 Windows PowerShell 命令信息，可以在命令提示符后输入命令 "Get-alias cls"，这样在命令行窗口中会显示出如下信息：

```
PS C:\Users\Administrator> Get-Alias cls

CommandType          Name                              Definition
-----------          ----                              ----------
Alias                cls                               Clear-Host
```

2. 标准别名

所谓标准别名是指按照一定的命名规范为标准命令取的别名。标准别名的概念是为区别于为适应兼容其他 Shell 习惯而设计的别名，如表 10-1 中罗列的 cmd.exe 和 NUIX 命令名（这里将其称为非标准别名）。由于非标准别名的取名是与其所在的 Shell 环境有关，通常设计名称时是为了简短易用、便于快速键入，但如果不了解其含义，则无法解读它们，这会给用户记忆这些命令名称带来不便。

标准别名是通过提取常用动词和名词的速记名称来组成的，这样，在一组常用 cmdlet 的核心别名中，用户只需知道速记名称即可解读这些命令。例如，在标准别名中，动词 Get 缩写为 g，动词 Set 缩写为 s，名词 Item 缩写为 i，名词 Location 缩写为 l，而名词 Command 缩写为 cm。通过这种方式，Windows PowerShell 试图在清晰性与简短性之间取得平衡。

以下简短示例说明了这一工作机制。Get-Item 的标准别名是通过将表示 Get 的 g 与表示 Item 的 i 组合而来的 "gi"；Set-Item 的标准别名是通过将表示 Set 的 s 与表示 Item 的 i 组合而来的 "si"；Get-Location 的标准别名是通过将表示 Get 的 g 与表示 Location 的 l 组合而来的 "gl"；Set-Location 的标准别名是通过将表示 Set 的 s 与表示 Location 的 l 组合而来的 "sl"；Get-Command 的标准别名是通过将表示 Get 的 g 与表示 Command 的 cm 组合而来的 "gcm"；不存在 Set-Command 命令，但如果存在，可以很容易猜测出其标准别名是通过将表示 Set 的 s 与表示 Command 的 cm 组合而来的 "scm"。此外，如果熟悉 Windows PowerShell 别名的用户遇到 scm，他们也可以猜测到该别名是指 Set-Command 命令。

3. 为命令定义自己的别名

用户还可以使用 Set-Alias 创建自己的别名。例如，以下语句将创建在 "解释标准别名" 中介绍的标准命令的别名：

```
Set-Alias -Name gi -Value Get-Item
Set-Alias -Name si -Value Set-Item
Set-Alias -Name gl -Value Get-Location
Set-Alias -Name sl -Value Set-Location
Set-Alias -Name gcm -Value Get-Command
```

其中，Set_Alias 是命令名；参数 Name 后的参量是命令别名，参数 Value 后的参量指定别名所指向的标准命令的名称。

在内部，Windows PowerShell 在启动期间使用此类命令，但这些别名是不可更改的。如果尝试实际执行这些命令之一，系统将会显示一条错误消息，表明无法修改该别名。

【例 5】 对 gi 别名进行更改操作。

> PS C:\Users\Administrator > **Set-Alias -Name gi -Value Get-Item**
> Set-Alias : Alias is not writeable because alias gi is read-only or constant and cannot be written to.
> At line:1 char:10
> + Set-Alias <<<< -Name gi -Value Get-Item

10.3.6 使用 Tab 扩展

命令行 Shell 通常提供了用于自动完成长文件或命令名称的功能，以便提高输入命令的速度并提供相应提示。Windows PowerShell 允许通过按〈Tab〉键来填写文件名和 cmdlet 名称。

☞注意：

> <Tab> 扩展是由内部函数 TabExpansion 控制的。由于可以修改或覆盖此函数，因而此处介绍的是默认 Windows PowerShell 配置的行为。

若要根据可用选项来自动填写文件名或路径，请键入部分名称，然后按〈Tab〉键。Windows PowerShell 会自动将该名称扩展为其找到的第一个匹配项。重复按〈Tab〉键将逐一显示所有可用选项。

cmdlet 名称的〈Tab〉键扩展略有不同。若要对 cmdlet 名称使用〈Tab〉键扩展，请完整输入名称的第一部分（动词）及其后面的连字符。可以填入名称的更多部分以进行部分匹配。例如，如果输入"get-co"然后按〈Tab〉键，Windows PowerShell 会将其自动扩展为 Get-Command 命令（注意，其字母大小写也将更改为标准形式）。如果再次按〈Tab〉键，Windows PowerShell 将使用仅有的另一个匹配 cmdlet 名称 Get-Content 替换上一名称。

可以在同一行上重复使用〈Tab〉键扩展。例如，可以通过输入以下命令来对 Get-Content 命令的名称使用〈Tab〉键扩展：

> PS C:\Users\Administrator > **Get-Con<Tab>**

按〈Tab〉键时，该命令将扩展为：

> PS C:\Users\Administrator > **Get-Content**

随后可以部分指定智能安装程序日志文件的路径，然后再次使用〈Tab〉键扩展：

> PS C:\Users\Administrator > **Get-Content c:\windows\acts<Tab>**

按〈Tab〉键时，该命令将扩展为：

> PS C:\Users\Administrator > **Get-Content C:\windows\actsetup.log**

☞注意：

> 〈Tab〉键扩展的局限之处在于〈Tab〉键始终被解释为尝试完成单词。如果将命令示例复制并粘贴到 Windows PowerShell 命令行界面中，请确保该示例不包含"〈Tab〉"；如果包

含，则结果将是难以预见的，并且几乎肯定不会是预期的结果。

10.4　对象管道

　　用生产流水线比喻管道的作用流程比较贴切。如果将管道比喻成生产流水线，则管道上的某个命令实际上操作的对象是上一个命令操作所生产的结果，然后这个操作命令产生的结果对象又传给下一个命令继续加工。在 Windows PowerShell 中，管道运算符 "|" 将多个命令连接在一起，前一个命令的输出用做后一个命令的输入。

　　管道无疑是命令行界面中所使用的最有价值的概念。如果适当使用管道，不仅可以减少输入复杂命令所需的工作量，而且便于用户查看命令中的工作流。管道中的每个命令（称为管道元素）通常将其输出中的项目逐个传递给管道中的下一命令。这样通常会减少复杂命令的资源需求，并允许用户立即开始获取输出。

　　这一节中，将介绍 Windows PowerShell 管道与大多数常见 Shell 中的管道的不同之处，然后为用户演示一些可用于帮助控制管道输出以及查看管道运行方式的基本工具。

10.4.1　了解 Windows PowerShell 管道

　　实际上，在 Windows PowerShell 中到处都会用到管道。尽管在屏幕上会看到文本，但 Windows PowerShell 通过管道在命令之间传递的并不是文本而是对象。

　　用于管道的表示法与其他 Shell 中所使用的表示法十分类似，因此，乍一看可能不会明显察觉到 Windows PowerShell 引入了新功能。例如，如果 Get-ChildItem 命令列出文件夹 "C:\Windows\System32" 下的所有文件信息，然后通过管道将列出来的文件信息由 Out-Host 命令来强制逐页显示，则在命令行窗口输入如下命令：

　　　　PS C:\Users\Administrator > **Get-ChildItem -Path C:\WINDOWS\System32 | Out-Host -Paging**

　　其中，Get-ChildItem 后的 Path 参数指明具体的文件夹名称；Out-Host 后的 Paging 参数要求输出是强制分页显示。则该输出的外观将与屏幕上显示的正常文本一样，分为多页显示，显示结果如下：

Directory: Microsoft.Windows PowerShell.Core\FileSystem::C:\WINDOWS\system32

Mode	LastWriteTime		Length Name
----	-------------		------ ----
-a---	2005-10-22	11:04 PM	315 $winnt$.inf
-a---	2004-08-04	8:00 AM	68608 access.cpl
-a---	2004-08-04	8:00 AM	64512 acctres.dll
-a---	2004-08-04	8:00 AM	183808 accwiz.exe
-a---	2004-08-04	8:00 AM	61952 acelpdec.ax
-a---	2004-08-04	8:00 AM	129536 acledit.dll
-a---	2004-08-04	8:00 AM	114688 aclui.dll
-a---	2004-08-04	8:00 AM	194048 activeds.dll
-a---	2004-08-04	8:00 AM	111104 activeds.tlb
-a---	2004-08-04	8:00 AM	4096 actmovie.exe

-a---	2004-08-04	8:00 AM	101888 actxprxy.dll
-a---	2003-02-21	6:50 PM	143150 admgmt.msc
-a---	2006-01-25	3:35 PM	53760 admparse.dll

<SPACE> next page; <CR> next line; Q quit

...

无论何时希望缓慢显示冗长的输出，Out-Host -Paging 命令都是一个非常有用的管道元素。在操作占用大量 CPU 资源时，此命令尤其有用。由于在准备显示完整页面时处理工作将转到 Out-Host cmdlet，因此管道中的前一个 cmdlet 将暂停操作，直至下一页输出可以显示为止。如果使用 Windows 任务管理器来监视 Windows PowerShell 的 CPU 和内存使用率，将会看到这一情况。

在计算机上运行命令"Get-ChildItem C:\Windows –Recurse"与"Get-ChildItem C:\Windows -Recurse | Out-Host –Paging"相比较，结果都是以文本的形式显示出来，这是由于需要在命令行窗口中以文本形式表示对象，是 Windows PowerShell 内部实际发生的情况的一种表现形式。以 Get-Location cmdlet 为例。如果当前位置是 C 驱动器的根目录，此时键入 Get-Location 命令：

PS C:\ > **Get-Location**

将会显示以下输出：

Path

C:\

如果 Windows PowerShell 通过管道传递文本，则发出"Get-Location | Out-Host"等命令会将一组字符按其在屏幕上的显示顺序从 Get-Location 传递到 Out-Host。换而言之，如果要忽略标题信息，Out-Host 会首先接收字符"C"，再接收字符":"，然后接收字符"\"。Out-Host 无法确定与 Get-Location 输出的字符相关联的含义。

Windows PowerShell 使用对象而不是使用文本来实现管道中的命令通信。从用户的角度来看，对象将相关信息打包为一种便于将信息作为一个单元进行操作的形式，并提取所需的特定项目。

Get-Location 命令不返回包含当前路径的文本，它返回一个称为 PathInfo 对象的信息包，其中包含当前路径以及其他一些信息。Out-Host 随后会将此 PathInfo 对象发送到屏幕，然后由 Windows PowerShell 决定要显示的信息以及如何基于其格式规则来显示该信息。

实际上，作为设置数据在屏幕上的显示格式的过程的一部分，仅在该过程结束时才添加 Get-Location 输出的标题信息。屏幕上所显示的内容为信息摘要，而不是输出对象的完整表现形式。

10.4.2　查看对象结构

由于在 Windows PowerShell 中对象的作用十分重要，因此存在多个专为处理任意对象类型而设计的命令。其中最重要的一个命令是 Get-Member 命令。

用于分析命令所返回对象的最简单的一种方法是通过管道将该命令的输出传递给 Get-Member。Get-Member 将显示对象类型的正式名称及其成员的完整列表。有时，所返回的元素数可能十分巨大。例如，进程（Process）对象可能有超过 100 个成员。

若要查看进程对象的所有成员并将输出分页显示，以便能够查看完整的该对象，可以键入：

PS C:\USERS\ADMINISTRATOR > **Get-Process | Get-Member | Out-Host -Paging**

其中，Get-Process 是用于列出所有进程的命令。执行上面的命令后，输出的内容与以下所示类似：

```
    TypeName: System.Diagnostics.Process


Name                            MemberType          Definition
----                            ----------          ----------
Handles                         AliasProperty    Handles = Handlecount
Name                            AliasProperty     Name = ProcessName
NPM                             AliasProperty     NPM = NonpagedSystemMemorySize
PM                              AliasProperty     PM = PagedMemorySize
VM                              AliasProperty     VM = VirtualMemorySize
WS                              AliasProperty     WS = WorkingSet
add_Disposed                    Method              System.Void add_Disposed(Event...
...
```

通过筛选要查看的元素，用户可以更好地使用这一长信息列表。使用 Get-Member 命令，可以仅列出作为属性的成员。存在多种形式的属性。如果将 Get-Member 的 MemberType 参数设置为值 Properties，则该命令将显示任一类型的属性。所得到的列表仍然很长，但更易于管理：

PS C:\USERS\ADMINISTRATOR > **Get-Process | Get-Member -MemberType Properties**

执行上面的命令，输出的内容将与以下所示类似：

```
    TypeName: System.Diagnostics.Process


Name                            MemberType          Definition
----                            ----------          ----------
Handles                         AliasProperty    Handles = Handlecount
Name                            AliasProperty     Name = ProcessName
...
ExitCode                        Property            System.Int32 ExitCode {get;}
...
Handle                          Property            System.IntPtr Handle {get;}
...
CPU                             ScriptProperty System.Object CPU {get=$this.Total...
...
Path                            ScriptProperty System.Object Path {get=$this.Main...
```

...

MemberType 参数允许使用以下值作为参量：AliasProperty、CodeProperty、Property、NoteProperty、ScriptProperty、Properties、PropertySet、Method、CodeMethod、ScriptMethod、Methods、ParameterizedProperty、MemberSet 和 All。

进程有超过 60 个属性。对于所有常见的对象，Windows PowerShell 通常仅显示其部分属性，这是因为显示其所有属性会生成难以管理的大量信息。

Windows PowerShell 通过使用名称以.format.ps1.xml 结尾的 XML 文件中所存储的信息来确定如何显示对象类型。进程对象（即 .NET 的 System.Diagnostics.Process 对象）的格式设置数据存储在 PowerShellCore.format.ps1xml 中。

如果需要查看 Windows PowerShell 默认情况下所显示属性之外的其他属性，则用户需要自己设置输出数据的格式。

10.4.3 使用命令格式更改输出

Windows PowerShell 提供了一组 cmdlet，使用这些 cmdlet 可以控制要为特定对象显示的属性。这些 cmdlet 的名称均以动词 Format 开头，它们允许选择一个或多个要显示的属性。

Format cmdlet 包括 Format-Wide、Format-List、Format-Table 和 Format-Custom。本节中将仅介绍 Format-Wide、Format-List 和 Format-Table cmdlet。

每个格式的 cmdlet 都具有默认属性。如果未指定要显示的特定属性，则会使用这些默认属性。每个 cmdlet 都使用同一参数名称 Property 来指定要显示的属性。由于 Format-Wide 仅显示单个属性，因此其 Property 参数仅获取单个值，但 Format-List 和 Format-Table 的属性参数将接受一系列属性名称。

如果对两个正在运行的 Windows PowerShell 实例使用"Get-Process -Name powershell"命令，所得到的输出将类似于以下内容：

Handles	NPM(K)	PM(K)	WS(K)	VM(M)	CPU(s)	Id	ProcessName
995	9	30308	27996	152	2.73	2760	powershell
331	9	23284	29084	143	1.06	3448	powershell

本节的其余部分将探讨如何使用 Format cmdlet 来更改此命令的输出显示方式。

1. 使用 Format-Wide 显示单项输出

默认情况下，Format-Wide cmdlet 仅显示对象的默认属性。与每个对象相关联的信息将显示在单独一列中：

PS C:\USERS\ADMINISTRATOR > **Get-Process -Name powershell | Format-Wide**

执行上面的命令，输出的内容将与以下所示类似：

powershell   powershell

也可以指定非默认属性：

PS C:\USERS\ADMINISTRATOR > **Get-Process -Name powershell | Format-Wide -Property Id**

则输出的内容为：

2760   3448

2. 使用 Column 控制 Format-Wide 显示

使用 Format-Wide cmdlet，每次只能显示一个属性。这样对于每行仅显示一个元素的简单列表十分有用。若要获取简单列表，请键入以下命令来将 Column 参数的值设置为 1：

Get-Command Format-Wide -Property Name -Column 1

3. 使用 Format-List 显示列表视图

Format-List cmdlet 以列表的形式显示对象，并在单独行上标记和显示每个属性：

PS C:\USERS\ADMINISTRATOR > **Get-Process -Name powershell | Format-List**

执行上面的命令，输出的内容将与以下所示类似：

```
Id      : 2760
Handles : 1242
CPU     : 3.03125
Name    : powershell


Id      : 3448
Handles : 328
CPU     : 1.0625
Name    : powershell
```

可以根据需要指定任意数量的属性，如：

PS C:\USERS\ADMINISTRATOR>**Get-Process -Name powershell | Format-List -Property ProcessName,FileVersion,StartTime,Id**

执行上面的命令，输出的内容将与以下所示类似：

```
ProcessName : powershell
FileVersion : 1.0.9567.1
StartTime   : 2006-05-24 13:42:00
Id          : 2760


ProcessName : powershell
FileVersion : 1.0.9567.1
StartTime   : 2006-05-24 13:54:28
Id          : 3448
```

4. 使用 Format-List 和通配符来获取详细信息

Format-List cmdlet 允许用户将通配符用作其 Property 参数的值。这样可以显示详细信息。通常，对象所包含的信息多于用户需要的信息，因此，默认情况下 Windows PowerShell 将不会显示所有属性值。若要显示对象的所有属性，可使用"Format-List -Property *"命令。以下命令将为单个进程生成超过 60 行信息的输出：

Get-Process -Name powershell | Format-List -Property *

虽然 Format-List 命令对于显示详细信息十分有用，但如果希望获得包含多个项的输出概览，则较简单的表格格式视图通常会更有用。

5. 使用 Format-Table 显示表格格式输出

如果使用 Format-Table cmdlet（未指定任何属性名称）来设置 Get-Process 命令的输出格式，所获得的输出将与不执行任何格式设置的情况完全相同。这是因为与大多数 Windows PowerShell 对象一样，进程通常是以表格格式显示的。

PS C:\USERS\ADMINISTRATOR > **Get-Process -Name powershell | Format-Table**

Handles	NPM(K)	PM(K)	WS(K)	VM(M)	CPU(s)	Id	ProcessName
1488	9	31568	29460	152	3.53	2760	powershell
332	9	23140	632	141	1.06	3448	powershell

6. 改进 Format-Table 输出

尽管表格格式的视图适用于显示大量可比较信息，但其可能难以判断显示区域是否过窄而无法容纳数据。例如，如果试图显示进程路径、ID、名称和公司，则会导致进程路径和公司列的输出被截断：

PS C:\USERS\ADMINISTRATOR>**Get-Process -Name powershell | Format-Table -Property Path,Name,Id,Company**

执行上面的命令，输出的内容将与以下所示类似：

Path	Name	Id	Company
C:\Program Files...	powershell	2836	Microsoft Corpor...

如果在运行 Format-Table 命令时指定了 AutoSize 参数，则 Windows PowerShell 将基于要显示的实际数据来计算列宽。这样会使 Path 列可读，但 Company 列仍处于截断状态：

PS C:\USERS\ADMINISTRATOR>**Get-Process -Name powershell | Format-Table -Property Path,Name,Id,Company -AutoSize**

执行上面的命令，输出的内容将与以下所示类似：

Path	Name	Id	Company

```
----                                                                      ----       --      -------
C:\Program Files\Windows PowerShell\v1.0\powershell.exe          powershell   2836   Micr...
```

Format-Table cmdlet 仍然可能会截断数据，但截断只会发生在屏幕的末尾部分。除最后一个显示的属性外，会将其他属性指定为其最长数据元素所需的宽度以进行正常显示。如果在 Property 值列表中将 Path 和 Company 交换位置，用户将发现公司名称是可见的，但路径被截断：

> PS C:\USERS\ADMINISTRATOR>**Get-Process -Name powershell | Format-Table -Property Company,Name,Id,Path -AutoSize**

执行上面的命令，输出的内容将与以下所示类似：

```
Company                 Name          Id    Path
-------                 ----          --    ----
Microsoft Corporation   powershell    2836  C:\Program Files\Windows PowerShell\v1...
```

Format-Table 命令假定离属性列表开头越近的属性的重要性越高。因此，它会试图完全显示最靠近开头的属性。如果 Format-Table 命令无法显示所有属性，则会从显示中删除部分列并发出相应警告。如果将 Name 作为列表中的最后一个属性，则会看到此行为：

> PS C:\USERS\ADMINISTRATOR>**Get-Process -Name powershell | Format-Table -Property Company,Path,Id,Name -AutoSize**

执行上面的命令，输出的内容将与以下所示类似：

```
WARNING: column "Name" does not fit into the display and was removed.

Company                 Path                                                           Id
-------                 ----                                                           -------
Microsoft Corporation   C:\Program Files\Windows PowerShell\v1.0\powershell.exe  6
```

在以上输出中，ID 列被截断以便能容纳在列表中，并且堆叠了列标题。自动调整各列大小，并不一定总会实现用户需要的效果。

7. Format-Table 输出在列中换行

通过使用 Wrap 参数，可以强行使冗长的 Format-Table 数据在其显示列中换行。单独使用 Wrap 参数不一定能实现用户的预期效果，这是因为如果不同时指定 AutoSize 则会使用默认设置：

> PS C:\USERS\ADMINISTRATOR > **Get-Process -Name powershell | Format-Table -Wrap -Property Name,Id,Company,Path**

执行上面的命令，输出的内容将与以下所示类似：

```
Name          Id   Company          Path
----          --   -------          ----
powershell    2836 Microsoft Corporati  C:\Program Files\Wionndows PowerShell\v1.0 \powershell.exe
```

单独使用 Wrap 参数的一个优点在于它不会极大地降低处理速度。如果在执行大型目录系统的递归文件列表时使用 AutoSize，则在显示第一个输出项之前可能需要花费很长时间并占用大量内存。

如果不考虑系统负载，则将 AutoSize 与 Wrap 参数一起使用会取得不错的效果。与指定 AutoSize 而不指定 Wrap 参数时的情况一样，始终会为初始列分配它们在一行内显示项所需的宽度。唯一的不同之处在于，如有必要，最后一列将进行换行。如命令：

PS C:\USERS\ADMINISTRATOR > Get-Process -Name powershell | Format-Table -Wrap -AutoSize -Property Name,Id,Company,Path

执行上面的命令，输出的内容将与以下所示类似：

```
Name          Id    Company              Path
----          --    -------              ----
powershell    2836  Microsoft Corporation  C:\Program Files\Windows PowerShell\v1.0\ powershell.exe
```

如果先指定最宽的列，则可能无法显示某些列，因此，最安全的做法是先指定最小的数据元素。在下面的示例中，先指定最宽的路径元素，在这种情况下，即使通过换行也仍然无法显示最后的 Name 列：

PS C:\USERS\ADMINISTRATOR > Get-Process -Name powershell | Format-Table -Wrap -AutoSize -Property Path,Id,Company,Name

执行上面的命令，输出的内容将与以下所示类似：

```
WARNING: column "Name" does not fit into the display and was removed.

Path                                              Id    Company
----                                              ----  -------
C:\Program Files\Windows PowerShell\v1.0\powershell.exe  2836  Microsoft Corporation
```

8. 组织表输出

用于表格格式输出控制的另一个有用参数是 GroupBy。越长的表格格式列表可能越难以进行比较。GroupBy 参数可以基于属性值对输出进行分组。例如，可以按公司对进程进行分组，从而忽略属性列表中的公司值来更轻松地进行检查：

PS C:\USERS\ADMINISTRATOR > Get-Process -Name powershell | Format-Table -Wrap -AutoSize -Property Name,Id,Path -GroupBy Company

执行上面的命令，输出的内容将与以下所示类似：

```
   Company: Microsoft Corporation

Name         Id    Path
----         --    ----
powershell   1956  C:\Program Files\Windows PowerShell\v1.0\powershell.exe
powershell   2656  C:\Program Files\Windows PowerShell\v1.0\powershell.exe
```

10.4.4 使用输出命令重定向数据

Windows PowerShell 提供了多个用于直接控制数据输出的 cmdlet。这些 cmdlet 具有两个重要的共同特征。

1）它们通常都将数据转换为某种文本形式。这是因为它们要将数据输出到需要接受文本输入的系统组件。这意味着它们需要以文本形式表示对象。因此，文本格式将与 Windows PowerShell 控制台窗口中所显示的格式相同。

2）这些 cmdlet 都使用 Windows PowerShell 动词 Out，这是因为它们要将信息从 Windows PowerShell 中发送到其他位置。Out-Host cmdlet 也不例外，主机窗口显示位于 Windows PowerShell 之外。这一特征十分重要，因为从 Windows PowerShell 发出数据时，实际上将删除该数据。如果试图创建将数据分页发送到主机窗口的管道，然后尝试将其格式设置为列表，则会看到此类情况，如下所示：

PS C:\USERS\ADMINISTRATOR > Get-Process | Out-Host -Paging | Format-List

用户可能希望该命令以列表格式来显示进程信息页面。实际上，它将显示默认的表格格式列表：

Handles	NPM(K)	PM(K)	WS(K)	VM(M)	CPU(s)	Id	ProcessName
101	5	1076	3316	32	0.05	2888	alg
...							
618	18	39348	51108	143	211.20	740	explorer
257	8	9752	16828	79	3.02	2560	explorer
...							

`<SPACE>` 下一页; `<CR>` 下一行; Q 退出

...

Out-Host cmdlet 将数据直接发送到控制台，因此 Format-List 命令不会收到任何要进行格式设置的内容。

若要构建此命令的结构，正确方式是将 Out-Host cmdlet 放在管道末尾，这样将导致先在列表中设置进程数据的格式，然后再进行分页和显示。

PS C:\USERS\ADMINISTRATOR > Get-Process | Format-List | Out-Host -Paging

执行上面的命令，输出的内容将与以下所示类似：

```
Id        : 2888
Handles   : 101
CPU       : 0.046875
Name      : alg
...

Id        : 740
Handles   : 612
CPU       : 211.703125
```

```
Name      : explorer

Id        : 2560
Handles   : 257
CPU       : 3.015625
Name      : explorer
...
<SPACE> 下一页; <CR> 下一行; Q 退出
...
```

此方式适用于所有的 Out cmdlet。Out cmdlet 应始终出现在管道末尾。

☞注意:

所有的 Out cmdlet 都以文本形式呈现输出,并使用控制台窗口的有效格式设置(包含行长度限制)进行显示。

1. 对控制台输出进行分页

默认情况下,Windows PowerShell 会将数据发送到主机窗口,这与 Out-Host cmdlet 的作用完全相同。正如前面所讨论的,Out-Host cmdlet 的主要用途是对数据进行分页。例如,以下命令使用 Out-Host 对 Get-Command cmdlet 的输出进行分页:

```
PS C:\USERS\ADMINISTRATOR > Get-Command | Out-Host -Paging
```

也可以使用 more 函数来对数据进行分页。在 Windows PowerShell 中,more 是一个调用 "Out-Host –Paging" 的函数。以下命令演示了如何使用 more 函数对 Get-Command 的输出进行分页:

```
PS C:\USERS\ADMINISTRATOR > Get-Command | more
```

如果将一个或多个文件名用做 more 函数的参数,则该函数将读取指定的文件并将其内容分页发送到主机:

```
PS C:\USERS\ADMINISTRATOR > more c:\boot.ini
[boot loader]
timeout=5
default=multi(0)disk(0)rdisk(0)partition(1)\WINDOWS
[operating systems]
...
```

2. 放弃输出

Out-Null cmdlet 的作用是立即放弃其收到的任何输入。如果希望放弃作为运行命令的副产品而获得的不需要的数据,则此命令十分有用。键入以下命令后,将不会返回任何输出:

```
PS C:\USERS\ADMINISTRATOR > Get-Command | Out-Null
```

Out-Null cmdlet 不会放弃错误输出。例如,如果输入以下命令,将显示一条消息,通知用户 Windows PowerShell 无法识别 "Is-NotACommand":

PS C:\USERS\ADMINISTRATOR > Get-Command Is-NotACommand | Out-Null
Get-Command : 'Is-NotACommand' is not recognized as a cmdlet, function, operabl
e program, or script file.
At line:1 char:12
+ Get-Command   <<<< Is-NotACommand | Out-Null

3．打印数据

可以使用 Out-Printer cmdlet 打印数据。如果未提供打印机名称，则 Out-Printer cmdlet 将使用默认打印机。通过指定打印机的显示名称，用户可以使用任何基于 Windows 的打印机。无需指定任何种类的打印机端口映射，甚至无需指定真实的物理打印机。例如，如果安装了 Microsoft Office 文档图像工具，可以通过键入以下命令将数据发送到图像文件：

PS C:\USERS\ADMINISTRATOR > **Get-Command Get-Command | Out-Printer -Name "Microsoft Office Document Image Writer"**

4．保存数据

可以使用 Out-File cmdlet 将输出发送到文件而不是控制台窗口。以下命令会将一个进程列表保存到文件"C:\temp\processlist.txt"中：

PS C:\USERS\ADMINISTRATOR > **Get-Process | Out-File -FilePath C:\temp\processlist.txt**

如果习惯于传统的输出重定向，则使用 Out-File cmdlet 的结果可能与用户的预期结果不同。若要了解此命令的行为，必须了解运行 Out-File cmdlet 的上下文。

默认情况下，Out-File cmdlet 将创建 Unicode 文件。从长远的角度来看，这是最佳的默认值，但这意味着预期使用 ASCII 文件的工具将无法正确处理该默认输出格式。可以使用 Encoding 参数将默认输出格式更改为 ASCII：

PS C:\USERS\ADMINISTRATOR> Get-Process | Out-File -FilePath C:\temp\processlist.txt -Encoding ASCII

Out-File 将文件内容的格式设置为类似于控制台输出的格式。这样将导致在大多数情况下输出将像在控制台窗口中一样发生截断。例如运行以下命令：

PS C:\USERS\ADMINISTRATOR > Get-Command | Out-File -FilePath c:\temp\output.txt

输出将与以下所示类似：

CommandType	Name	Definition
Cmdlet	Add-Content	Add-Content [-Path] <String[...
Cmdlet	Add-History	Add-History [[-InputObject] ...
...		

若要获得不强行进行换行以匹配屏幕宽度的输出，可以使用 Width 参数来指定行宽。由于 Width 是 32 位整数参数，因此其最大值为 2147483647。键入以下命令可以将行宽设置为此最大值：

Get-Command | Out-File -FilePath c:\temp\output.txt -Width 2147483647

如果希望按照控制台上所显示的格式保存输出，则 Out-File cmdlet 最有用。若要更好地控制输出格式，用户需要使用更高级的工具。将在下一章介绍这些工具，并提供有关对象操作的一些详细信息。

10.5　Windows PowerShell 导航

文件夹是一种计算机磁盘空间里面为了分类储存文件而建立独立路径的目录，"文件夹"就是指代这种目录的统称。文件夹提供了指向对应磁盘空间的路径地址，它可以有扩展名，但不具有文件扩展名的作用，即不能像文件那样用扩展名来标识格式。使用文件夹最主要的目的是为了分门别类地有序存放文件，进而方便文件的组织与管理。文件夹一般采用多层次结构（树状结构），在这种结构中每一个逻辑盘符只有一个根文件夹，它包含若干文件和文件夹。文件夹不但可以包含文件，而且可包含下一级文件夹，这样类推下去形成的多级树状结构，如图 10-13 所示，这样既帮助了用户将不同类型和功能的文件分类储存，又方便日后对文件的查找。

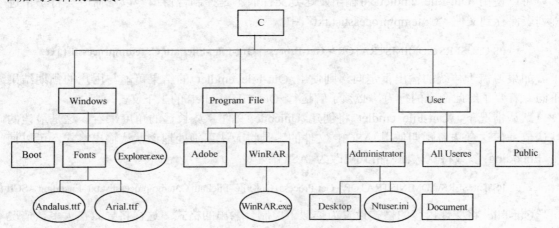

图 10-13　C 盘驱动器下的部分文件结构示意图

其中，矩形方框示意文件夹，椭圆示意普通文件。

UNIX 系列操作系统扩展了这一概念，将所有可能的项目都视为文件；特定的硬件和网络连接将作为文件显示在特定文件夹中。此方法无法确保内容是否可由特定应用程序读取或使用，但这样可以更轻松地查找特定项目。用于对文件和文件夹进行枚举或搜索的工具也使用这些设备。此外，还可以使用表示特定项目的文件路径来定位到该项目。

同样，Windows PowerShell 基础结构支持将诸如标准 Microsoft Windows 磁盘驱动器或 UNIX 文件系统之类的可进行导航的几乎所有项目都表示成 Windows PowerShell 驱动器。因此 Windows PowerShell 驱动器不一定表示真实的本地驱动器或网络驱动器。

以文件导航为例，在 Windows PowerShell 中导航，实际上是指如何定位确定文件的位置，而确定文件位置的驱动器与文件夹名称所组成的字符串，被称为文件的路径。在如图 10-13 中，如果要系统执行文件 Explorer.exe，则需要输入完整的文件名称应该是 "C:\Windows\Explorer.exe"，其中 "C:\Windows\" 表示的是名为 "Explorer.exe" 文件所在的位置，即文件的路径。表示文件路径字符串中以"\"间隔驱动器、文件夹、文件,"\"前的文件夹(或驱动器)直接包含"\"后的文件夹或文件。

本节主要讨论文件系统的导航,但这些概念也适用于与文件系统无关的 Windows PowerShell 驱动器。

10.5.1 管理当前位置

在 Windows 资源管理器中导航文件夹系统时,通常具有特定的工作位置,即当前打开的文件夹。通过单击当前文件夹中的项目,可以轻松地对其进行操作。当用户想操作当前文件夹中的另一个文件时,可以通过指定相对简短的路径名称来对其进行访问,而无需指定该文件的完整路径。当前目录被习惯称为工作目录。

在 Windows PowerShell 的默认命令提示符里,也包含了工作目录,如:

PS C:\USERS\ADMINISTRATOR>

在字符串"PS"和字符">"之间显示的"C:\USERS\ADMINISTRATOR"就是当前工作目录的路径。

Windows PowerShell 使用名词 Location 来指代工作目录,并实现一系列 cmdlet 来对系统的位置进行操作。

1. 获取当前位置

若要确定当前目录位置的路径,可以输入 Get-Location 命令:

PS C:\USERS\ADMINISTRATOR> **Get-Location**

执行命令显示的信息如下:

Path

C:\USERS\ADMINISTRATOR

☞注意:

Get-Location cmdlet 与 BASH shell 中的 pwd 命令类似。Set-Location cmdlet 与 Cmd.exe 中的 cd 命令类似。

2. 设置当前位置

Set-Location 命令可以设置工作目录。比如,如果希望将当前的工作目录设置为"C:\Windows",则可使用如下命令:

PS C:\USERS\ADMINISTRATOR>**Set-Location -Path C:\Windows**

上面命令行中,"-Path"参数是用于指定设置成当前目录的目标目录路径。执行命令之后,在窗口中出现的下一个命令提示符将是:

PS C:\Windows>

从命令提示符可以看到,当前的工作路径已经改变成了"C:\Windows"了。当然也可以再次用 Get-Location 命令显示当前的工作路径。

由于直接使用 Set-Location 命令，PowerShell 没有直接反馈命令执行效果的信息。若要验证在输入 Set-Location 命令时是否已成功进行了目录更改，可在输入 Set-Location 命令时包括"-PassThru"参数，如下面的命令：

```
PS C:\USERS\ADMINISTRATOR> Set-Location -Path C:\Windows -PassThru
```

执行上面命令后，就有命令执行信息的反馈。结果显示如下：

```
Path
----
C:\WINDOWS
```

3. 相对路径与绝对路径

绝对路径是指文件导航是从确认驱动器开始，即文件路径是以驱动器符号开头的导航方法。而相对路径表示的是从当前工作目录开始导航到相应文件位置的方法。前面列举的例子都以绝对路径表示方法实现的，下面介绍相对路径表示方法。

在标准的相对路径表示法中，单句点（.）表示当前文件夹，双句点（..）表示父目录。

例如，如果工作目录是在"C:\Windows"文件夹中，则单句点（.）表示"C:\Windows"，而双句点（..）表示"C:"，即包含当前文件夹"Windows"的直接父目录。通过键入以下命令可以从当前位置切换到"C:"驱动器根目录：

```
PS   C:\Windows> Set-Location   -Path   ..   -PassThru
Path
----
C:\
```

此方法同样适用于不属于文件系统驱动器的 Windows PowerShell 驱动器（例如 HKLM）。通过键入以下命令可以将用户的位置设置为注册表中的 HKLM\Software 项：

```
PS HKLM:> Set-Location   -Path   HKLM:\SOFTWARE   -PassThru
Path
----
HKLM:\SOFTWARE
```

然后，可以使用相对路径来将目录位置更改为父目录，即 Windows PowerShell HKLM 驱动器的根目录：

```
PS   HKLM:\SOFTWARE> Set-Location -Path .. -PassThru
Path
----
HKLM:\
```

可以键入 Set-Location 或使用 Set-Location 的任何内置 Windows PowerShell 别名（cd、chdir、sl）。例如：

```
cd -Path C:\Windows
chdir -Path .. -PassThru
sl -Path HKLM:\SOFTWARE -PassThru
```

4．保存和撤回最近的位置（Push-Location 和 Pop-Location）

更改位置时，有必要对曾经处于的位置进行跟踪，并且能够返回以前的位置。Windows PowerShell 中的 Push-Location cmdlet 可以创建用户曾经处于的目录路径的有序历史记录（"堆栈"），用户可以使用补充的 Pop-Location cmdlet 来逐步退回目录路径的历史记录。

例如，Windows PowerShell 通常从用户的主目录启动。

```
PS C:\USERS\ADMINISTRATOR> Get-Location
Path
----
C:\USERS\ADMINISTRATOR
```

☞注意：

堆栈是指只能在某一进行插入和删除操作的特殊线性表，按照后进先出的原则存储数据，最先进入的数据被保存在栈底，最后进入的数据保存在栈顶，需要数据的时候从栈顶开始读出数据（最后进入的数据被第一个读出来）。

若要将当前位置压入堆栈，然后转到文件夹，请键入：

```
PS C:\USERS\ADMINISTRATOR > Push-Location -Path    C:\Windows
```

然后可以通过键入以下命令，将"C:\Windows"位置压入堆栈，并转到"C:\Program Files"文件夹：

```
PS C:\Windows > Push-Location -Path "C:\Program Files"
```

☞注意：

如果参数后跟的参量中包含了空格，则需要用一对引号将其括起来。

可以通过输入 Get-Location 命令来验证是否已经更改了目录：

```
PS C:\Program Files > Get-Location
Path
----
C:\Program Files
```

然后，可以通过输入 Pop-Location 命令来弹出到最近访问过的目录，并通过输入 Get-Location 命令来验证该更改：

```
PS C:\Program Files> Pop-Location
PS C:\Windows > Get-Location
```

```
Path
----
C:\Windows
```

与 Set-Location cmdlet 相同，在输入 Pop-Location cmdlet 时可以包括 "-PassThru" 参数以显示所输入的目录：

```
PS C:\Windows > Pop-Location -PassThru
Path
----
C:\USERS\ADMINISTRATOR
```

还可以使用位置 cmdlet 来处理网络路径。如果有一个名为 FS01 的服务器，该服务器有一个名为 Public 的共享区，则可以通过键入以下命令来更改位置：

```
Set-Location \\FS01\Public
```

或

```
Push-Location \\FS01\Public
```

也可以使用 Push-Location 和 Set-Location 命令将位置更改为任何可用的驱动器。例如，如果有一个本地 CD-ROM 驱动器，其驱动器号为 D，并且包含数据 CD，则可以通过输入 "Set-Location D:" 命令将位置更改为 CD 驱动器。

如果该驱动器为空，用户将获得以下错误消息：

```
PS C:\USERS\ADMINISTRATOR> Set-Location D:
Set-Location : Cannot find path 'D:\' because it does not exist.
```

使用命令行界面时，用 Windows 资源管理器来检查可用物理驱动器并不太方便。而且，Windows 资源管理器不会显示所有 Windows PowerShell 驱动器。Windows PowerShell 提供了一组用于操作 Windows PowerShell 驱动器的命令，稍后将介绍这些命令。

10.5.2 管理 Windows PowerShell 驱动器

在 Windows PowerShell 中，Windows PowerShell 驱动器是一种数据存储位置，用户可以像访问文件系统驱动器一样对其进行访问。Windows PowerShell 提供程序创建一些驱动器，例如文件系统驱动器（包括 "C:" 和 "D:"）、注册表驱动器（"HKCU:" 和 "HKLM:"）和证书驱动器（"Cert:"），系统也允许用户创建自己的 Windows PowerShell 驱动器。这些驱动器十分有用，但其仅在 Windows PowerShell 中可用，无法使用其他 Windows 工具（例如 Windows 资源管理器或 cmd.exe）来访问这些驱动器。

1. 访问与设置 Windows PowerShell 驱动器

Windows PowerShell 使用名词 PSDrive 来表示用于 Windows PowerShell 驱动器的命令。若要获得 Windows PowerShell 会话中的 Windows PowerShell 驱动器列表，可使用 Get-PSDrive cmdlet。

```
PS C:\USERS\ADMINISTRATOR > Get-PSDrive
```

上面命令的输出结果内容大致如：

```
Name          Provider      Root                              CurrentLocation
----          --------      ----                              ---------------
Alias         Alias
C             FileSystem    C:\                               Users\Administrator
cert          Certificate    \
D             FileSystem    D:\
Env           Environment
Function      Function
HKCU          Registry      HKEY_CURRENT_USER
HKLM          Registry      HKEY_LOCAL_MACHINE
Variable      Variable
```

虽然根据系统中驱动器的不同，此处所显示的驱动器会有所不同，但该列表的外观与上面显示的 Get-PSDrive 命令的输出类似。

文件系统驱动器是 Windows PowerShell 驱动器的子集。可以按 Provider 列中的 FileSystem 条目来标识文件系统驱动器。（Windows PowerShell 中的文件系统驱动器由 Windows PowerShell FileSystem 提供程序支持）

若要查看 Get-PSDrive cmdlet 的语法，请键入带 Syntax 参数的 Get-Command 命令。Get-PSDrive cmdlet 的语法如下：

```
Get-Command -Name Get-PSDrive –Syntax Get-PSDrive [[-Name] <String[]>] [-Scope <String>] [-
PSProvider <String[]>] [-Verbose] [-Debug] [-ErrorAction <ActionPreference>] [-ErrorVariable <String>]
[-OutVariable <String>] [-OutBuffer <Int32>]
```

PSProvider 参数允许仅显示由某个特定驱动程序支持的 Windows PowerShell 驱动器。例如，若要仅显示由 Windows PowerShell FileSystem 提供程序支持的 Windows PowerShell 驱动器，则键入带 PSProvider 参数和 FileSystem 值的 Get-PSDrive 命令：

```
PS Users\Administrator > Get-PSDrive -PSProvider FileSystem
Name          Provider      Root                              CurrentLocation
----          --------      ----                              ---------------
A             FileSystem    A:\
C             FileSystem    C:\                               Users\Administrator
D             FileSystem    D:\
```

若要查看表示注册表配置单元的 Windows PowerShell 驱动器，可使用 PSProvider 参数，以便仅显示由 Windows PowerShell Registry 提供程序支持的 Windows PowerShell 驱动器：

```
PS Users\Administrator > Get-PSDrive -PSProvider Registry
Name    Provider    Root    CurrentLocation
----    --------    ----    ---------------
HKCU    Registry            HKEY_CURRENT_USER
HKLM    Registry            HKEY_LOCAL_MACHINE
```

还可以将标准的位置 cmdlet 用于 Windows PowerShell 驱动器：

```
PS Users\Administrator > Set-Location HKLM:\SOFTWARE
PS HKLM:\SOFTWARE > Push-Location .\Microsoft
PS HKLM:\SOFTWARE\ Microsoft > Get-Location

Path
----
HKLM:\SOFTWARE\Microsoft
```

2．添加新的 Windows PowerShell 驱动器

通过使用 New-PSDrive 命令，用户可以添加自己的 Windows PowerShell 驱动器。若要获取 New-PSDrive 命令的语法，请输入带 Syntax 参数的 Get-Command 命令。New-PSDrive 命令的语法如下：

```
Get-Command -Name New-PSDrive –Syntax New-PSDrive [-Name] <String> [-PSProvider] <String> [-Root] <String> [-Description <String>] [-Scope <String>] [-Credential <PSCredential>] [-Verbose] [-Debug] [-ErrorAction <ActionPreference>] [-ErrorVariable <String>] [-OutVariable <String>] [-OutBuffer <Int32>] [-WhatIf] [-Confirm]
```

若要创建新的 Windows PowerShell 驱动器，必须提供以下 3 个参数。

1）驱动器的名称（可以使用任何有效的 Windows PowerShell 名称）。

2）PSProvider（使用"FileSystem"表示文件系统位置，使用"Registry"表示注册表位置）。

3）根目录，即新驱动器的根目录路径。

例如，可以创建一个名为"Office"的驱动器，该驱动器映射到计算机上包含 Microsoft Office 应用程序的文件夹，例如"C:\Program Files\Microsoft Office\OFFICE11"。若要创建该驱动器，可以键入以下命令：

```
PS Users\Administrator> New-PSDrive -Name Office -PSProvider FileSystem -Root "C:\Program Files\Microsoft Office\OFFICE11"
```

命令执行后，输出的反馈信息大致如下：

```
Name          Provider      Root                        CurrentLocation
----          --------      ----                        ---------------
Office        FileSystem                                C:\Program Files\Microsoft Offic...
```

☞注意：

通常路径不区分大小写。

引用新的 Windows PowerShell 驱动器的方式与引用所有 Windows PowerShell 驱动器的方式一样，即使用其名称后跟冒号（:）。

Windows PowerShell 驱动器可以简化很多任务。例如，Windows 注册表中某些最重要的注册表项具有很长的路径，从而难以对其进行访问和记忆。关键的配置信息驻留在"HKEY_LOCAL_MACHI NE\SOFTWARE\Microsoft\Windows\CurrentVersion"下。若要查看和更改"CurrentVersion"注册表项中的项目，用户可以通过键入以下命令来创建一个根目录位于该注册表项中的 Windows PowerShell 驱动器：

```
PS     Users\Administrator>New-PSDrive   -Name   cvkey   -PSProvider   Registry   -Root
HKLM\Software\Microsoft\Windows\CurrentVersion

Name    Provider    Root                          CurrentLocation
----    --------    ----                          ---------------
cvkey   Registry                                  HKLM\Software\Microsoft\Windows\...
```

然后，就可以将"HKEY_LOCAL_MACHINE\SOFTWARE\Microsoft\Windows \Curre ntVe-rsion"位置更改为"cvkey:"驱动器，如同更改为任何其他驱动器一样：

```
PS Users\Administrator > cd cvkey:
```

或者：

```
PS Users\Administrator > Set-Location cvkey: -PassThru
Path
----
cvkey:\
```

New-PsDrive cmdlet 会将新驱动器仅添加到当前 Windows PowerShell 会话中。如果关闭 Windows PowerShell 窗口，则新驱动器将丢失。若要保存 Windows PowerShell 驱动器，可使用 Export-Console cmdlet 导出当前的 Windows PowerShell 会话，然后使用 PowerShell.exe 命令的 PSConsoleFile 参数将其导入。或者，将新驱动器添加到当前系统的 Windows PowerShell 配置文件中。

3. 删除 Windows PowerShell 驱动器

通过使用 Remove-PSDrive cmdlet，可以从 Windows PowerShell 中删除驱动器。Remove-PSDrive cmdlet 使用起来很方便，若要删除特定的 Windows PowerShell 驱动器，只需提供该 Windows PowerShell 驱动器名称。

例如，如果已经添加了"Office:"Windows PowerShell 驱动器，如前例中所示，则可以通过键入以下命令来删除该驱动器：

```
PS Users\Administrator > Remove-PSDrive -Name Office
```

若要删除"cvkey:"Windows PowerShell 驱动器，可使用以下命令：

```
PS Users\Administrator > Remove-PSDrive -Name cvkey
```

删除 Windows PowerShell 驱动器十分容易，但当工作目录位于该驱动器中时，则无法将其删除。例如：

```
PS Users\Administrator > cd office:
PS Office:\> remove-psdrive -name office
Remove-PSDrive : Cannot remove drive 'Office' because it is in use.
At line:1 char:15
+ remove-psdrive   <<<< -name office
```

10.5.3 处理文件、文件夹和注册表项

Windows PowerShell 使用名词 Item 来表示在 Windows PowerShell 驱动器中找到的项。

在处理 Windows PowerShell FileSystem 提供程序时，Item 可以是文件、文件夹或 Windows PowerShell 驱动器。在大多数管理设置中，列出并处理这些项是一项重要的基本任务，因此应对这些任务进行详细的讨论。

1. 枚举文件、文件夹和注册表项

由于从特定位置获取该位置下所包含项的集合是很常见的任务，因此 Get-ChildItem cmdlet 被设计为专门用于返回具体项（例如某个文件夹）中所包含的所有项。

例如，若要返回文件夹"C:\Windows"中直接包含的所有文件和文件夹，可以输入：

```
PS Users\Administrator > Get-ChildItem -Path C:\Windows
    Directory: Microsoft.Windows PowerShell.Core\FileSystem::C:\Windows
Mode        LastWriteTime              Length     Name
----        -------------              ------     ----
-a---       2006-05-16    8:10 AM           0     0.log
-a---       2005-11-29    3:16 PM          97     acc1.txt
-a---       2005-10-23   11:21 PM        3848     actsetup.log
...
```

在 Cmd.exe 中输入 dir 命令或者在 UNIX shell 中输入 ls 命令时，所列出的内容与该列表类似。

可以使用 Get-ChildItem cmdlet 的参数来执行非常复杂的列表操作。可以通过输入以下命令来查看 Get-ChildItem cmdlet 的语法：

```
Get-Command -Name Get-ChildItem -Syntax
```

可以将这些参数进行混合和匹配以获得较高程度的自定义输出。

2. 列出所有包含的项

若要查看某一文件夹及其子文件夹中包含的所有项，可使用 Recurse 参数来实现。例如查看 Windows 文件夹内部的项及其子文件夹中包含的所有项，输入的 Get-ChildItem 命令如下：

```
PS Users\Administrator > Get-ChildItem -Path C:\WINDOWS -Recurse
```

命令执行结果大致如下：

```
        Directory: Microsoft.Windows PowerShell.Core\FileSystem::C:\WINDOWS
        Directory: Microsoft.Windows PowerShell.Core\FileSystem::C:\WINDOWS\AppPatch
Mode        LastWriteTime              Length     Name
----        -------------              ------     ----
-a---       2004-08-04    8:00 AM     1852416     AcGenral.dll
    ...
```

3. 按名称筛选项

若要仅显示项名称，可使用 Get-Childitem 的 Name 参数，如下例：

```
PS Users\Administrator > Get-ChildItem -Path C:\WINDOWS -Name
addins
AppPatch
assembly
```

...

4．强制列出隐藏项

通常，在 Windows 资源管理器或 Cmd.exe 中的隐藏项均不会显示在 Get-ChildItem 命令的输出中。若要显示隐藏项，可使用 Get-ChildItem 的 Force 参数。命令使用如下：

PS Users\Administrator >**Get-ChildItem -Path C:\Windows -Force**

☞注意：

> Force 参数可强制改写 cmdlet 命令的非正常执行的操作，但该参数不执行危及系统安全的任何操作，因此 Force 参数在 cmdlet 命令中使用广泛。

5．将项名称与通配符匹配

Get-ChildItem 命令接受要列出的项的路径中使用通配符。

由于通配符匹配是通过 Windows PowerShell 引擎处理的，因此接受通配符的所有 cmdlet 都可使用相同的表示法，并具有相同的匹配行为。Windows PowerShell 通配符表示法包含内容如下。

1）星号（*）与零或更多出现的字符匹配。

2）问号（?）仅与一个字符匹配。

3）左方括号（[）和右方括号（]）可括住一组要进行匹配的字符。

下面介绍一些使用通配符的示例。

若要查找"Windows"目录中具有 .log 后缀且其名称只有五个字符的所有文件，可以输入以下命令：

```
PS Users\Administrator > Get-ChildItem -Path C:\Windows\?????.log
    Directory: Microsoft.Windows PowerShell.Core\FileSystem::C:\Windows
Mode        LastWriteTime        Length    Name
----        -------------        ------    ----
...
-a---       2006-05-11   6:31 PM  204276   ocgen.log
-a---       2006-05-11   6:31 PM  22365    ocmsn.log
...
-a---       2005-11-11   4:55 AM  64       setup.log
-a---       2005-12-15   2:24 PM  17719    VxSDM.log
...
```

若要查找"Windows"目录中以字母"x"开头的所有文件，可以输入：

Get-ChildItem -Path C:\Windows\x*

若要查找文件名以"x"或"z"开头的所有文件，可以输入：

Get-ChildItem -Path C:\Windows\[xz]*

6．排除项

通过使用 Get-ChildItem 的 Exclude 参数可以排除特定的项。即在单语句中执行复杂的筛选操作。

例如，假设要在"System32"文件夹中查找 Windows 时间服务 DLL，但只记得 DLL 名称是以"W"开头并且其中有数字"32"。

类似于"w*32*.dll"的表达式可找到符合该条件的所有 DLL，但该表达式还会返回名称中包含"95"或"16"的与 Windows 95 和 16 位 Windows 兼容的 DLL。可以使用模式为"*[9516]*"的 Exclude 参数忽略名称中具有其中任一数字的文件：

```
PS Users\Administrator > Get-ChildItem -Path C:\WINDOWS\System32\w*32*.dll -Exclude *[9516]*
Directory: Microsoft.PowerShell.Core\FileSystem::C:\WINDOWS\System32

Mode          LastWriteTime          Length          Name
----          -------------          ------          ----
-a---         2004-08-04 8:00 AM     174592          w32time.dll
-a---         2004-08-04 8:00 AM     22016           w32topl.dll
-a---         2004-08-04 8:00 AM     101888          win32spl.dll
-a---         2004-08-04 8:00 AM     172032          wldap32.dll
-a---         2004-08-04 8:00 AM     264192          wow32.dll
…
```

7. 混合使用 Get-ChildItem 参数

可以在同一命令中使用 Get-ChildItem cmdlet 的多个参数。在混合使用参数之前，请确保了解通配符匹配知识。例如，以下命令将不会返回任何结果：

```
PS Users\Administrator > Get-ChildItem -Path C:\Windows\*.dll -Recurse -Exclude [a-y]*.dll
```

即使 Windows 文件夹中包含两个以字母"z"开头 DLL，也不会返回任何结果。

不返回任何结果是由于将通配符指定为该路径的一部分。即使该命令是递归的，但 Get-ChildItem cmdlet 仍将这些项限制为 Windows 文件夹中名称以".dll"结尾的项。

若要为名称与特定模式相匹配的文件指定递归搜索，需要使用"-Include"参数。

```
PS Users\Administrator > Get-ChildItem -Path C:\Windows -Include *.dll -Recurse -Exclude [a-y]*.dll
   Directory: Microsoft.Windows PowerShell.Core\FileSystem::C:\Windows\System32\Setup

Mode          LastWriteTime          Length    Name
----          -------------          ------    ----
-a---         2004-08-04    8:00 AM   8261      zoneoc.dll


   Directory: Microsoft.Windows PowerShell.Core\FileSystem::C:\Windows\System32

Mode          LastWriteTime          Length    Name
----          -------------          ------    ----
-a---         2004-08-04    8:00 AM   337920    zipfldr.dll
```

10.5.4 直接对项进行操作

在 Windows PowerShell 驱动器中看到的元素（例如文件系统驱动器中的文件和文件夹）和 Windows PowerShell 注册表驱动器中的注册表项在 Windows PowerShell 中均称为项。用于处理这些项的 cmdlet 的名称中具有名词 Item。

"Get-Command -Noun Item"命令的输出表明存在 9 个 Windows PowerShell 项 cmdlet。

```
PS Users\Administrator > Get-Command -Noun Item
```

CommandType	Name	Definition
Cmdlet	Clear-Item	Clear-Item [-Path] <String[]...
Cmdlet	Copy-Item	Copy-Item [-Path] <String[]>...
Cmdlet	Get-Item	Get-Item [-Path] <String[]> ...
Cmdlet	Invoke-Item	Invoke-Item [-Path] <String[...
Cmdlet	Move-Item	Move-Item [-Path] <String[]>...
Cmdlet	New-Item	New-Item [-Path] <String[]> ...
Cmdlet	Remove-Item	Remove-Item [-Path] <String[...
Cmdlet	Rename-Item	Rename-Item [-Path] <String>...
Cmdlet	Set-Item	Set-Item [-Path] <String[]> ...

1. 创建新项

若要在文件系统中创建新项，可使用 New-Item cmdlet。在该命令中包含指向该项路径的 Path 参数，以及值为"file"或"directory"的 ItemType 参数。

例如，若要在"C:\Temp"文件夹中创建名为"New.Directory"的新文件夹，可以输入：

PS Users\Administrator > **New-Item -Path c:\temp\New.Directory -ItemType Directory**

Directory: Microsoft.Windows PowerShell.Core\FileSystem::C:\temp

Mode	LastWriteTime	Length	Name
----	-------------	------	----
d----	2006-05-18　11:29 AM		New.Directory

若要创建文件，请将 ItemType 参数的值更改为"file"。例如，若要在 New.Directory 文件夹中创建名为"file1.txt"的文件，可以输入：

PS Users\Administrator > **New-Item -Path C:\temp\New.Directory\file1.txt -ItemType file**

Directory: Microsoft.Windows PowerShell.Core\FileSystem::C:\temp\New.Directory

Mode	LastWriteTime	Length	Name
----	-------------	------	----
-a---	2006-05-18　11:44 AM	0	file1

可以使用相同的技术创建新的注册表项。实际上，由于 Windows 注册表中只有项类型属于项（注册表条目是项属性），因此创建注册表项更加容易。例如，若要在 CurrentVersion 子项中创建名为"_Test"的项，可以输入：

PS Users\Administrator > **New-Item -Path HKLM:\SOFTWARE\Microsoft\Windows\CurrentVersion_Test**

Hive:Microsoft.PowerShell.Core\Registry::HKEY_LOCAL_MACHINE\SOFTWARE\Microsoft\Windows\CurrentVersion

SKC	VC	Name	Property
---	--	----	--------
0	0	_Test	{}

键入注册表路径时，请务必在 Windows PowerShell 驱动器名称中包含冒号 (:)，例如 "HKLM:" 和 "HKCU:"。如果没有冒号，则 Windows PowerShell 将无法识别路径中的驱动器名称。

2．为什么注册表值不属于项

使用 Get-ChildItem cmdlet 查找注册表项中的项时，用户将始终无法看到实际的注册表条目或其值。

例如，注册表项 "HKEY_LOCAL_MACHINE\Software\Microsoft\Windows\CurrentVersion\Run" 通常包含几个表示在系统启动时运行的应用程序的注册表条目。

但是，在使用 Get-ChildItem 查找该项中的子项时，则所能看到的只是该项的 OptionalComponents 子项：

```
PS Users\Administrator > Get-ChildItem HKLM:\Software\Microsoft\Windows\CurrentVersion\Run
      Hive:Microsoft.PowerShell.Core\Registry::HKEY_LOCAL_MACHINE\Software\Microsoft\Window
s\CurrentVersion\Run

SKC  VC  Name                                        Property
---  --  ----                                        --------
3    0   OptionalComponents                          {}
```

尽管可以很容易地将注册表条目当作项，但却无法将路径指定给注册表条目以确保其唯一性。路径表示法无法将名为 "Run" 的注册表子项与 "Run" 子项中的（Default）注册表条目区分开。此外，由于注册表条目的名称可以包含反斜杠字符 (\)，如果注册表条目是项，则无法使用路径表示法将名为 "Windows\CurrentVersion\Run" 的注册表条目与位于该路径中的子项区分开。

3．重命名现有项

若要更改文件名或文件夹的名称，可使用 Rename-Item cmdlet。以下命令会将 "file1.txt" 文件的名称更改为 "fileOne.txt"。

```
PS Users\Administrator > Rename-Item -Path C:\temp\New.Directory\file1.txt fileOne.txt
```

Rename-Item cmdlet 可更改文件名或文件夹的名称，但无法移动项。以下命令失败的原因是，该命令试图将 New.Directory 文件夹中的文件移动至 Temp 文件夹。

```
PS Users\Administrator > Rename-Item -Path C:\temp\New.Directory\fileOne.txt c:\temp\fileOne.txt
Rename-Item : Cannot rename because the target specified is not a path.
At line:1 char:12
+ Rename-Item   <<<< -Path C:\temp\New.Directory\fileOne c:\temp\fileOne.txt
```

4．移动项

若要移动文件或文件夹，可使用 Move-Item cmdlet。

例如，以下命令可以将 "New.Directory" 文件夹从 "C:\temp" 文件夹移动至 "C:" 驱动器的根目录中。若要验证某个项是否已移动，可在 Move-Item cmdlet 中包含 PassThru 参数，如果没有 Passthru 参数，Move-Item cmdlet 不会显示任何结果。

```
PS Users\Administrator > Move-Item -Path C:\temp\New.Directory -Destination C:\ -PassThru
      Directory: Microsoft.Windows PowerShell.Core\FileSystem::C:\
```

Mode	LastWriteTime		Length	Name
----	-------------		------	----
d----	2006-05-18	12:14 PM		New.Directory

5. 复制项

如果用户熟悉其他 shell 中的复制操作，则可能会发现 Windows PowerShell 中的 Copy-Item cmdlet 的行为有些不同。在将某个项从一个位置复制到另一位置时，默认情况下，Copy-Item 不会复制其内容。

例如，如果将"New.Directory"文件夹从"C:"驱动器复制到"C:\temp"文件夹，则可以成功执行该命令，但却不会复制"New.Directory"文件夹中的文件：

PS Users\Administrator > **Copy-Item -Path C:\New.Directory -Destination C:\temp**

如果显示"C:\temp\New.Directory"中的内容，则将发现该文件夹中不包含任何文件：

PS Users\Administrator > **Get-ChildItem -Path C:\temp\New.Directory**
PS Users\Administrator >

为什么 Copy-Item cmdlet 不会将内容复制到新的位置？

Copy-Item cmdlet 已设计为通用命令，它不适用于复制文件和文件夹。另外，甚至在复制文件和文件夹时，用户也只能复制容器，而不能复制容器中的项。

若要复制文件夹中的所有内容，请在命令中包含 Copy-Item cmdlet 的 Recurse 参数。如果已复制的文件夹没有内容，则可以添加 Force 参数，而该参数将允许覆盖空文件夹。其操作命令示例如下：

PS Users\Administrator > **Copy-Item -Path C:\New.Directory -Destination C:\temp -Recurse -Force -Passthru**

Directory: Microsoft.Windows PowerShell.Core\FileSystem::C:\temp

Mode	LastWriteTime		Length	Name
----	-------------		------	----
d----	2006-05-18	1:53 PM		New.Directory

Directory: Microsoft.Windows PowerShell.Core\FileSystem::C:\temp\New.Directory

Mode	LastWriteTime		Length	Name
----	-------------		------	----
-a---	2006-05-18	11:44 AM	0	file1

6. 删除项

若要删除文件和文件夹，可使用 Remove-Item cmdlet。Windows PowerShell cmdlet（如 Remove-Item）可以进行无法撤消的重大更改，当用户输入命令时，它通常会提示用户进行确认。例如，如果尝试删除"New.Directory"文件夹，则系统将提示确认该命令，因为该文件夹中包含文件：

PS Users\Administrator > **Remove-Item C:\New.Directory**

Confirm
The item at C:\temp\New.Directory has children and the -recurse parameter was not
specified. If you continue, all children will be removed with the item. Are you
　sure you want to continue?
[Y] Yes　[A] Yes to All　[N] No　[L] No to All　[S] Suspend　[?] Help
(default is "Y"):

由于是为默认响应，因此若要删除文件夹及其文件，可以按〈Enter〉键。若要不进行确
认即删除文件夹，可使用 -Recurse 参数。

> PS Users\Administrator > **Remove-Item C:\temp\New.Directory -Recurse**

7．执行项

Windows PowerShell 使用 Invoke-Item cmdlet 来对文件或文件夹执行默认操作。此默认
操作是由注册表中默认应用程序的处理程序确定的，其效果与在 Windows 资源管理器中双
击该项的效果相同。

例如要运行以下命令：

> PS Users\Administrator > **Invoke-Item C:\WINDOWS**

将出现位于"C:\Windows"中的资源管理器窗口，其效果与双击"C:\Windows"文
件夹相同。

如果在 Windows Vista 之前的系统中调用"boot.ini"文件，则键入如下命令：

> PS Users\Administrator > **Invoke-Item C:\boot.ini**

如果 .ini 文件类型与 Notepad 相关联，则 boot.ini 文件将在 Notepad 中打开。

10.6　使用 Windows PowerShell 管理计算机

Windows PowerShell 的基本目标是使用户能够以交互方式或通过脚本更好、更容易地对
系统进行管理控制。本节综述部分用 Windows PowerShell 管理 Windows 系统时出现的很
多特定问题的解决方案。

10.6.1　使用进程 Cmdlet 管理进程

可以使用 Windows PowerShell 中的进程 cmdlet 来管理 Windows PowerShell 中的本地
和远程进程。

1．获取进程

若要获取在本地计算机上运行的进程，可以运行不带参数的 Get-Process 命令来实现。
如果通过指定进程名称或进程 ID 来获取特定进程。如果要用进程的 ID 获取指定进程信
息，则输入获取进程命令后使用 id 参数；如果要用进程的名称获取指定进程的信息，则用
name 参数。如以下两个命令都可以获取 Idle 进程的信息：

> PS Users\Administrator > **Get-Process -id 0**

或

PS Users\Administrator > **Get-Process -name idle**

执行命令输出的结果为：

Handles	NPM(K)	PM(K)	WS(K)	VM(M)	CPU(s)	Id	ProcessName
0	0	0	16	0		0	Idle

虽然在有些情况下 cmdlet 不返回任何数据是正常的，但按其 ID 查找指定进程时，如果 Get-Process 找不到匹配项，则会显示错误信息，因为它的常见用途是检索已知的正在运行的进程。如果不存在具有该 ID 的进程，则很可能是 ID 不正确，或者感兴趣的进程已经退出：

PS Users\Administrator > **Get-Process -Id 99**
Get-Process : No process with process ID 99 was found.
At line:1 char:12
 + Get-Process <<<< -Id 99

可以使用 Get-Process cmdlet 的 Name 参数返回所有具有指定名称的进程的子集。Name 参数的取值可以是逗号分隔的列表中的多个名称，它支持使用通配符。

例如，以下命令将获取名称以"ex"开头的进程。

PS Users\Administrator > **Get-Process -Name ex***

Handles	NPM(K)	PM(K)	WS(K)	VM(M)	CPU(s)	Id	ProcessName
234	7	5572	12484	134	2.98	1684	EXCEL
555	15	34500	12384	134	105.25	728	explorer

由于.NET System.Diagnostics.Process 类是 Windows PowerShell 进程的基础，因此它遵从 System.Diagnostics.Process 使用的某些约定。其中一个约定是，可执行文件的进程名称永远不包括可执行文件名末尾的"exe"。

例如，Get-Process 查找 Name 参数的多个值。

PS Users\Administrator > **Get-Process -Name exp*,power***

Handles	NPM(K)	PM(K)	WS(K)	VM(M)	CPU(s)	Id	ProcessName
540	15	35172	48148	141	88.44	408	explorer
605	9	30668	29800	155	7.11	3052	powershell

可以使用 Get-Process 的 ComputerName 参数获取远程计算机上的进程。例如，以下命令可获取本地计算机（以"localhost"表示）和两台远程计算机 Server01 和 Server02 上的 PowerShell 进程。

PS Users\Administrator>**Get-Process -Name PowerShell -ComputerName localhost, Server01, Server02**
Handles NPM(K) PM(K) WS(K) VM(M) CPU(s) Id ProcessName

-------	------	-----	-----	-----	------	--	----------
258	8	29772	38636	130		3700	powershell
398	24	75988	76800	572		5816	powershell
605	9	30668	29800	155	7.11	3052	powershell

计算机名称在此显示中不明显，但其存储在 Get-Process 返回的进程对象的 MachineName 属性中。以下命令使用 Format-Table cmdlet 来显示进程对象的进程 ID、ProcessName 和 MachineName (ComputerName) 属性。

PS Users\Administrator > Get-Process -Name PowerShell -ComputerName localhost, Server01, Server01 | Format-Table -Property ID, ProcessName, MachineName

Id	ProcessName	MachineName
--	-----------	-----------
3700	powershell	Server01
3052	powershell	Server02
5816	powershell	localhost

下面这个更为复杂的命令会将 MachineName 属性添加到标准 Get-Process 显示中。反引号（`）（ASCII 96）为 Windows PowerShell 中的继续符。

```
get-process powershell -computername localhost, Server01, Server02 | format-table -property Handles, `
                @{Label="NPM(K)";Expression={[int]($_.NPM/1024)}}, `
                @{Label="PM(K)";Expression={[int]($_.PM/1024)}}, `
                @{Label="WS(K)";Expression={[int]($_.WS/1024)}}, `
                @{Label="VM(M)";Expression={[int]($_.VM/1MB)}}, `
                @{Label="CPU(s)";Expression={if ($_.CPU -ne $()`
                {$_.CPU.ToString("N")}}}, `
                Id, ProcessName, MachineName -auto
```

Handles	NPM(K)	PM(K)	WS(K)	VM(M)	CPU(s)	Id	ProcessName	MachineName
-------	------	-----	-----	-----	------	--	-----------	-----------
258	8	29772	38636	130		3700	powershell	Server01
398	24	75988	76800	572		5816	powershell	localhost
605	9	30668	29800	155	7.11	3052	powershell	Server02

2. 停止进程

Stop-Process 可以使用 Name 或 Id 参数来指定希望停止的进程。需要注意的是，停止进程是否操作成功，这还取决于当前用户的权限。此外有些进程是不能停止的，例如，如果试图停止空闲进程，则将获得错误：

PS Users\Administrator > **Stop-Process -Name Idle**
Stop-Process : Process 'Idle (0)' cannot be stopped due to the following error:
  Access is denied
At line:1 char:13
+ Stop-Process <<<< -Name Idle

Stop-Process 的 Confirm 参数可以在停止进程时强行提供提示。这种提示对于使用通配符对多个进程停止操作特别有用，因为有可能通配符意外匹配一些用户并不想停止的进程。这为停止进程提供最后一道保障。

例如，停止所有进程名称以 t 和 e 开头的进程，并在停止进程时，进行强行提示操作：

```
PS Users\Administrator > Stop-Process -Name t*,e* -Confirm
Confirm
Are you sure you want to perform this action?
Performing operation "Stop-Process" on Target "explorer (408)".
[Y] Yes   [A] Yes to All   [N] No   [L] No to All   [S] Suspend   [?] Help
(default is "Y"):n
Confirm
Are you sure you want to perform this action?
Performing operation "Stop-Process" on Target "taskmgr (4072)".
[Y] Yes   [A] Yes to All   [N] No   [L] No to All   [S] Suspend   [?] Help
(default is "Y"):n
```

通过使用某些对象筛选 cmdlet，可以进行复杂的进程操作。由于进程对象有 Responding 属性，当进程不再响应时该属性将为 True，因此可以用以下命令停止所有无响应的应用程序：

```
Get-Process | Where-Object -FilterScript {$_.Responding -eq $false} | Stop-Process
```

也可以在其他情况下使用相同的方法。例如，假设用户启动一个应用程序时，另一个辅助的系统——任务栏应用程序会自动运行。用户可能发现这在终端服务会话中无法正常进行，但仍想使它在物理计算机控制台上运行的会话中持续进行。连接到物理计算机桌面的会话的会话 ID 始终是 0，因此通过使用 Where-Object 和进程 SessionId，可以停止其他会话中的所有进程实例：

```
Get-Process -Name BadApp | Where-Object -FilterScript {$_.SessionId -neq 0} | Stop-ProcessStop-
Process
```

cmdlet 没有 ComputerName 参数。因此，若要在远程计算机上运行停止进程命令，需要使用 Invoke-Command cmdlet。例如，若要停止 Server01 远程计算机上的 PowerShell 进程，则可键入如下命令：

```
Invoke-Command -ComputerName Server01 {Stop-Process Powershell}
```

10.6.2　收集计算机信息

Get-WmiObject 是用于执行常规系统管理任务的最重要的 cmdlet。所有关键的子系统设置都是通过 WMI（Windows Management Instrumentation）公开的。此外，WMI 将数据视为有一个或多个项目的集合中的对象。由于 Windows PowerShell 还能处理对象，并且它的管道允许用户以相同方式对待单个或多个对象，因此，通用 WMI 访问可让用户以非常少的工作量执行一些高级任务。

以下示例演示如何通过对任意计算机使用 Get-WmiObject 来收集特定信息。这里使用表示本地计算机的点值（.）来指定 ComputerName 参数。用户也可以指定通过 WMI 访问的任何计算机关联的名称或 IP 地址。若要检索有关本地计算机的信息，还可以省略"-ComputerName"。

1．列出桌面设置

首先介绍用于显示本地计算机桌面相关信息的命令。

```
Get-WmiObject   -Class Win32_Desktop -ComputerName .
```

此命令将返回所有桌面的信息，无论其是否正在使用。注意，某些 WMI 类返回的信息可能非常详细，并且通常包含有关 WMI 类的元数据。由于这些元数据属性的名称大多数都以双下划线开头，因此可以使用 Select-Object 筛选这些属性。比如使用"[a-z]*"作为Property 值仅指定以字母字符开头的属性，代码如下：

```
Get-WmiObject -Class Win32_Desktop -ComputerName . | Select-Object -Property [a-z]*
```

这样 Get-WmiObject 命令的结果通过用管道运算符（|）发送到 Select-Object 命令中，然后根据参数"-Property [a-z]*"对数据时行筛选。

2．列出 BIOS 信息

WMI 的 Win32_BIOS 类可以返回有关本地计算机系统 BIOS 的相当精简或完整的信息，命令如下：

```
Get-WmiObject -Class Win32_BIOS -ComputerName .
```

3．列出处理器信息

可以使用 WMI 的 Win32_Processor 类检索常规处理器信息，但还可能需要筛选这些信息，命令如下：

```
Get-WmiObject -Class Win32_Processor -ComputerName . | Select-Object -Property [a-z]*
```

若要获取处理器系列的一般说明字符串，只需返回 Win32_ComputerSystem 和SystemType 属性，执行代码如下：

```
PS Users\Administrator >Get-WmiObject -Class Win32_ComputerSystem -ComputerName . | Select-Object -Property SystemType
SystemType
----------
X86-based PC
```

4．列出计算机制造商和型号

还可从 Win32_ComputerSystem 获取计算机型号信息。标准的显示输出不需要进行任何筛选，即可提供 OEM 数据，命令与显示的数据如下：

```
PS Users\Administrator > Get-WmiObject -Class Win32_ComputerSystem
Domain            : WORKGROUP
Manufacturer      : Compaq Presario 06
Model             : DA243A-ABA 6415cl NA910
```

```
Name                 : MyPC
PrimaryOwnerName     : Jane Doe
TotalPhysicalMemory  : 804765696
```

像这样的命令输出（直接从某些硬件返回信息）实际上只是当前计算机拥有的数据。某些信息未被硬件制造商正确配置，因此可能不可用。

5．列出已安装的修补程序

可以使用 Win32_QuickFixEngineering 列出已安装的所有修补程序：

Get-WmiObject -Class Win32_QuickFixEngineering -ComputerName .

该类返回修补程序的列表，如下所示：

```
Description          : Update for Windows XP (KB910437)
FixComments          : Update
HotFixID             : KB910437
Install Date         :
InstalledBy          : Administrator
InstalledOn          : 12/16/2005
Name                 :
ServicePackInEffect  : SP3
Status               :
```

若要得到更简洁的输出，可能需要排除某些属性。虽然可以使 Property 参数只选择 HotFixID，但这样做实际上将返回更多信息，因为默认情况下将显示所有元数据：

PS Users\Administrator >**Get-WmiObject -Class Win32_QuickFixEngineering -ComputerName . - Property HotFixId**

```
HotFixID             : KB910437
__GENUS              : 2
__CLASS              : Win32_QuickFixEngineering
__SUPERCLASS         :
__DYNASTY            :
__RELPATH            :
__PROPERTY_COUNT     : 1
__DERIVATION         : {}
__SERVER             :
__NAMESPACE          :
__PATH               :
```

由于 Get-WmiObject 中的 Property 参数限制从 WMI 类实例返回的属性，而不限制返回到 Windows PowerShell 的对象，因此还会返回其他数据。若要减少输出，可使用 Select-Object：

PS Users\Administrator> **Get-WmiObject -Class Win32_QuickFixEngineering -ComputerName . - Property HotFixId | Select-Object -Property HotFixId**

```
HotFixId
```

KB910437

6．列出操作系统版本信息

Win32_OperatingSystem 类属性包括版本和 Service Pack 信息。可以只明确选择这些属性，以便从 Win32_OperatingSystem 获取版本信息摘要：

```
Get-WmiObject  -Class  Win32_OperatingSystem -ComputerName  .  | Select-Object -Property
BuildNumber,BuildType,OSType,ServicePackMajorVersion,ServicePackMinorVersion
```

还可以在 Select-Object 的 Property 参数中使用通配符。因为所有以 Build 或 ServicePack 开头的属性在这里都是重要的，所以可以将该命令缩短为以下形式：

```
PS Users\Administrator>Get-WmiObject -Class Win32_OperatingSystem -ComputerName  . | Select-
Object -Property Build*,OSType,ServicePack*
```

```
BuildNumber                 : 2600
BuildType                   : Uniprocessor Free
OSType                      : 18
ServicePackMajorVersion     : 2
ServicePackMinorVersion     : 0
```

7．列出本地用户和所有者

通过选择 Win32_OperatingSystem 属性可以查找本地常规用户信息，包括许可用户数、当前用户数和所有者名称。可以显式选择要显示的属性，如下所示：

```
Get-WmiObject  -Class  Win32_OperatingSystem  -ComputerName  .  |  Select-Object  -Property
NumberOfLicensedUsers,NumberOfUsers,RegisteredUser
```

使用通配符的更简洁版本是：

```
Get-WmiObject -Class Win32_OperatingSystem -ComputerName . | Select-Object -Property *user*
```

8．获得可用磁盘空间

若要查看本地驱动器的磁盘空间和可用空间，可以使用 WMI 的 Win32_LogicalDisk 类。这只需要显示 DriveType 为 3（这是 WMI 为固定硬盘分配的值）的实例。

```
Get-WmiObject -Class Win32_LogicalDisk -Filter "DriveType=3" -ComputerName .
```

```
DeviceID       : C:
DriveType      : 3
ProviderName   :
FreeSpace      : 65541357568
Size           : 203912880128
VolumeName     : Local Disk

DeviceID       : Q:
DriveType      : 3
```

```
ProviderName :
FreeSpace    : 44298250240
Size         : 122934034432
VolumeName : New Volume
```

9．获得登录会话信息

通过 WMI 的 Win32_LogonSession 类可以获得与用户关联的登录会话的常规信息：

```
Get-WmiObject -Class Win32_LogonSession -ComputerName .
```

10．获得登录到计算机的用户

使用 Win32_ComputerSystem 可以显示登录到特定计算机系统的用户。此命令只返回登录到系统桌面的用户：

```
Get-WmiObject -Class Win32_ComputerSystem -Property UserName -ComputerName .
```

11．从计算机获得本地时间

使用 WMI 的 Win32_LocalTime 类可以在特定计算机上检索当前本地时间。因为默认情况下此类显示所有元数据，所以可能需要使用 Select-Object 对这些数据进行筛选：

```
PS Users\Administrator>Get-WmiObject -Class Win32_LocalTime -ComputerName . | Select-
Object -Property [a-z]*
```

```
Day           : 15
DayOfWeek     : 4
Hour          : 12
Milliseconds :
Minute        : 11
Month         : 6
Quarter       : 2
Second        : 52
WeekInMonth : 3
Year          : 2006
```

12．显示服务状态

若要查看特定计算机上所有服务的状态，可以像前面提到的那样在本地使用 Get-Service cmdlet。对于远程系统，可以使用 WMI 的 Win32_Service 类。如果还使用 Select-Object 来筛选 Status、Name 和 DisplayName 的结果，则输出格式将与 Get-Service 的输出几乎相同。

```
Get-WmiObject -Class Win32_Service -ComputerName . | Select-Object -Property Status, Name,
DisplayName
```

若要允许完整显示名称非常长的临时服务的名称，可能需要使用带有 AutoSize 和 Wrap 参数的 Format-Table 命令，以优化列宽并允许长名称换行而不被截断：

```
Get-WmiObject -Class Win32_Service -ComputerName . | Format-Table -Property Status,Name,
DisplayName -AutoSize -Wrap
```

10.6.3 处理软件安装

使用 Windows Installer 的应用程序可以通过 WMI 的 Win32_Product 类访问，但是并不是目前使用的所有应用程序都使用 Windows Installer。由于 Windows Installer 为处理可安装的应用程序提供了范围最广的各种标准技术，因此将集中讨论这些应用程序。使用替代安装例程的应用程序通常不受 Windows Installer 管理。处理这些应用程序的具体技术将取决于安装程序软件和应用程序开发人员的决定。

☞注意：

> 对于通过将应用程序文件复制到计算机的方式进行安装的应用程序来说，通常无法使用此处讨论的技术对其进行管理。可以使用在"处理文件和文件夹"一节中讨论的技术，将这些应用程序作为文件和文件夹进行管理。

1. 列出 Windows Installer 应用程序

若要列出在本地或远程系统上使用 Windows Installer 安装的应用程序，可使用以下简单 WMI 查询命令：

```
PS Users\Administrator > Get-WmiObject -Class Win32_Product -ComputerName .
IdentifyingNumber    : {7131646D-CD3C-40F4-97B9-CD9E4E6262EF}
Name                 : Microsoft .NET Framework 2.0
Vendor               : Microsoft Corporation
Version              : 2.0.50727
Caption              : Microsoft .NET Framework 2.0
```

若要在显示器上显示 Win32_Product 对象的所有属性，可使用格式设置 cmdlet（例如 Format-List cmdlet）的 Properties 参数，其值为"*"（所有）。

```
PS Users\Administrator>Get-WmiObject -Class Win32_Product -ComputerName . | Where-Object -
FilterScript {$_.Name -eq "Microsoft .NET Framework 2.0"} | Format-List -Property *
Name                 : Microsoft .NET Framework 2.0
Version              : 2.0.50727
InstallState         : 5
Caption              : Microsoft .NET Framework 2.0
Description          : Microsoft .NET Framework 2.0
IdentifyingNumber    : {7131646D-CD3C-40F4-97B9-CD9E4E6262EF}
InstallDate          : 20060506
InstallDate2         : 20060506000000.000000-000
InstallLocation      :
PackageCache         : C:\WINDOWS\Installer\619ab2.msi
SKUNumber            :
Vendor               : Microsoft Corporation
```

也可以使用 Get-WmiObject 的 Filter 参数只选择 Microsoft .NET Framework 2.0。由于在此命令中使用的筛选器是 WMI 筛选器，因此它使用 WMI 查询语言 (WQL) 语法，而不是 Windows PowerShell 语法。那么相应命令就变为：

Get-WmiObject -Class Win32_Product -ComputerName . -Filter "Name='Microsoft .NET Framework 2.0'"| Format-List -Property *

请注意，WQL 查询常用的字符（例如空格或等号）在 Windows PowerShell 中有特殊含义。因此，谨慎的做法是始终将 Filter 参数的值放在一对引号内。还可以使用 Windows PowerShell 转义字符，即反引号 (`)，但它可能不会提高可读性。以下命令等效于前面的命令，并返回相同结果，但却使用反引号将特殊字符转义，而不是将整个筛选器字符串放在引号内：

Get-WmiObject -Class Win32_Product -ComputerName . -Filter Name`=''Microsoft` .NET` Framework` 2.0`'' | Format-List -Property *

若要只列出用户所希望查看的属性，可使用格式设置 cmdlet 的 Property 参数来列出所需的属性。

Get-WmiObject -Class Win32_Product -ComputerName . | Format-List -Property Name,InstallDate,InstallLocation,PackageCache,Vendor,Version,IdentifyingNumber
...

Name	: HighMAT Extension to Microsoft Windows XP CD Writing Wizard
InstallDate	: 20051022
InstallLocation	: C:\Program Files\HighMAT CD Writing Wizard\
PackageCache	: C:\WINDOWS\Installer\113b54.msi
Vendor	: Microsoft Corporation
Version	: 1.1.1905.1
IdentifyingNumber	: {FCE65C4E-B0E8-4FBD-AD16-EDCBE6CD591F}

...

最后，若要只查找已安装应用程序的名称，一个简单的 Format-Wide 语句即可简化输出：

Get-WmiObject -Class Win32_Product -ComputerName . | Format-Wide -Column 1

尽管现在已有几种方式来查看使用 Windows Installer 完成安装的应用程序，但尚未考虑其他应用程序。由于大多数标准应用程序会向 Windows 注册它们的卸载程序，因此可以在 Windows 注册表中查找这些程序，以便在本地处理它们。

2．列出所有可卸载的应用程序

尽管不能保证找到系统中的所有应用程序，但可以找到在"程序和功能"对话框中列出的所有程序。"程序和功能"将在以下注册表项中查找这些应用程序：

HKEY_LOCAL_MACHINE\Software\Microsoft\Windows\CurrentVersion\Uninstall

还可以检查此注册表项以查找应用程序。若要使查看 Uninstall 项更容易，可以将 Windows PowerShell 驱动器映射到此注册表位置：

PS Users\Administrator>**New-PSDrive -Name Uninstall -PSProvider Registry -Root HKEY_LOCAL_MACHINE\Software\Microsoft\Windows\CurrentVersion\Uninstall**
Name   Provider   Root   CurrentLocation

| ---- | -------- | ---- | --------------- |
| Uninstall | Registry | HKEY_LOCAL_MACHINE\SOFTWARE\Micr... | |

☞注意：

"HKLM:" 驱动器映射到 HKEY_LOCAL_MACHINE 的根，因此我们可以在 Uninstall 项的路径中使用了该驱动器。如果不使用 "HKLM:"，则可使用 HKLM 或 HKEY_LOCAL_MACHINE 指定注册表路径。使用现有注册表驱动器的优点是可以使用〈Tab〉键补齐功能来填充项名称，所以不需要输入它们。

现在，系统中有了一个名为 "Uninstall" 的驱动器，可以用它来快速和方便地查找应用程序的安装信息。通过统计 "Uninstall:" 驱动器中的注册表项数，可以查找已安装的应用程序个数：

```
PS Users\Administrator > (Get-ChildItem -Path Uninstall:).Count
459
```

可以从 Get-ChildItem 开始使用多种技术进一步搜索此应用程序列表。若要获取应用程序的列表并将它们保存在 $UninstallableApplications 变量中，可使用以下命令：

```
$UninstallableApplications = Get-ChildItem -Path Uninstall:
```

☞注意：

以 "$" 开头的字符串在 Windows PowerShell 中表示的是变量名。在此处使用长变量名称是为了清晰起见。在实际使用中，不必使用长名称。可以使用〈Tab〉键补齐功能自动填写变量名称，另外还可以使用 1~2 个字符的名称加快速度。如果正在开发希望重用的代码，则较长的说明性名称最有用。

若要显示 Uninstall 下的注册表项中的注册表条目的值，可使用注册表项的 GetValue 方法。该方法的值是注册表条目的名称。

例如，若要在 Uninstall 项中查找应用程序的名称，可使用以下命令：

```
PS Users\Administrator > Get-ChildItem -Path Uninstall: | ForEach-Object -Process { $_.GetValue
("DisplayName") }
```

但是无法保证这些值是唯一的。在以下示例中，两个已安装项都显示为 "Windows Media Encoder 9 Series"：

```
PS Users\Administrator>Get-ChildItem -Path Uninstall: | Where-Object -FilterScript { $_.GetValue
("DisplayName") -eq "Windows Media Encoder 9 Series"}
Hive:
Microsoft.PowerShell.Core\Registry::HKEY_LOCAL_MACHINE\SOFTWARE\Microsoft\Windows\Current
Version\Uninstall
```

SKC	VC	Name	Property
0	3	Windows Media Encoder 9	{DisplayName, DisplayIcon, UninstallS...

0   24   {E38C00D0-A68B-4318-A8A6-F7...   {AuthorizedCDFPrefix, Comments, Conta...

3．安装应用程序

可以使用 Win32_Product 类在远程或本地安装 Windows Installer 程序包。远程安装时，应使用通用命名约定（UNC）网络路径指定 .msi 程序包的路径，这是因为 WMI 子系统无法识别 Windows PowerShell 路径。例如，若要将位于网络共享"\\AppServ\dsp"中的 NewPackage.msi 程序包安装到远程计算机 PC01 上，请在 Windows PowerShell 提示符下输入以下命令：

```
(Get-WMIObject -ComputerName PC01 -List | Where-Object -FilterScript {$_.Name -eq "Win32_
Product"}).Install(\\AppSrv\dsp\NewPackage.msi)
```

不使用 Windows Installer 技术的应用程序可能有特定于应用程序的方法来进行自动部署。若要确定是否有自动部署的方法，请查看应用程序的文档，或向应用程序供应商的支持部门咨询。在某些情况下，即使应用程序供应商没有专门将应用程序设计为自动安装，该安装程序软件制造商仍然可能有某些自动化的技术。

4．删除应用程序

使用 Windows PowerShell 删除 Windows Installer 程序包的方式与安装程序包的方式大致相同。下面是基于程序包名称选择要卸载的程序包的示例，在某些情况下，用 IdentifyingNumber 进行筛选可能更容易：

```
(Get-WmiObject -Class Win32_Product -Filter "Name='ILMerge'" -ComputerName . ).Uninstall()
```

删除其他应用程序并不那么简单，甚至在本地这样做时也如此。可以通过提取 UninstallString 属性来查找这些应用程序的命令行卸载字符串。此方法对 Windows Installer 应用程序和出现在 Uninstall 项下面的旧程序有效：

```
Get-ChildItem -Path Uninstall: | ForEach-Object -Process { $_.GetValue("UninstallString") }
```

如果需要，可以按显示名筛选输出：

```
Get-ChildItem -Path Uninstall: | Where-Object -FilterScript { $_.GetValue("DisplayName") -like "Win*"}
| ForEach-Object -Process { $_.GetValue("UninstallString") }
```

但是，如果不进行某些修改，这些字符串可能无法在 Windows PowerShell 提示符下直接使用。

5．升级 Windows Installer 应用程序

若要升级应用程序，需要知道应用程序的名称，以及应用程序升级程序包的路径。有了这些信息，就可以使用 Windows PowerShell 命令升级应用程序：

```
(Get-WmiObject -Class Win32_Product -ComputerName . -Filter "Name='OldAppName'" ).Upgrade
(\\AppSrv\dsp\OldAppUpgrade.msi)
```

10.6.4 处理文件和文件夹

在 Windows PowerShell 驱动器中导航和操作这些驱动器上的项目，与操作 Windows 物理磁盘驱动器上的文件和文件夹类似。本部分将讨论如何处理特定的文件和文件夹操作

任务。

1．输出文件夹中的所有文件和文件夹

可以使用 Get-ChildItem 获取文件夹中直接包含的所有项。添加可选的 Force 参数可以显示隐藏项或系统项。例如，以下命令显示 Windows PowerShell 驱动器 C（与 Windows 物理驱动器 C 相同）的直接内容：

```
Get-ChildItem -Force C:\
```

该命令仅列出直接包含的项，与使用 Cmd.exe 的 dir 命令或 UNIX shell 中的 ls 非常类似。为了显示包含的项，还需要指定"-Recurse"参数（这可能需要极长的时间才能完成）。以下命令列出 C 驱动器上的所有内容：

```
Get-ChildItem -Force C:\ -Recurse
```

Get-ChildItem 可以通过其 Path、Filter、Include 和 Exclude 参数对项进行筛选，但是这些参数通常仅基于名称。使用 Where-Object 可以基于项的其他属性执行复杂的筛选。

以下命令查找"Program Files"文件夹中上次修改日期晚于 2005 年 10 月 1 日并且既不小于 1 MB 也不大于 10 MB 的所有可执行文件：

```
Get-ChildItem -Path $env:ProgramFiles -Recurse -Include *.exe | Where-Object -FilterScript {($_.LastWriteTime -gt "2005-10-01") -and ($_.Length -ge 1m) -and ($_.Length -le 10m)}
```

2．复制文件和文件夹

复制是使用 Copy-Item 命令进行的。以下命令将"C:\boot.ini"备份到"C:\boot.bak"：

```
Copy-Item -Path c:\boot.ini -Destination c:\boot.bak
```

如果目标文件已经存在，则复制尝试将会失败。若要覆盖预先存在的目标，可使用 Force 参数：

```
Copy-Item -Path c:\boot.ini -Destination c:\boot.bak -Force
```

甚至在目标为只读时，此命令也有效。

复制文件夹的方法与此相同。以下命令以递归方式将文件夹"C:\temp\test1"复制到新文件夹"C:\temp\DeleteMe"：

```
Copy-Item C:\temp\test1 -Recurse c:\temp\DeleteMe
```

也可以复制所选项。以下命令将"C:\data"中任何位置所包含的所有 .txt 文件复制到"C:\temp\text"：

```
Copy-Item -Filter *.txt -Path c:\data -Recurse -Destination c:\temp\text
```

仍然可以使用其他工具执行文件系统复制。XCOPY、ROBOCOPY 和 COM 对象（如 Scripting.FileSystemObject）均可以在 Windows PowerShell 中使用。例如，可以使用 Windows Script Host Scripting.FileSystem COM 类将"C:\boot.ini"备份到"C:\boot.bak"：

```
(New-Object -ComObject Scripting.FileSystemObject).CopyFile("c:\boot.ini", "c:\boot.bak")
```

3．创建文件和文件夹

在所有 Windows PowerShell 提供程序中，创建新项的方法都是相同的。如果 Windows

PowerShell 提供程序具有多种类型的项（例如 FileSystem 提供程序区分目录和文件），则需要指定项类型。

以下命令可以创建新文件夹"C:\temp\New Folder"：

New-Item -Path 'C:\temp\New Folder' -ItemType "directory"

以下命令创建新的空文件"C:\temp\New Folder\file.txt"：

New-Item -Path 'C:\temp\New Folder\file.txt' -ItemType "file"

4．删除文件夹中的所有文件和文件夹

可以使用 Remove-Item 删除包含的项，但是如果该项包含任何其他内容，则会提示确认删除。例如，如果尝试删除包含其他项的文件夹"C:\temp\DeleteMe"，Windows PowerShell 会在删除该文件夹之前，给出提示并要求用户进行确认：

Remove-Item C:\temp\DeleteMe

Confirm
The item at C:\temp\DeleteMe has children and the -recurse parameter was not
specified. If you continue, all children will be removed with the item. Are you
sure you want to continue?
[Y] Yes   [A] Yes to All   [N] No   [L] No to All   [S] Suspend   [?] Help
(default is "Y"):

如果不想得到有关每个包含项的提示，请指定 Recurse 参数：

Remove-Item C:\temp\DeleteMe -Recurse

5．将本地文件夹映射为 Windows 可访问驱动器

通过使用 subst 命令映射本地文件夹。以下命令创建位于本地"Program Files"目录中的本地驱动器"P:"：

subst p: $env:programfiles

就像网络驱动器一样，使用 subst 在 Windows PowerShell 中映射的驱动器立即对 Windows PowerShell 可见。

6．文本文件读入数组

文本数据的更常见存储格式之一是，将不同行视为不同的数据元素。可以使用 Get-Content cmdlet 一次性读取整个文件，如下所示：

PS Users\Administrator > **Get-Content -Path C:\boot.ini**
[boot loader]
timeout=5
default=multi(0)disk(0)rdisk(0)partition(1)\WINDOWS
[operating systems]
multi(0)disk(0)rdisk(0)partition(1)\WINDOWS="Microsoft Windows XP Professional"
  /noexecute=AlwaysOff /fastdetect

multi(0)disk(0)rdisk(0)partition(1)\WINDOWS=" Microsoft Windows XP Professional with Data Execution Prevention" /noexecute=optin /fastdetect

Get-Content 已将从文件中读取的数据视为一个数组，文件内容的每一行上有一个元素。可以通过检查所返回内容的 Length 对此进行确认：

```
PS Users\Administrator > (Get-Content -Path C:\boot.ini).Length
6
```

对于直接从 Windows PowerShell 获取信息列表，此命令是最有用的。例如，可以将计算机名称或 IP 地址的列表存储在文件"C:\temp\domainMembers.txt"中，文件的每行上有一个名称。可以使用 Get-Content 检索文件内容，并将其放置在变量 $Computers 中：

```
$Computers = Get-Content -Path C:\temp\DomainMembers.txt
```

$Computers 的每个元素都是包含计算机名称的数组。

10.6.5 处理注册表项

由于注册表项是 Windows PowerShell 驱动器上的项，因此处理的方式与处理文件和文件夹非常类似。一个关键差异是，基于注册表的 Windows PowerShell 驱动器上的每个项都是一个容器，就像文件系统驱动器上的文件夹一样。但是，注册表条目及其关联值是项的属性，而不是不同的项。

1. 输出注册表项的所有子项

使用 Get-ChildItem 可以显示注册表项直接包含的所有项。添加可选的 Force 参数可以显示隐藏项或系统项。例如，此命令显示直接在 Windows PowerShell 驱动器"HKCU:"（它对应于 HKEY_CURRENT_USER 注册表配置单元）中的项：

```
PS Users\Administrator > Get-ChildItem -Path hkcu:\

    Hive: Microsoft.PowerShell.Core\Registry::HKEY_CURRENT_USER

SKC  VC  Name                           Property
---  --  ----                           --------
  2   0  AppEvents                      {}
  7  33  Console                        {ColorTable00, ColorTable01, ColorTab...
 25   1  Control Panel                  {Opened}
  0   5  Environment                    {APR_ICONV_PATH, INCLUDE, LIB, TEMP...}
  1   7  Identities                     {Last Username, Last User ...
  4   0  Keyboard Layout                {}
...
```

这些是在注册表编辑器中 HKEY_CURRENT_USER 下可见的顶级项。

也可以通过指定注册表提供程序的名称后跟"::"来指定此注册表路径。注册表提供程序的全名为"Microsoft.PowerShell.Core\Registry"，但是它只需简写为"Registry"即可。下列任一命令都可列出直接位于 HKCU 下的内容：

```
Get-ChildItem -Path Registry::HKEY_CURRENT_USER
```

```
Get-ChildItem -Path Microsoft.PowerShell.Core\Registry::HKEY_CURRENT_USER
Get-ChildItem -Path Registry::HKCU
Get-ChildItem -Path Microsoft.PowerShell.Core\Registry::HKCU
Get-ChildItem HKCU:
```

这些命令仅列出直接包含的项，与使用 cmd.exe 的 dir 命令或 UNIX shell 中的 ls 非常类似。若要显示包含的项，需要指定 Recurse 参数。若要列出 HKCU 中的所有注册表项，可使用以下命令（此操作可能需要极长的时间）：

```
Get-ChildItem -Path hkcu:\ -Recurse
```

Get-ChildItem 可以通过其 Path、Filter、Include 和 Exclude 参数执行复杂的筛选功能，但是这些参数通常仅基于名称。使用 Where-Object cmdlet 可以基于项的其他属性执行复杂的筛选。以下命令查找"HKCU:\Software"中具有不超过一个子项且正好具有四个值的所有项：

```
Get-ChildItem -Path HKCU:\Software -Recurse | Where-Object -FilterScript {($_.SubKeyCount -le 1) -
and ($_.ValueCount -eq 4) }
```

2．复制项

复制是使用 Copy-Item 进行的。以下命令将"HKLM:\SOFTWARE\Microsoft\Windows\CurrentVersion"及其所有属性复制到"HKCU:\"，从而创建一个名为"CurrentVersion"的新项：

```
Copy-Item -Path 'HKLM:\SOFTWARE\Microsoft\Windows\CurrentVersion' -Destination hkcu:
```

如果在注册表编辑器中或使用 Get-ChildItem 检查此新项，新位置中并没有所包含子项的副本。为了复制容器的所有内容，需要指定 Recurse 参数。若要使前面的复制命令是递归的，可使用以下命令：

```
Copy-Item -Path 'HKLM:\SOFTWARE\Microsoft\Windows\CurrentVersion' -Destination hkcu: -Recurse
```

也可以使用其他工具执行文件系统复制。任何注册表编辑工具（包括 reg.exe、regini.exe 和 regedit.exe）和支持注册表编辑的 COM 对象（如 WScript.Shell 和 WMI 的 StdRegProv 类）都可以在 Windows PowerShell 中使用。

3．创建项

在注册表中创建新项比在文件系统中创建新项简单。由于所有的注册表项都是容器，因此无需指定项类型，只需提供显式路径即可，例如：

```
New-Item -Path hkcu:\software\_DeleteMe
```

也可以使用基于提供程序的路径指定项：

```
New-Item -Path Registry::HKCU\_DeleteMe
```

4．删除项

在本质上，删除项对于所有提供程序都是相同的。以下命令将以无提示方式删除项：

```
Remove-Item -Path hkcu:\Software\_DeleteMe
Remove-Item -Path 'hkcu:\key with spaces in the name'
```

5. 删除特定项下的所有项

可以使用 Remove-Item 删除包含的项，但是如果该项包含任何其他内容，则会提示用户确认删除。例如，如果尝试删除所创建的"HKCU:\CurrentVersion"子项，则会看到以下内容：

```
Remove-Item -Path hkcu:\CurrentVersion

Confirm
The item at HKCU:\CurrentVersion\AdminDebug has children and the -recurse
parameter was not specified. If you continue, all children will be removed with
  the item. Are you sure you want to continue?
[Y] Yes   [A] Yes to All   [N] No   [L] No to All   [S] Suspend   [?] Help
(default is "Y"):
```

若要删除包含的项而不出现提示，可以指定"-Recurse"参数：

```
Remove-Item -Path HKCU:\CurrentVersion -Recurse
```

若要删除"HKCU:\CurrentVersion"中的所有项但不删除"HKCU:\CurrentVersion"本身，则可以改用：

```
Remove-Item -Path HKCU:\CurrentVersion\* -Recurse
```

10.6.6 处理注册表条目

因为注册表条目是项的属性（因而无法直接浏览），所以在处理时需要采用稍微不同的方法。

1. 输出注册表条目

可以使用许多不同的方法检查注册表条目。最简单的方法是获取与项关联的属性名称。例如，若要查看注册表项"HKEY_LOCAL_MACHINE\Software\Microsoft\Windows\CurrentVersion"中所包含的条目的名称，可使用 Get-Item。注册表项具有一个通用名称为"Property"的属性，该属性是注册表项中所包含的注册表条目的列表。以下命令会选择 Property 属性，并扩展项以便在列表中显示：

```
PS Users\Administrator > Get-Item -Path Registry::HKEY_LOCAL_MACHINE\SOFTWARE\Micr
osoft \Windows\CurrentVersion | Select-Object -ExpandProperty Property
DevicePath
MediaPathUnexpanded
ProgramFilesDir
CommonFilesDir
ProductId
```

若要以可读性更强的形式查看注册表条目，可使用 Get-ItemProperty：

```
PS Users\Administrator>Get-ItemProperty -Path Registry::HKEY_LOCAL_MACHINE\ SOFTWARE\
Microsoft\Windows\CurrentVersion
```

PSPath	: Microsoft.PowerShell.Core\Registry::HKEY_LOCAL_MACHINE\SO FTWARE\Microsoft\Windows\CurrentVersion
PSParentPath	: Microsoft.PowerShell.Core\Registry::HKEY_LOCAL_MACHINE\SO FTWARE\Microsoft\Windows
PSChildName	: CurrentVersion
PSDrive	: HKLM
PSProvider	: Microsoft.PowerShell.Core\Registry
DevicePath	: C:\WINDOWS\inf
MediaPathUnexpanded	: C:\WINDOWS\Media
ProgramFilesDir	: C:\Program Files
CommonFilesDir	: C:\Program Files\Common Files
ProductId	: 76487-338-1167776-22465
WallPaperDir	: C:\WINDOWS\Web\Wallpaper
MediaPath	: C:\WINDOWS\Media
ProgramFilesPath	: C:\Program Files
PF_AccessoriesName	: Accessories
(default)	:

项的 Windows PowerShell 相关属性均以"PS"为前缀,例如 PSPath、PSParentPath、PSChildName 和 PSProvider。

可以使用"."符号来表示当前位置。可以使用 Set-Location 首先转到 CurrentVersion 注册表容器:

Set-Location -Path Registry::HKEY_LOCAL_MACHINE\SOFTWARE\Microsoft\ Windows\Current-Version

或者,可以将内置 HKLM PSDrive 与 Set-Location 一起使用:

Set-Location -Path hklm:\SOFTWARE\Microsoft\Windows\CurrentVersion

然后,可以使用"."符号表示当前位置以列出属性,而不指定完整路径:

PS Users\Administrator > **Get-ItemProperty -Path .**
...
DevicePath   : C:\WINDOWS\inf
MediaPathUnexpanded : C:\WINDOWS\Media
ProgramFilesDir   : C:\Program Files
...

路径扩展的工作方式与其在文件系统中相同,因此可以使用"Get-ItemProperty -Path ..\Help"命令从此位置获取"HKLM:\SOFTWARE\Microsoft\Windows\Help"的 ItemProperty 列表。

2. 获取单个注册表条目

如果要检索注册表项中的特定条目,可以使用以下几种可能的方法之一。下面的示例在"HKEY_LOCAL_MACHINE\SOFTWARE\Microsoft\Windows\CurrentVersion"中查找 DevicePath 的值。

在使用 Get-ItemProperty 时，使用 Path 参数指定项的名称，并使用 Name 参数指定 DevicePath 条目的名称。

PS Users\Administrator>**Get-ItemProperty -Path HKLM:\Software\Microsoft\Windows \CurrentVersion -Name DevicePath**

```
PSPath          : Microsoft.PowerShell.Core\Registry::HKEY_LOCAL_MACHINE\Software\
                  Microsoft\Windows\CurrentVersion
PSParentPath    : Microsoft.PowerShell.Core\Registry::HKEY_LOCAL_MACHINE\Software\
                  Microsoft\Windows
PSChildName     : CurrentVersion
PSDrive         : HKLM
PSProvider      : Microsoft.PowerShell.Core\Registry
DevicePath      : C:\WINDOWS\inf
```

此命令返回标准的 Windows PowerShell 属性以及 DevicePath 属性。

☞注意:

虽然 Get-ItemProperty 具有 Filter、Include 和 Exclude 参数，但是无法使用它们按属性名称进行筛选。这些参数引用注册表项（项路径），而不是引用注册表条目（项属性）。

另一种方法是使用 reg.exe 命令行工具。若要获取 reg.exe 的帮助，请在命令提示符下键入"reg.exe /?"。若要查找 DevicePath 条目，可使用 reg.exe，如以下命令所示:

PS Users\Administrator>**reg query HKLM\SOFTWARE\Microsoft\Windows\CurrentVersion /v DevicePath**

```
! REG.EXE VERSION 3.0

HKEY_LOCAL_MACHINE\SOFTWARE\Microsoft\Windows\CurrentVersion
    DevicePath    REG_EXPAND_SZ    %SystemRoot%\inf
```

也可以使用 WshShell COM 对象查找一些注册表条目，但此方法不适用于大型二进制数据或包括"\"等字符的注册表条目名称。使用"\"分隔符将属性名称追加到项路径:

PS Users\Administrator> **(New-Object -ComObject WScript.Shell).RegRead("HKLM\SOFTWARE \Microsoft \Windows\ CurrentVersion\DevicePath")**

```
%SystemRoot%\inf
```

3. 创建新的注册表条目

若要将名为"PowerShellPath"的新条目添加到 CurrentVersion 项，请将 New-ItemProperty 与项的路径、条目名称以及条目的值一起使用。在下面的示例中，将采用 Windows PowerShell 变量 $PSHome 的值，该变量存储 Windows PowerShell 安装目录的路径。

使用以下命令可以将新条目添加到项，而且该命令还返回有关新条目的信息:

PS Users\Administrator>**New-ItemProperty -Path HKLM:\SOFTWARE\Microsoft\Windows \CurrentVersion -Name PowerShellPath -PropertyType String -Value $PSHome**

272

PSPath	: Microsoft.PowerShell.Core\Registry::HKEY_LOCAL_MACHINE\SOFTWARE\Microsoft\Windows\CurrentVersion	
PSParentPath	: Microsoft.PowerShell.Core\Registry::HKEY_LOCAL_MACHINE\SOFTWARE\Microsoft\Windows	
PSChildName	: CurrentVersion	
PSDrive	: HKLM	
PSProvider	: Microsoft.PowerShell.Core\Registry	
PowerShellPath	: C:\Program Files\Windows PowerShell\v1.0	

PropertyType 必须是表 10-2 中 Microsoft.Win32.RegistryValueKind 枚举成员的名称。

表 10-2　注册表条目数据类型

PropertyType 值	含　　义
Binary	二进制数据
DWord	一个有效的 UInt32 数字
ExpandString	一个可以包含动态扩展的环境变量的字符串
MultiString	多行字符串
String	任何字符串值
Qword	8 字节二进制数据

☞注意：

通过指定 Path 参数的值数组，可以将注册表条目添加到多个位置：

New-ItemProperty -Path HKLM:\SOFTWARE\Microsoft\Windows\CurrentVersion, HKCU:\ SOFTWARE\ Microsoft\Windows\CurrentVersion -Name PowerShellPath -PropertyType String -Value $PSHome

通过将 Force 参数添加到任何 New-ItemProperty 命令，也可以覆盖预先存在的注册表条目值。

4. 重命名注册表条目

若要将 PowerShellPath 条目重命名为 "PSHome"，可使用 Rename-ItemProperty：

Rename-ItemProperty -Path HKLM:\SOFTWARE\Microsoft\Windows\CurrentVersion -Name Power-ShellPath -NewName PSHome

若要显示重命名后的值，请将 PassThru 参数添加到该命令中。

Rename-ItemProperty -Path HKLM:\SOFTWARE\Microsoft\Windows\CurrentVersion -Name Power-ShellPath -NewName PSHome -passthru

5. 删除注册表条目

若要同时删除 PSHome 和 PowerShellPath 注册表条目，可使用 Remove-ItemProperty：

Remove-ItemProperty -Path HKLM:\SOFTWARE\Microsoft\Windows\CurrentVersion -Name PSHome
Remove-ItemProperty   -Path   HKCU:\SOFTWARE\Microsoft\Windows\CurrentVersion   -Name PowerShellPath

10.7 实训

1．按 10.2 节的内容，完成安装 Windows PowerShell 训练，并实现对 PowerShell 启动与关闭的操作训练。

2．使用 get-command 命令查询所有的 Windows PowerShell 命令摘要信息操作。

3．使用管道命令，确定输出格式。

4．使用管道，将当前系统中的所有进程摘要信息输出到一个 processlist.txt 文件中。

5．使用 PowerShell 可访问注册表的功能，修改一个具体注册表项。

6．使用 PowerShell 定义一个新的驱动器。

7．用 PowerShell cmdlet 命令对计算机进程进行管理操作训练：启动进程、停止进程、查看进程。

8．用 PowerShell cmdlet 命令对计算机文件系统进行管理训练：导航文件位置、创建文件夹、移动文件、复制文件等操作。

10.8 习题

1．Windows PowerShell 与其他的 shell 相比，有哪些新特点？

2．Windows PowerShell 中的命令类型有几种，cmdlet 命令是什么命令，有什么特点？

3．Windows PowerShell 命令一般格式是怎样的？命令后的参量与参数如何区别？

4．Windows PowerShell 命令能否允许带只有参数而无参量格式？能否允许只有参量而无参数？

5．用什么命令可以获取 Windows PowerShell 命令摘要信息？

6．别名概念是什么？在 Windows PowerShell 中别名来源主要有几种？

7．管道是什么？列举管道的几个应用。

8．列举出哪些命令是可以更改工作目录的，这些命令中哪个命令是标准别名。

9．Windows PowerShell 除可以访问文件系统驱动器外，还可以访问哪些特殊的驱动器。

10．定义新驱动器命令是什么。

11．通配符功能是什么？目前在进行筛选操作中，主要使用的通配符有哪些？

12．Windows PowerShell 提供了哪些可以进行导航的命令。这些命令的别名有哪些？

第 11 章　Windows PowerShell 编程初步

本章要点:

- Windows PowerShell 数据类型知识
- Windows PowerShell 表达式知识
- Windows PowerShell 流程控制语句
- Windows PowerShell 函数编写

前面的章节讲解了如何使用 Windows PowerShell 进行计算机系统管理。但前面的介绍主要集中在单个命令的执行上。实际上，在 10.3.1.2 节中还简要介绍了 Windows PowerShell 另外一个强大的功能，即用户可以利用 Windows PowerShell 进行编写自定义函数或脚本，以实现个性化的一些命令。

11.1　Windows PowerShell 数据类型概述

与其他的外壳编程环境仅能使用字符串类型相比，Windows PowerShell 还可以使用面向对象数据类型，以及革新的类型定义使用方式，促使 Windows PowerShell 处理数据功能和能力得到了相当大的提升。这一节中，将学习数据类型，以及数据类型的使用等知识。

11.1.1　Windows PowerShell 变量

变量是指由系统指定的用于存放数据的存储区域。存放在存储区域内的数据就是变量的值，而为映射这个存储区域所取的名称，则是变量名。对变量的存取操作，是通过对变量名的操作来实现的。一般来说，一个变量名只能映射一个存储区域。

PowerShell 环境中的变量与高级编程语言中变量的使用方法存在较大的差异。高级编程语言中的变量一般都是先声明，再调用（主要指赋值或取值操作）；而在 PowerShell 环境中，变量不需要声明就可以直接使用。这是由于在 PowerShell 创建一个变量，实际上仅仅是创建一个符号标识，并不反映这个变量的类型、初始值。如果用户引用了一个并不存在变量，系统将会返回一个空值（$null）。

1. 定义变量

（1）不带类型的变量

在创建变量时，如果没有指明数据类型，则该变量可以保存系统中任何一种数据类型的数据，如图 11-1 中所执行的代码。

代码的第一句是创建一个变量名为$var 的变量，同时将数值 1 保存到这个变量所映射的空间中；代码的第二句是通过执行$var，引用$var 变量，并将其值显示出出来。

第四句是向变量$var 中保存一个 "how are you?" 字符串；第五句再次显示变量内容，

在输出的结果中，可以看到变量值已经改变了。

第七句是将执行 get-date 命令的结果保存到$var 变量中；第八句再次显示变量内容，在输出的结果中，可以看到变量值已经变成了时间数据了。

这样，可以得出一个这样的推论：PowerShell 没有声明类型的变量，可以保存 PowerShell 环境中所有类型的数据。

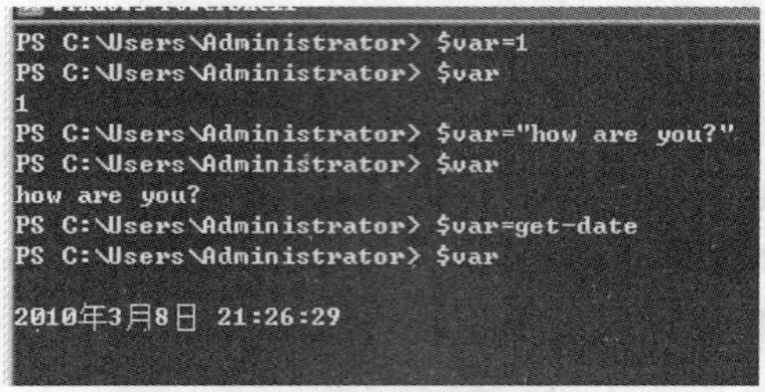

图 11-1　不带类型声明的变量

（2）带类型的变量

如果希望一个变量只能保存某一类型的数据，则可以在定义时前面加上类型符来实现。这种声明格式如下：

[类型] $变量名=表达式

其中"类型"是指 PowerShell 环境中支持的数据类型。如果变量名已经存在，系统则将该变量中的数据强制转换成变量名前指定类型。如果变量中的数据不能被强制转换成其变量名前的类型，则系统会显示转换出错的信息。

变量一旦声明指定类型成功，则保存到该变量的数据会自动转换成相应的类型数据后才被保存到这个变量中；如果被保存的数据无法转换成这个类型，则系统也会显示保存失败信息。如下图 11-2 所示代码。

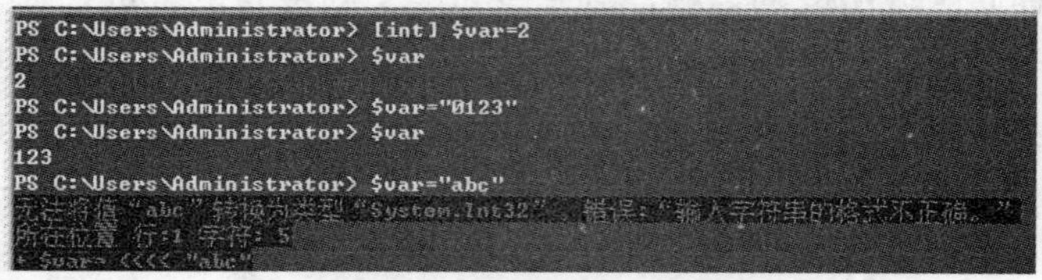

图 11-2　创建带类型的变量名

第一句声明变量$var 时，指定了其为 int 类型（int 指代的是整型，即 System.Int32 数据类型）。这样变量$var 只保存整型或可以转化成整型的值。如第一次在创建时保存了一个整数 2，通过查看结果验证，2 确实被保存到变量$var 中。

第四句将一个字符串"0123"保存到变量$var 中，首先在赋值时并没有报错，然后通过查看结果验证，发现系统将字符串"0123"转换成整数 123 保存到变量$var 中了。从这个结果中可以得出一个结论：PowerShell 变量可以保存任何一个可以被转换成变量类型的数值。

第七句赋值是将一个不能转换成整数数据的字符串"abc"保存到变量$var 中，由于"abc"不能转换成整数数值，因此系统用红色字体提示转换失败的错误信息。

2．变量名取名规则

变量声明都是以符号"$"开始，然后后面加一串字符。作为变量名的字符串一般有以下两种形式。

第一种命名规则是变量名以"$"开始，后面直接跟一个由数字、字符、下划线、冒号组成的字符串序列。变量名不区分字母的大小写。

例如，下面的变量名是系统能够接受的：

$var123_ $123xae $_ww1 $global:var

下面列举的变量名称中出现了诸如"+"、"\"、"."、">"等特殊符号，由于这些符号又具有一些特定的含义，这样组成的变量名就不能被系统所识别，一般称之为是不合法的变量名。

$q+23 $dfg\eire $fd.sdf $uiy>ui

☞注意：

确切来讲，冒号并不是变量名称的一部分，而是用作间隔名称空间（名称空间相当于一个容器）与变量的一个间隔符。如变量$global:var，其中 global 是一个相当于文件夹的容器，可以容纳多个变量；而 var 只是 global 中众多变量中的一个，这样 global 被称为名称空间（容器），而实际变量是 global 中的 var 变量。

第二种命名规则是变量名以"$"开始，后面跟的字符串被包含在一对大括弧{}中，大括弧中可以出现任何一种字符组成的字符串。如果在大括弧中要出现以括弧"{"、"}"作为字符串中的字符的话，则需要在 "{"、"}" 符号前加反引号"`"符号（键盘上数字键前，与"~"同键的符号）。这里的反引号"`"，实际上是一种转义符号，即将反引号后面的字符去掉其默认意义，而仅表示符号本身意义。

下面都是合法的变量名称：

${12+45 3+a} ${va r} ${hj\.,/>kdjfkd} ${klkdf?:"☺} ${83 43} ${89zxc sd}

如果括弧内出现了相同的括弧则变量名是不合法的，如下：

${adf{12} ${jfgjkf}fd}

如果用户在定义变量时，需要大括弧出现在变量名称中，则可以在括弧前加上反引号"`"，如下面的写法就是正确的变量名：

${adf`{12}      ${jfgjkf`}fd}

11.1.2　字符串类型

字符串类型在 PowerShell 环境中实际上有四种形式：单引号引起来的字符串、双引号引起来的字符串、单引号引起来的多行字符串、双引号引起来的多行字符串。这一节中主要介绍 PowerShell 中出现的字符串数据类型。

1．字符编码

在 PowerShell 中，字符串是一个由若干个 16 位统一码（Unicode）的字符构成的字符序列，由于组成字符串的字符用的是统一码，这样就可以使字符串能够包含世界上的任何一种语言字符。

PowerShell 中的字符串类型实际上是直接引用的.NET 开发环境中的 System.String 类型。在 PowerShell 中以 String 作为字符串类型的标识符。

定义字符串类型的方法如下：

[string] $变量名

如果在定义变量名时，没有给出类型标识，则系统会根据用户赋予的值的数据类型来确定变量的类型。这种情况下，变量类型是随被赋值的类型变化而变化的。

2．用双引号或单引号引起来的字符串常量

在 PowerShell 中，字符串可以表示为用一对单引号或一对双引号引起来的字符序列。下面表示的就是字符串常量的表达方式。

```
PS C:\Users\Administrator>"This is a String"
This is a String
PS C:\Users\Administrator>'This is a String'
This is a String
```

其中，粗体部分是用户输入的信息（以下相同）。

在一对单引号或双引号中，可以包含多种字符。如下面输入的就是字符串中就包含了换行符号：

```
PS C:\Users\Administrator>"This is a String
>> 12345
>> end the string
>>"
>>
```

在最后一个提示符后面按<Enter>键，则向系统输入以下（包含了换行符）字符串。

```
This is a String
12345
end the string
```

如果在字符串常量中再嵌入单引号或双引号，则视情况有以下几种类型。

1）单引号引起来的字符串中嵌入双引号或双引号引起来的字符串中嵌入单引号。在这种情况下不必对嵌入字符串中的引号进行特别处理。

如下例：

```
PS C:\Users\Administrator>"This's a String"
This's a String
PS C:\Users\Administrator>'This" s a String'
This" s a String
```

系统不会报错。

2）单引号引起来的字符串中嵌入单引号或双引号引起来的字符串中嵌入双引号。由于这种情况会致使系统无法确认字符串结束的位置，从而导致系统报错。如果确实有必要在字符串中添加与标识字符串范围的引号符号相同的引号符号，则可以通过嵌入两次引号的符号，或在嵌入符号前加反引号"`"。下面以单引号为例：

```
PS C:\Users\Administrator>'This''s a String'
This's a String
PS C:\Users\Administrator>'This`'s a String'
This's a String
```

双引号的处理方法与单引号的处理方法相同。

单引号与双引号界定的字符串还存在一个功能性差别：用单引号界定的字符串中，如果存在变量名称，则在显示该变量时，仍将变量名称显示出来而不会显示变量内容；而用双引号界定的字符串中，如果包含变量名称字符，则会显示变量内容，而不是变量名称。如下例，比较双引号与单引号在表示时的差异。

```
PS C:\Users\Administrator>$Name="Bobal"
PS C:\Users\Administrator>'Hello $Name'
Hello $Name
PS C:\Users\Administrator>"Hello $Name"
Hello Bobal
```

在上面的例子中，双引号中的变量$Name 在输出时，被变量所保存的值 Bobal 所替代；而单引号中，变量$Name 直接被输出。

3. 包含表达式的字符串

从前面内容可以看到，用双引号引起来的字符串中具备将变量内容替代变量名的功能。这种功能又被称为计算功能，即在字符串中可以出现计算表达式，而输出时则以计算结果代替表达式输出。例子如下：

```
PS C:\Users\Administrator>"2+2=$(2+2)"
2+2=4
```

在上面的例子中，字符串中的"$(2+2)"是一个表达式，显示时，用表达式的结果代替表达式显示出来。

在字符串中的表达式必须是以以下格式表示的：

$(表达式)

并且这种表达式只有放置在双引号表示的字符串中，才能以计算结果代替表达式。

4. 包含复杂表达式的字符串

前面讲解的是字符串中嵌入一个简单的表达式。实际上字符串中还可以嵌入数值序列的处理。所谓数值序列是指包含多个数值，数值与数值之间用分号间隔。如图 11-3 所示。

图 11-3　显示数列

从上面的例子输出可以看到，分号用于间隔单个数值，如"1;2;"所表示的；".."表示的是数值起始范围，如"3..10"，表示从 3 到 10 的所有整数。

下面将数列嵌入到字符串中输出，如下例：

PS C:\Users\Administrator>**"Numbers 1 to 10: $(1;2;3..10)"**
Numbers 1 to 10: 1　2　3　4　5　6　7　8　9　10

从上面的输出结果可以看到，数列中的数据直接嵌入在字符串中输出，并且在字符串中的数列输出没有换行。

在字符串中还可以嵌入控制语句进行输出。例如下面的例子是在字符串中嵌入一个 for 循环语句。

PS C:\Users\Administrator>**"Numbers 1 to 10: $(for ($i=1; $i –le 10; $i++) { $i })."**
Numbers 1 to 10: 1　2　3　4　5　6　7　8　9　10.

在上面的例子中，"$(for ($i=1; $i –le 10; $i++) { $i }"是一个完整的 for 循环控制语句。其中"$i=1"表示循环变量$i 的初值；"$i –le 10"表示循环变量$i 小于等于 10；"$i++"表示循环一次控制变量$i 递增 1。

5. here-string

here-string 是以"@引号"开始，然后换行并输入字符中包含的字符序列，字符串输入结束时，在新行中以"引号@"结束。其中引号可以是单引号，也可以是双引号。这种 here-string 字符串不包含开始和结束符号。下面是一个定义 here-string 的例子。

PS C:\Users\Administrator>**$a=@"**
>>**Line one**
>>**Line two**
>>**Line three**
>>**"@**
>>

上面例子中定义了一个变量$a，并向其输入了多行字符。

here-string 包括起始与终止符号间的所有字符序列，在字符串的字符序列中，可以包含各种引号（这不会产生因字符中出现与边界引号相同而导致的错误）。

赋值给字符串变量时，here-string 起始符号不允许出现其他任何字符；here-string 结束符号后也不能出现除"+"号外的其他字符。但结束符后添加的任何内容都不属于 here-string，如下例：

```
PS C:\Users\Administrator>$a=@"
>>one is "1"
>>two is '2'
>>three is $(1+2)
>> "@+"A trailing line."
>>
```

输出变量$a 中的内容，可以看到变量$a 中保存的内容是：

```
PS C:\Users\Administrator>$a
one is "1"
two is '2'
three is 3
```

11.1.3　数值类型

PowerShell 支持所有的.Net 数据，在 PowerShell 环境下，系统将根据需要自动将数据转换成需要的数据类型。表 11-1 中列出了 PowerShell 出现的数值数据类型与.Net 中对应的数值数据类型。

表 11-1　数值类型

PowerShell 数值类型	.Net 中对应类型名	类 型 说 明	举 例 说 明
[int]	System.Int32	整型	1
[long]	System.Int63	长整型	10000000000
[float]	System.Single	单精度浮点型	1.0
[double]	System.Double	双精度浮点型	1.1
[decimal]	System.Decimal	十进制数据类型，用于保存精确数据	1d

在第 11.1.1 节中讲解变量定义时，我们学习到在定义变量时可以不给变量类型。这样没有类型限定的变量，系统会根据用户赋予变量的值来为变量指定数据类型，这样变量的类型就随保存的数据的变化而变化。比如，保存一个整数到一个变量中，如果这个整数数值能够用 32 位表示，则系统会将保存这个数值的变量指定为整型变量；如果这个整数不能用 32 位类型整数表示，否则产生数据的溢出，则系统会将保存这个变量的类型改变成 64 位整型，即长整型保存；如果长整型还不能保存，则系统会自动用浮点型变量如 double、decimal 类型保存。

gettype 方法可以显示指定变量的类型的相关信息，如果要查看变量类型对应的.Net 数据类型，则可以使用 fullname 属性。如图 11-4 所示。

在图 11-4 中，第一个执行的语句是对 123 数据取类型，直接调用 gettype()方法，系统返回较为详细的信息；

第二个语句是对 12.3 数据提取类型，是调用 gettype()方法以及该方法下的 fullname 属性，这样在系统中就显示出了 12.3 数据类型是.Net 下的 System.Double 类型。

第三个语句是对 12.3d 数据提取类型，也调用 gettype().fullname，这次得到的数据类型是 Decimal。

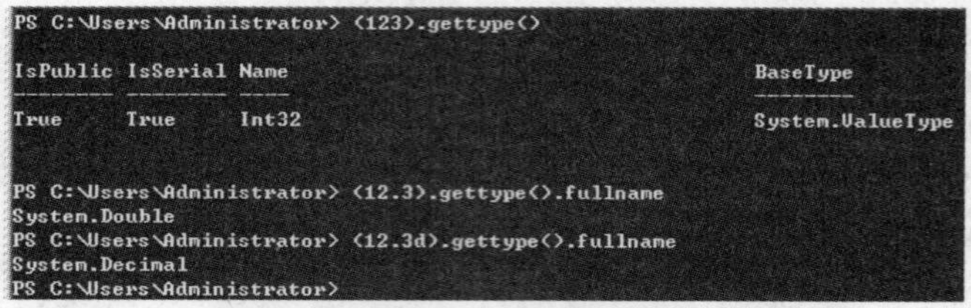

图 11-4　获取数值的数据类型

从图 11-4 的例子可以看到，数据以 "d" 符号结尾，则该数据为 decimal 数据类型。如果没有小数点也没有字符 "d"，则表示整数类型；如果有小数点而没有字符 "d" 结尾，则表示的是 double 数据类型。

☞注意：

> 检测常量的数据类型时，一定要将常量放置到一对小括弧中，如图 11-4 所示。如果检测变量的数据类型，则直接在变量名后加上 ".gettype().fullname" 即可，如要查看变量$a 的类型，一般写成 ":$a.gettype().fullname"。如果对没有赋值的变量进行类型检查，则系统会报错误信息。因为没有声明类型的变量，变量类型是由赋予的值的类型确定的。

11.1.4　集合类型——哈希表

第 11.1.3 节中介绍了单一的数值数据类型。在 PowerShell 中，系统还支持相对比较复杂的哈希表类型。哈希表是一种以 "键—值" 形式存储的数据集合。即用户可以通过键来获取存储在哈希表中与此键对应的值。

1．创建哈希表

在 PowerShell 中，可以使用以下语法结构创建哈希表并将新建的哈希表保存到变量中：

　　　　$变量名=@{键名 1= "值 1"；键名 2= "值 2"；...}

即哈希表定义的范围是以 "@{" 开始，以 "}" 结束。在哈希表中，以 "键—值" 的方式保存数据。

例如，创建一个有三个元素的哈希表，并保存到名为$var 变量中。执行命令如下：

```
PS C:\Users\Administrator>$var=@{ name="James Smith" ; age=25;
>> phoneNumber="555-5555555"
>>}
>>
```

检验变量$var 中的保存内容，显示结果如图 11-5 所示。

上面例子中定义的变量$var 中保存的哈希表有三个 "键—值" 映射数据，即 name 映射 "James Smith"；age 映射 25；phoneNumber 映射的是 "555-5555555"。

如果用每一行只保存一个 "键—值" 关系，也可以将用作间隔符号的分号省略，如同样实现上面的哈希表变量定义，可以按下面的方法进行：

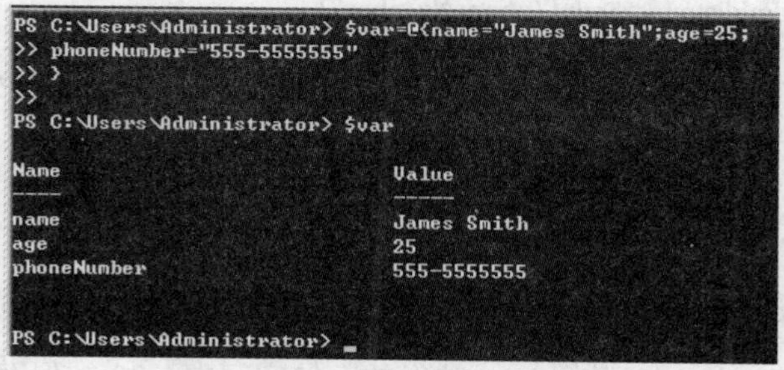

图 11-5　创建和显示哈希表

```
PS C:\Users\Administrator>$var=@{
>> name="James Smith"
>> age=25
>> phoneNumber="555-5555555"
>>}
>>
```

2. 操作哈希表

创建哈希表是为操作其中保存的数据值。引用或重置哈希表中值的方法有两种模式:一种是通过"哈希表变量.键名"的方式获取或保存值;另外一种是通过"哈希表变量[键列表]"方式获取一个或多个键对应的值。

(1) 用"哈希表变量.键名"的方式

用"哈希表变量.键名"的方式可以实现对键值的引用或将新值保存到该键映射的存储空间中。

引用哈希表中键名对应的值操作:

```
PS C:\Users\Administrator>$var.name
James Smith
```

通过"哈希表变量.键名"还可以更改该键名对应的值,如下面是将字符串"zhang shan"保存到 name 键中,执行命令如下:

```
PS C:\Users\Administrator>$var.name="zhang shan"
PS C:\Users\Administrator>$var.name
zhang shan
```

(2) 用"哈希表变量[键列表]"方式

通过"哈希表变量[键列表]"的方式,可以一次性引用或设置多个值。键列表是用户希望罗列出值的键名列表,每个键名需要用引号引起来,如果有多个键名,则键名之间用逗号间隔。

如下面例子,是用于引用哈希表中的键值。

```
PS C:\Users\Administrator>$var["name","age"]
zhang shan
25
```

283

```
PS C:\Users\Administrator>$var["phoneNumber"]
555-5555555
```

如果要用"哈希变量[键列表]"方式重置哈希表中的值，则需要键与值排列次序一致，并且值要放置到一对"{"、"}"括弧中。如下输入的是同时给哈希表中的键 name、age、phoneNumber 赋新值，具体输入内容如下：

```
PS C:\Users\Administrator>$var["name","age"，"phoneNumber"]={"LiShi", 30, "111-11111111"}
```

这样，值"LiShi"被保存到键 name 映射的存储空间中；30 被保存到键 age 映射的存储空间中；"1111-11111111"被保存到键 phoneNumber 映射的存储空间中。

☞注意：

用"哈希变量[键列表]"的方式获取键值时，键名一定要用引号引起来，否则系统将会报错。

PowerShell 中的哈希表是基于.Net 中的 System.Collections.Hashtabel 类的对象。用户可以直接调用 System.Collections.Hashtabel 类定义的方法或属性。下面以 keys 属性为例，简要介绍基于 System.Collections.Hashtabel 类定义的属性和方法的使用。

keys 属性是用于列出哈希表中所有键名的属性。例如，如果希望列出哈希表变量$var 中所有的键名，则可以执行如下语句：

```
PS C:\Users\Administrator>$var.keys
name
age
phoneNumber
```

通过 keys 属性，还可以列出哈希表中的所有键的值，以哈希变量$var 为例，可以通过执行下面的代码获取哈希变量中所保存的所有值：

```
$var [$var.keys]
```

3．向哈希表中增加或移除键的操作

哈希表创建后，用户还可以根据需要向哈希表中增加或移除键。

（1）向哈希表增加新键

向哈希表增加新键的方法主要有两种：一是通过 add 方法增加；另外一种是通过增加属性方式直接增加。

用 add 方法增加新键的语法格式为：

```
哈希变量.add(键，值)
```

其中，"键"需要用引号引起来。例如，向哈希变量$var 中增加一个名叫"department"的键，并且给该键赋予"Software Engineering"值，操作方法如下：

```
PS C:\Users\Administrator>$var.add("department","Software Engineering")
```

直接通过添加属性的方式增加新键，相对比较简单。其语法格式如下：

哈希变量.键＝值

用点运算符后的键不需要加引号。例如同样实现向哈希变量$var 中增加一个名叫"department"键，并且给该键赋予"Software Engineering"值，其操作方法如下：

    PS C:\Users\Administrator>$var. department＝"Software Engineering"

（2）移除哈希表中的键

哈希表提供了一个 remove 方法，可以用于移除哈希表中的键。操作语法如下：

    哈希变量.remove(键)

☞注意：

在 remove 方法中，"键"需要用引号引起来。

例如，如果需要删除哈希变量$var 下的 age 键，则可以通过如下命令来实现：

    PS C:\Users\Administrator>$var. remove("age")

4．引用类型

哈希变量是一种引用类型，这与普通类型变量存在较大的差异。所谓引用类型是指变量名所映射的存储空间中保存的是引用对象的地址；与引用类型相对应的另外一种变量类型是值类型，即变量的存储空间内保存的是数值。如图 11-6 所示，在存储器中定义三个变量：$var1、$var2、$var3，其中$var1、$var3 是用于保存另外存储单元的地址（编号），因此$var1、$var3 是引用类型变量；而$var2 的存储空间中保存的是普通数值，则$var2 被称为值类型变量。

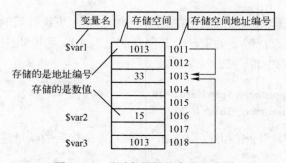

图 11-6　引用变量与值变量示意图

访问引用变量的值，实际上访问的是引用变量的存储空间中保存的地址的映射空间的值。如图 11-6 中所示，给变量$var1 和$var3 赋值或取值操作，都是对其所引用的空间操作，即在地址编号为 1013 所对应的空间中操作赋值或读取。

这样引用类型就有一个很特别的特性，当两个引用变量引用同一个空间时，只要其中一个变量改变引用空间内的值，则另外一个引用变量读取出来的值就是前一个引用变量刚赋予的值。

如图 11-6 示例，由于变量$var1 和$var3 都指向编号为 1013 空间，则可通过$var1 和

$var3 对编号为 1013 空间进行存取操作。如果在执行"$var1=30"语句后，再通过$var3 取出 1013 空间的结果，则其返回值就会为 30。能够理解体会这一点对于哈希表的引用非常有用。

【任务 11-1】 学会哈希变量的引用操作。

1）创建一个空哈希变量$hash，执行操作如下：

```
PS C:\Users\Administrator>$hash=@{}
```

2）将哈希变量$hash 赋予另外一个$newHash 变量，执行如下代码：

```
PS C:\Users\Administrator>$newHash=$hash
```

这时如果检查两个哈希变量中的保存数据，会发现两个都没有数据。如图 11-7 所示。

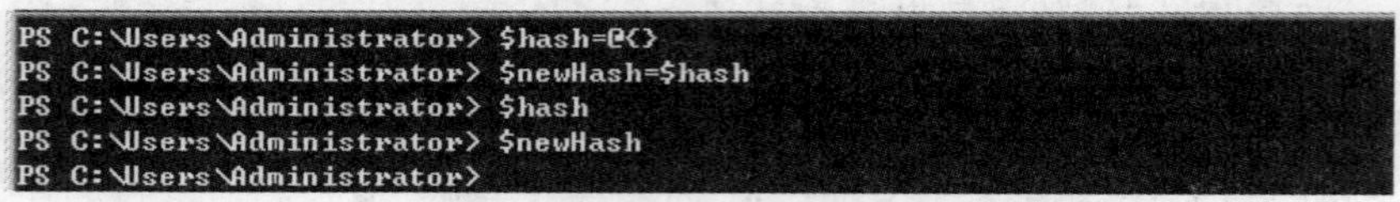

图 11-7 创建和显示哈希变量内容

3）向哈希变量$hash 添加一个键 a，并赋予值为 1。操作如下：

```
PS C:\Users\Administrator>$hash.a=1
```

然后再显示哈希变量$hash 和$newHash，与图 11-7 进行对比。

4）向哈希变量$newHash 中添加另外一个键 b，并且赋予该键的值为 2。实现操作如下：

```
PS C:\Users\Administrator>$newHash.b=2
```

然后再显示哈希变量$hash 和$newHash，与 2）、3）两步执行后的结果进行对比。

5）利用$newHash 改变键 a 的值，令其保存的值为 10；利用$hash 改变键 b 的值，令其保存的值为 20，执行代码如下：

```
PS C:\Users\Administrator>$newHash.a=10
PS C:\Users\Administrator>$hash.b=20
```

然后再显示哈希变量$hash 和$newHash，与 4）步执行后的结果进行对比。

11.1.5 集合类型——数组

上一节，讲解了哈希变量和哈希变量的操作方法。这一节中将学习另外一种形式的集合数据类型——数组。

1. 通过管道输出得到数组

在 PowerShell 环境中，从管道产生的输出结果被保存在数组形式的数组集合中。数组集合相对于.Net 的操作类型是 System.Object[]类型。

也可以通过逗号运算符得到一个数组，操作方式如下：

```
PS C:\Users\Administrator>$a=1,2,3,4
```

上面代码中的变量$a 就是一个数组，该数组中包含四个元素，分别是 1，2，3，4。利用 gettype 方法与 fullname 属性，也可以获取数组的类型，操作如下：

```
PS C:\Users\Administrator>$a.gettype( ).fullname
System.Object[ ]
```

2．数组元素的引用

通常引用或重置数组元素的值是通过数组名和元素序号来实现的，其中元素序号放置在一对方括弧中。

例如，重置数组$a 的第一个数为 90，其操作如下：

```
PS C:\Users\Administrator>$a[0]＝90
```

显示数组$a 中的第三个元素的值：

```
PS C:\Users\Administrator>$a[2]
```

从上面的操作可以看到，方括号中确定数组元素的下标是从 0 开始计数的，即第一个元素，下标为 0；第二个元素的下标为 1；第三个元素的下标为 2，以此类推。

数组中的元素个数是数组长度，可以通过属性 length 获取数组的长度。

```
PS C:\Users\Administrator>$a.length

4
```

如果要显示数组中所有元素的值，则直接给出数组名，如显示数组$a 的所有元素，操作如下：

```
PS C:\Users\Administrator>$a

90
2
3
4
```

3．向数组中添加新元素

下面先来看一个例子的执行。代码如下：

```
PS C:\Users\Administrator>$a.length
4
PS C:\Users\Administrator>$a[7]＝12
```

执行上面最后一句时，系统会弹出一个数组超出边界的错误提示。如图 11-8 所示。

图 11-8　引用数组元素超出范围错误提示

从图 11-8 中可以看到，引用数组元素超出数组边界，则会产生错误。这是因为 PowerShell 中的数组是基于.Net 数组的，数组的大小一旦创建就被固定了。因此引用数组元素超出范围，则会显示出错信息。

那如何扩展数组的大小，以方便添加新的元素呢？实际上在 PowerShell 有一种相当简单的方法可以用来扩展数组元素的数量，即使用"+"或"+="运算符扩展现有数组元素。下面看两个例子。

（1）利用"+"运算符向数组添加新元素

```
PS C:\Users\Administrator>$a=$a+12
PS C:\Users\Administrator>$a.length
5
```

从数组的长度来看，数组增加了一个新元素。

（2）利用"+="运算符向数组添加新元素

```
PS C:\Users\Administrator>$a+=22，33
PS C:\Users\Administrator>$a.length
7
```

从数组的长度来看，数组又增加了两个新元素。

通过前面的例子来看，数组名没有变，但数组的长度实实在在地增加了。难道 PowerShell 数组不是固定长度的？通过"+"、"+="增加数组长度，增加前的数组与增加后的数组已经不是同一个数组了。系统是通过先创建一个能容纳新长度的数组对象；接着将老数组中的元素依次复制到新数组对象中去；最后将新数组对象赋给数组名，并将老的数组对象空间释放。

4．数组也是引用类型

与哈希表一样，数组也是引用类型。当用一个数组赋值给另一个数组，则这两个数组都引用同一个存储空间，只要其中一个数组改变元素的值，则另外一个数组访问元素时，则是改后的值。下面通过操作任务来掌握数组的操作。

【任务 11-2】 验证数组是引用类型。

这个任务是对数组类型引用的一个验证性实验。

1）创建一个名叫$a 的数组，执行如下代码：

```
PS C:\Users\Administrator>$a=1，2，3
```

2）创建另外一个名为$b 的变量，将变量$a 赋予变量$b，执行如下代码：

```
PS C:\Users\Administrator>$b=$a
```

3）验证性输出变量$a 和$b 的内容。

```
PS C:\Users\Administrator>$a
PS C:\Users\Administrator>$b
```

从运行的结果来看，两个变量的输出内容相同。

4）利用变量$b 将数组的第一个元素内容更改为"Changed"，操作代码如下：

```
PS C:\Users\Administrator>$b[0]="Changed"
```

5）再次验证性输出变量$a 和$b 的内容。

```
PS C:\Users\Administrator>$a
PS C:\Users\Administrator>$b
```

对比第 3）与第 5）步操作的结果显示，变量$a 与变量$b 同时引用同一个数组空间，通过它们中的任意一个，都可以更改数组中元素的内容。

前面从 1）到 5）步操作的过程和显示的结果，参见图 11-9 所示。

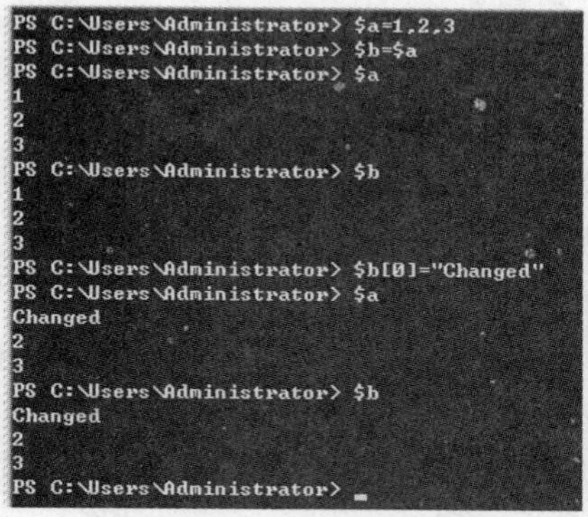

图 11-9　验证数组变量是引用类型的操作 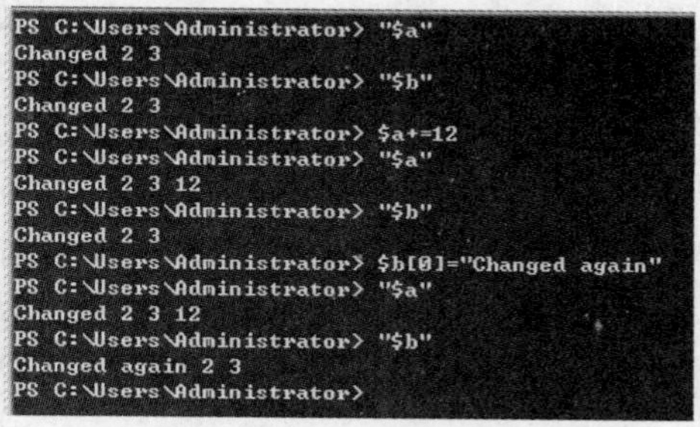　　　图 11-10　数组增加元素前后对比

在前面学习到当数组增加新元素时，则增加后数组变量与增加前数组变量不是引用同一个存储空间。下面在上面的任务结果基础上，进行验证。

通过上面的任务，已经能够确认变量$a 与变量$b 引用的是同一个数组空间。如果在实验中，当增加数组变量$b 的元素个数后，数组变量$a 与变量$b 显示的内容不一致，则说明增加元素前后，数组变量名引用的空间是不一样的。

【任务 11-3】 验证数组增加元素前后，变量是否指向同一个存储空间。

本实验是在任务 11-2 的基础上进行的，即变量$a 与变量$b 已经指向相同的引用空间。

1）显示变量$a 与变量$b 的内容。

```
PS C:\Users\Administrator>"$a"
PS C:\Users\Administrator>"$b"
```

2）向变量$a 增加一个新元素。操作如下：

```
PS C:\Users\Administrator>$a+=12
```

3）再次显示变量$a 与变量$b 的内容。

```
PS C:\Users\Administrator>"$a"
PS C:\Users\Administrator>"$b"
```

4）对变量$b 所引用的数组的第一个元素的值设置为"Changed again"。

```
PS C:\Users\Administrator>$b[0]=" Changed again"
```

4）再次显示变量$a 与变量$b 的内容。

```
PS C:\Users\Administrator>"$a"
PS C:\Users\Administrator>"$b"
```

通过前面的 1）到 5）步操作，可以发现通过变量$b 对数组操作，其操作后的结果不能由访问变量$a 显示出来。这样说明变量$a 与变量$b 指向的空间已经不是同一个了。

任务 11-3 的操作过程和显示的结果，参见图 11-10。

11.2 运算符与表达式

本节主要学习 PowerShell 语言的两个基础知识：运算符与表达式。所谓运算符是对数据进行相应加工运算的符号，如加法运算符（+）、减法运算符（−）等。运行符与参与运算的数据（可以是变量也可以是常量，一般被称为操作数）所形成的字符序列被称为表达式。

PowerShell 中的运算符的功能比多数的编程语言更为强大，由于 PowerShell 中多数情况是由数据决定类型的，则参与运算的数据大致有基本数据（如整数、浮点数等）、字符串、数组、哈希表等，所以 PowerShell 对常见的运算符进行了重载，以适应不同数据类型的操作。

如果熟练掌握 PowerShell 编程，用诸如 C、C#等可能要编写的大段程序才能实现的任务，而用 PowerShell 却只要几行就可以完成。

11.2.1 算术运算符

算术运算符在 PowerShell 中已经被重载了，能够运行字符串、数值、哈希表、数组等类型的操作。下面通过表 11-2 来进行全面简要了解。

表 11-2 算术运算符概览表

运 算 符	功 能 描 述	例 子	结 果	说 明
+	两个操作数相加	2+4	6	数值相加
		"Hi "+"There"	"Hi There"	字符串连接
		1，2，3+4，5	1，2，3，4，5	数组叠加
*	两个操作数相乘	2*4	8	两个数值相乘
		"a"*3	"aaa"	字符串重复 3 次，形成新串
		1，2*2	1，2，1，2	数组元素重复 2 次，形成新数组
−	两个操作数相减	6−2	4	数值类型之差
/	两个操作数相除	6/3	2	两个数值类型操作数相除
		5/2	2.5	两个数值类型操作数相除
%	两个操作数求模	5%2	1	两个数值类型相除，求余数

从上表中可以看出，加法运算符与乘法运算符可以对数值类型、字符串、数组、哈希表进行运算。

1. 加法运算

加法运算符可以在字符串、数值、数组、哈希表之间进行运算。从表 11–2 中可以看出，两个字符串相加，结果为一个新字符串；两个数值相加得到一个新值；两个数组相加，则得到两个数组相连产生一个新数组；两个哈希表相加，也将获得两个哈希表中所有元素构成的一个新哈希表。这些对于操作加法运算符，对照表 11–2 的说明则很容易掌握。

如果在加法运算符中出现的操作数类型不一致，如一个数组与一个字符串相加、一个字符串与一个整数相加。这种参与运算的操作数类型不一致的运算式，被称为混合类别运算式，混合类别运算式的左边操作数类别决定运算符操作的结果，即左手规则（left-hand rule）。左手规则是指操作符左边的操作数类型决定了这个运算结果的类型。下面通过例子来分别讲解。

（1）一个数值加一个数字字符组成的字符串

> PS C:\Users\Administrator>**2+"123"**
> 125

由于上面运算式的第一个操作数是 2，为数值类型。根据左手规则，右边操作数"123"自动由字符串转换成数值 123，这样就由原来的 2+"123"变成了 2+123 了，因此结果为125。

☞注意：

　　如果左边是数值类型，右边的操作数如果是字符串的话，则字符串一定是由数字字符组成的，否则会出现转换失败，从而导致出现错误情况。

（2）字符串加数值

> PS C:\Users\Administrator> **"123"+ 2**
> 1232

在这个例子中，将字符串"123"与 2 交换了一下位置。根据左手规则，左边是字符串，则右边的数字 2 也必须转换成字符串"2"。这样表达式"123"+2 实际上变成了"123"+"2"，因此计算结果为"1232"。

从这个角度来看，不同类别数据类型相加，不满足交换律。

（3）数组或哈希表中的加法

如果左边操作数是数组或哈希表，右边操作数是一个集合（数组或哈希表），则将右边的集合中的所有元素扩充到左边的元素后，形成一个新集合（数组或哈希表）。

如果右边的操作数是一个单一元素，则将右边的操作数扩展到左边的集合中后，形成一个新的集合。

☞注意：

　　通过前面操作形成的新集合不会保存在任何一个操作数中。

另一种情况是，如果左边操作数是一个单一值，右边为一个集合。则这种表达式不能计算，系统会报错，因为无法将右边的集合类型转换成左边的单一值的形式。

2. 乘法运算

与加法运算符相似，乘法运算符也可以参与数值、字符串、数组、哈希表的运算。但乘法运算与加法运算最大的不同点是，右边的操作数是一个数值，表示将左边的操作数扩展几倍。

例如，将字符串"123"扩展（重复）4次：

```
PS C:\Users\Administrator> "123"* 4
123123123123
```

再如，将字符串"abc"扩展 0 次：

```
PS C:\Users\Administrator>"abc"*0
```

执行结果是没有任何输出。下面通过字符串长度属性，查看计算后字符串的长度：

```
PS C:\Users\Administrator>  ("abc"*0).length
0
```

通过返回的 length 值，可以看到计算后得到的字符串长度为 0，即空串。

对数组进行乘法操作：

```
PS C:\Users\Administrator> $a=1,2,3
PS C:\Users\Administrator> $a*2
1,2,3,1,2,3
```

通过对数组进行乘法运算，可以得到将数组元素重复相应次数的结果。

3. 减法运算、除法运算、求模运算

减法、除法、求模运算符主要针对数值类型的运算。对于参加运算的是基本数据类型（字符串、数值类型），在减法、除法、求模运算符中不再遵循左手规则，在运算表达式中需要至少有一个数值类型参与运算。

两个数值之间的减、除、求模运算不会造成理解上的困惑，但对于参与运算表达式中既有数值，又有字符串，则需要重新理解认识了。

例如，一个字符串除以一个整数：

```
PS C:\Users\Administrator> "123"/2
61.5
PS C:\Users\Administrator> 123/"2"
61.5
```

在第一个表达式中，左边的字符串"123"被转换成 123 参加运算；而第二个表达式中的字符串"2"被转换成 2 参加运算。

值得注意的是，表达式中的两个操作数不同且同时为字符串时，会出现错误。请试试执行下面的语句：

```
PS C:\Users\Administrator>"123"/"2"
```

11.2.2　赋值运算符

在这一节中，将要学习赋值运算符。在 PowerShell 中支持复合赋值运算符。复合赋值运算符可以在 C 系列语言中看到，主要用于将左边的变量值取出，并用复合运算符中的计算符与右边计算的结果进行计算，最后将得到的结果保存到左边的变量中。表 11-3 中列出多种运算符的意义和用法。

表 11-3　赋值运算符与复合赋值运算符概览

运 算 符	举 例	等 价 式	功 能 描 述
=	$a=3		将=号右边的值赋予左边的变量
+=	$a+=3	$a=$a+3	将=号左边变量的值取出来加上右边值，结果保存到左边变量中
−=	$a−=56	$a=$a−56	将=号左边变量的值取出来减去右边值，结果保存到左边变量中
*=	$a*=3	$a=$a*3	将=号左边变量的值取出来乘以右边值，结果保存到左边变量中
/=	$a/=3	$a=$a/3	将=号左边变量的值取出来除以右边值，结果保存到左边变量中
%=	$a%=3	$a=$a%3	将=号左边变量的值取出来对右边值取模，结果保存到左边变量中

赋值语句还存在一个有趣的现象，可以一次性给多个变量分别赋值。如下面例子：

PS C:\Users\Administrator>**$a,$b,$c=1,2,3,4**

这样，系统按先后次序将右边的值，依次赋予左边的变量。上面的例子中，变量$a 被赋予 1；变量$b 被赋予 2；其余的 3，4 被赋予变量$c。这样变量$c 实际上成为一个数组变量。多赋值语法：

变量名列表＝值列表

其中，变量列表中，变量之间用逗号隔开；值列表中的值也用逗号隔开。值列表中可以出现常量，也可以出现变量。如果值列表中出现变量，则将变量值提取出来按赋值操作规范赋予对应的左边变量。

如果变量名多于值的数量，则只将值按次序赋予变量；没有值的变量，则赋予$null（空）值。如果变量名少于值列表中的数量，则除最后一个变量外，每个变量依次得到一个值，余下的值被一次赋予最后一个变量。

多赋值语句只能针对基本数据类型的赋值操作，不能用多赋值语句操作复合类型。利用多赋值语句操作还可以实现数据交换的功能。一般高级语言中实现数据交换操作代码至少有三个，如下：

```
$temp=$a
$a=$b
$b=$temp
```

为实现变量$a 与变量$b 内容交换，定义一个临时变量$temp，通过上面三条语句的联合作用，实现变量$a 与变量$b 的值的交换。

然而通过 PowerShell 的多赋值语句，只要一句就可以实现两个变量值的交换操作，代码如下：

```
PS C:\Users\Administrator>$a, $b=$b, $a
```

从赋值的规律来看，左边的被赋值变量与右边的变量引用顺序相反。这样就可以实现数据交换功能。这样实现交换操作显得非常简单、直接、清楚。下面再列举一个更有趣的例子。

菲伯拉数列（Fibonacci sequence）是这样一个序列：1 1 2 3 5 8 13 …通过对菲伯拉数列研究，可以得到这个数列的推理关系式，即从第三项开始，每项数值等于其前两项的数值之和。下面语句是实现菲伯拉数列中项数小于 10 的所有项的输出：

```
PS C:\Users\Administrator>$a, $b=1；while( $a  -lt  10) { $a; $a,$b=($a+$b),$a }
```

一个相对比较复杂的程序，这里只要用一行语句就可以实现了。

此外 PowerShell 还具有连续赋值功能。当在设计时需要多个变量保存的数值一致，则可以通过连续赋值的方式来实现。下面是通过连续赋值的方式给变量$a、$b、$c 赋予相同的值——3。程序代码如下：

```
PS C:\Users\Administrator>$a=$b=$c=3
```

11.2.3　比较运算符

这一节学习比较运算符以及比较运算的功能。在 PowerShell 中有大量的数据需要比较，此外在控制语句中，也需要比较运算等条件判断。因此掌握比较运算符的使用，是编程技能的基础。下面先通过一个比较运算符概览列表，总体了解一下比较运算符的知识。

表 11-4　比较运算符概览

运　算　符	功 能 描 述	例　子	结　果
-eq　-ceq　-ieq	相等	5 –eq 5	$true
-ne　-cne　-ine	不等于	5 –ne 5	$false
-gt　-cgt　-igt	大于	5 –gt 10	$false
-ge　-cge　-ige	大于或等于	5 –ge 10	$false
-lt　-clt　-ilt	小于	5 –lt 10	$true
-le　-cle　-ile	小于或等于	5 –le 10	$true
-contains　　-ccontains　　-icontains	包含	1,2,3 –contains 2	$true
-notcontains　-cnotcontains　-inotcontains	不包含	1,2,3 –notcontains 2	$false

在表 11-4 中，每一种关系运算符都有三种形式：基本形式、在基本形式前加字符"i"、在基本形式前加字符"c"。其中加字符"i"的，是不区分大小写的比较；加"c"字符的是区分字符大小的比较。这样编程人员在使用时，可以明确它们的意图。

下面就比较运算的使用，进行详细解说。

1. 数值的比较运算

数值比较不局限于数值类型本身，由于 PowerShell 中的变量的类型不固定，在比较运算中也涉及到了比较运算的多态性。

（1）基本比较运算规则

在前面介绍算术运算符时，提到的左手规则，这里同样适用。例如，一个字符串与一个数值进行比较运算的话，如果字符串在运算符的左边，则系统将右边的数值先转化成字符串，然后两者按字符串的规则相比较；如果数值在左边，则系统先将右边的字符串转化成数值，然后双方按数值的方式比较。

例如，比较 01 与 "001"，看结果输出：

```
PS C:\Users\Administrator>01 -eq  001
true
PS C:\Users\Administrator>01 -eq   "001"
true
```

对比前面两次比较，结果相同。对比两个命令，可以看出，第二个命令右边的操作数 "001" 根据左手规则，转换成 001，结果 01 与 001 相比，数字前的 0 不影响值的大小，结果输出为真（true）。

再对比下面两句比较：

```
PS C:\Users\Administrator>"01" -eq   001
false
PS C:\Users\Administrator>[int]"01" -eq   001
true
```

这两句输出的结果完全不同。第一句中左边是字符串 "01"，根据左手规则，右边的 001 也被转换成字符串 "001"，显然字符串 "01" 与 "001" 不相等，因此返回结果为假（false）。

第二句由于左边通过类型转换，将 "01" 转换成 1，然后再与右边的 001 相比，两者相等。

注意，字符串之间进行比较是字符串按从左到右的字符序列依次比较，字符大小的比较，是对字符的 ASCII 码大小比较，ASCII 码大的字符大。比如 "01" 与 "001" 相比，则 "01" 字符串大于 "001"，因为两个字符串第一个字符相同，而第二个字符相比 "0" 的 ASCII 编码比 "1" 的编码要小。

（2）类型转换和比较运算

随着 PowerShell 运算符涉及到数字字符串转换成数值，由于数值的数据类型也比较多（整型、长整型、浮点型等），这样在运算符前加类型转换，会导致运算结果超出预期的情况。下面通过举例来理解在比较运算中进行类型转换而造成的特别情况。

例如，将字符串 "123" 转换成整数并与 123.4 进行比较运算，代码如下：

```
PS C:\Users\Administrator>[int]"123"  -lt   123.4
true
```

上面例子中，系统先将字符串"123"转换成整数 123，然后再比较 123 是否小于 123.4。在进行比较前，由于 123.4 是 Double 类型，根据数值类型运算规则，参与运算的所有数值的类型将自动转换成参与运算的操作数中表达范围最大的操作数类型。因此整数 123 转换成 123.0。然后系统比较 123.0 与 123.4，结果为真。

下面，对上面例子的比较内容再进行修正一下，即比较"123"与"123.4"，并且先将字符串"123"转换成整数。看比较的结果是什么？

```
PS C:\Users\Administrator>[int]"123"  -lt  "123.4"
false
```

执行修正后的代码，运算结果却为假。这是因为参与运算两边都是字符串，而左边的字符串先转换成整数，而右边的为字符串。根据左手规则，也应将右边的字符串"123.4"转换成数值，由于左边转换类型明确为 int 类型，而不是 double，所以导致字符串"123.4"转换成整数时，小数部分丢失，而变成了 123。这样就是两个 123 相比，因此相等，而不是小于。

如果将类型转换由 int 变成 double 类型，那么字符串"123"就会被转变成 123.0，而根据左手规则，字符串"123.4"也会被转换成 123.4，这样两者相比的话，结果应该为真。

```
PS C:\Users\Administrator>[double]"123"  -lt  "123.4"
true
```

☞注意：

前面的介绍中，用到了左手规则与数值类型之间的自动转换规则。这里重新整理一下。如果是不同类别数据，如数组、字符串、数值、哈希表之间的运算，系统将适用左手规则进行数据转换。比如一个字符串与一个数值进行运算操作，则系统根据左手规则将数据类型进行统一。如果是数值之间的运算，由于数值类型比较多，能够显示的数据范围大小也不同，系统就采用数值类型默认转换规则，即两个操作数中，数据类型表示范围小的自动转换成表示范围大的，运算结果的数据类型是以数据表示范围大的类型为结果类型。

（3）区分字符比较运算

在表 11-4 中列举的运算符中，一个功能的运算符共有三种模式：普通模式、加字符 i 模式、加字符 c 模式。加字符 i 表示不区分大小写；加字符 c 表示区分大小写。下面以-eq 操作符为例，对比三种模式的运行符的差异：

```
PS C:\Users\Administrator>  "abc"  -eq  "ABC"
True
PS C:\Users\Administrator>  "abc"  -ieq  "ABC"
True
PS C:\Users\Administrator>  "abc"  -ceq  "ABC"
False
```

从上面的三个例子来看，"-eq"与"-ieq"功能相同，即普通模式中默认为不区分字符大小写。因此第一、第二句比较的结果相同。而"-ceq"要区分大小写，因此"abc"与

"ABC"不相同。

2．集合数据类型比较运算

这一节中主要介绍集合类型的比较运算符。

（1）涉及到集合类型的基础比较运算

如果比较运算符左边的操作数是数组等集合类型，则比较运算将匹配出右边操作数的所有集合中的元素输出来。这种比较的形式是左边的操作数是集合，右边操作数是一个值。下面来看一个例子：

```
PS C:\Users\Administrator> 1,2,3,4,5  -le  3
1
2
3
```

在上面的语句中，将数组与数值 3 相比，将数组中所有小于等于 3 的元素全部输出来。

当左边的集合中混杂了数字与字符串，则比较情况有所变化。例如：

```
PS C:\Users\Administrator> 1,"2", 3, 2,"1"  -qe  "2"
2
2
```

下面再对上面的例子进行修正，代码如下：

```
PS C:\Users\Administrator> 1,"02", 3, 02,"1"  -qe  "2"
2
```

前面两个输出结果存在较大差异。由于 2 和 "02" 进行数值相比，结果相等（左手规则）。而 "2" 与 "02" 不相等。

☞注意：

操作数为数字的，数字前的 0 在数值类型的比较中被忽略；而操作数为字符串的，则在字符串前导的 0 在比较运算中要参与比较运算。

（2）包含运算测试

包含运算符用于测试一个集合类型（如数组、哈希表）中，是否包含某个值。包含操作运算符"-contains"用于测试包含，"-notcontains"用于测试不包含。测试包含与否返回的结果为 true 或 false。

下面用例子来理解包含与不包含运算操作。

```
PS C:\Users\Administrator> 1,"02", 3, 02,"1"  -contains  "2"
True
PS C:\Users\Administrator> 1,"02", 3, 02,"1"  -notcontains  "2"
False
```

11.2.4 逻辑运算符

在实际应用中，经常会出现对多个简单比较运算求结果的情况，这就需要用逻辑运算符将简单的关系运算符连接起来。比如数学中表达一个变量 x 小于 10 而大于 1，数学表达式写成"1<x<10"，而在 PowerShell 就需要将这个表达式分开成两个，并且用逻辑运算符 and 连接起来，PowerShell 表达式写成"1 –lt $x -and $x –lt 10"。

下面表 11-5 中，对 PowerShell 中出现的逻辑运算符进行概要说明。

表 11-5   逻辑运算符概览

操 作 符	功 能 说 明	举 例	结 果
-and	逻辑与运算，两个操作数都为真返回真，其余情况返回假	$true –and $false	$false
-or	逻辑或运算，只要有一个操作数为真返回真	$true –or $false	$true
-xor	逻辑异或运算，两个操作数相同返回假，否则返回真	$true –xor $false	$true
-not	逻辑非运算，对操作数取反	-not $true	$false
-band	按位逻辑与运算，按位与运算	3 -band 5	1
-bor	按位逻辑或运算，按位或运算	3 -bor 5	7
-bxor	按位逻辑异或运算，按位异或运算	3 -bxor 5	6
-bnot	按位逻辑非运算，按位取反运算	-bnot 5	-6

表 11-5 中对于逻辑运算符已经说明得比较清楚，这里就不再赘述了。具体逻辑运算符的使用，本书将在下面章节的流程控制语句使用中叙述。

11.3 流程控制语句

前面章节中已经学习了数据类型与数据操作运算符。但如果要编写出功能强大的控制程序，还需要学习流程控制语句，让程序能够根据需要选择执行程序代码或重复执行某些代码。控制流程语句从功能上划分，可以大致划分为分支语句和循环语句。分支语句是根据条件判断，选择执行部分语句；循环语句，在有些情况下也称为遍历语句，用于反复执行相关操作。控制流程语句在 PowerShell 中有约定的字符串来表示，这种约定了特殊功能的字符被称为保留字。如在前面的章节中，有些语句中出现的 foreach 就是一个流程控制保留字。

在 PowerShell 中，执行环境对字母不区分大小写，也就是当用户输入保留字 Foreach、foreach、ForEach，在系统看来，都是一样的。

11.3.1 分支语句

分支语句是根据条件进行选择执行相应程序语句的控制流程语句，其语法格式如下：

　　　　if(条件式 1){ 语句块 1 }   elseif(条件式 2){语句块 2}...else {语句块 n}

其中，语句块由多个没有关联语句构成，语句与语句之间用分号隔开。式中...表示可以重复多个"elseif(条件式){语句块}"。

分支语句语法的处理数据流程如图 11-11 所示。

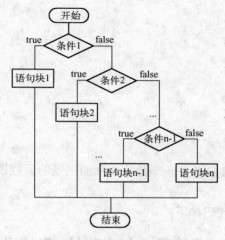

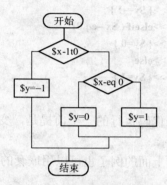

图 11-11　程序流程图　　　　　图 11-12　判断数值正负流程图

从流程图中可以看到，当条件 1 为真时，系统执行语句块 1 中的语句；如果条件 1 不为真，则继续判断条件 2 是否为真，如果条件 2 为真，则执行语句块 2；如果条件 2 也不为真，则依此方式继续判断，如果所有的条件都不为真，系统最后则执行 else 后的语句块。

对于一个分支语句而言，if 保留字是必须的，而其余的保留字可以根据需要选择。如下面几种 if 语句格式。

1）只判断一种情况的有无。如果条件不成立则不执行任何操作：

　　if(条件) {语句块}

2）只有两个选择情况，即条件成立执行一个语句块，条件不成立执行另外一个语句块：

　　if(条件) {语句块 1} else {语句块 2}

3）多于两种情况的选择，可以在 if 和 else 之间增加 elseif 来实现。如本节开始所述的格式。

多于两种情况的另外一种格式，是在一个分支中再完整的写出另外一个 if 语句。这种情况被称为嵌套。格式如下：

　　if(条件 1) {if(条件 2){语句块 1}else{语句块 2} } else {语句块 2}

例如有一函数如下，编写一个程序，要求根据变量$x 的值，为变量$y 重新赋予新值。

$$Y \begin{cases} -1 & (x < 0) \\ 0 & (x = 0) \\ 1 & (x > 0) \end{cases}$$

编写代码如下：

```
PS C:\Users\Administrator> if($x –lt 0) { $y=-1 } elseif ( $x –eq 0) { $y=0 } else { $y=1 }
```

也可以写成多行，如下：

```
PS C:\Users\Administrator> if($x –lt 0)
>>{ $y=-1 }
>>elseif ( $x –eq 0)
>>{ $y=0 }
>>else
>>{ $y=1 }
>>
```

这个代码执行的一个前提是，变量$x 已经被赋予了一个数值。上面例子的流程图如图11-12 所示。

对于上面的例子也可以用嵌套的方式实现，代码如下：

```
PS C:\Users\Administrator> if($x –le 0) {   if ( $x –eq 0) { $y=0 }   else {$y=-1 } }   else { $y=1 }
```

对比一下，嵌套 if 语句的条件被扩大了，即如果$x 小于等于 0，然后在 if 语句块中再重新嵌入一个完整的 if 语句，将$x 小于 0 和等于 0 的两种情况分开。

分支语句中的条件，也可以结合管理，实现较为复杂的操作。如下面例子是实现在当前的工作路径下查找包含字符串"spam"的文本文件是否有 3 个，如果有 3 个文件则输出一行"spam! spam! spam!"，代码如下：

```
PS C:\Users\Administrator> if((dir   *.txt | select-string spam).length –eq 3)   { "spam! spam! spam!"}
```

例如，编写一个能够判断某一年是否为闰年的分支语句。闰年的条件为：能被 4 整除但不能被 100 整除的年份数，或者能被 400 整除的年份数。由此可以得到判断闰年的条件为：

```
$year % 4 –eq 0 -and   $year % 100 –ne 0 –or $year % 400 –eq 0
```

写成分支语句如下：

```
PS C:\Users\Administrator> if($year % 4 –eq 0 -and   $year % 100 –ne 0 –or $year % 400 –eq 0)
>> { "$year is leap year" } else {   "$year is not leap year" }
>>
```

11.3.2 循环语句

循环控制语句是实现系统重复执行某项功能（代码）的语句。在 PowerShell 环境中提供循环功能的语句有：while、do/while、for、foreach。下面就各循环语句的使用格式进行详细介绍。

1. while 循环

while 循环结构是根据条件表达式的值来决定是否执行循环体的。while 循环语句的一般格式为：

```
while (条件表达式) { 循环体 }
```

该语句在执行前，先判断"条件表达式"。如果"条件表达式"的返回值为真，进入循环体，执行命令。执行完毕后，再次对"条件表达式"的返回值进行测试，如果为真就继续执行，如果为假，则跳出循环。退出循环后的返回值为最后一次执行后的返回值。如果循环一次也没执行，即表明"条件表达式"一开始就为假，那么循环体的返回值为零。通常，表达式中包含的变量在循环体中不断的变化，根据用户的需要进行赋值，直到整个循环结束。循环控制流程如图 11-13 所示。

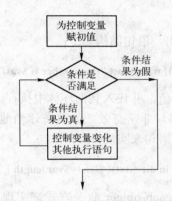

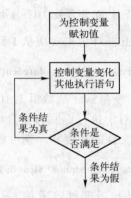

图 11-13　while 循环控制流程图　　　　图 11-14　do/while 循环控制流程图

例如，编写一个 while 语句，实现从 1 到 10 输出：

PS C:\Users\Administrator> $var=1; while($var -le 10)　{ $var++; write-host "the number is $var"}

上面代码中，$var 是控制循环的变量，"$var=1"是给控制变量赋初始值。while 语句与控制变量赋初值语句是两个独立的完整语句，语句之间用分号间隔。

2．do/while 循环

do/while 语句与 while 语句功能相同，都是实现循环控制的，它们之间的区别在于 do/while 语句是先执行循环体再判断条件，这样不论控制条件是否成立，do/while 语句至少执行一次循环体；while 语句是先判断条件后执行循环体，因此当条件不成立时，循环体不会被执行。do/while 语句控制流程如图 11-14 所示。

do/while 语句的语法结构如下：

do { 循环体 } while(条件)

同样实现从 1 到 10 的输出，用 do/while 语句的写法如下：

PS C:\Users\Administrator> $var=1; do{ $var++; write-host "the number is $var"} while($var -le 10)

3．for 循环

for 循环语句的控制流程与 while 语句的控制流程相同，只是，for 循环语句中将控制变量赋初值、循环控制条件、控制变量的变化全部放置到 for 语句的后面，这样显示循环语句更加简洁。for 语句的语法格式如下：

for(控制变量赋初值语句；控制条件语句；控制变量变化语句) {循环语句块}

下面利用 for 循环同样实现从 1～10 的输出，语句结构如下：

```
PS C:\Users\Administrator> for($var=1; $var -le 10; $var++){ write-host "he number is $var"}
```

4．foreach 循环

foreach 循环执行机制与前面所提及的几个循环有较大差异。foreach 循环主要针对集合数据类型操作，是实现对集合数据中的所有数据的一种遍历形式。foreach 循环语法格式如下：

foreach(变量 in 集合类型){循环语句}

如果用 foreach 循环也来实现从 1 到 10 的输出，语句结构如下：

```
PS C:\Users\Administrator> foreach($var in 1..10){ write-host "the number is $var"}
```

上面例子中，变量$var 从数组 1..10 中依次取值，并代入到循环体中执行。

foreach 循环对于执行返回为集合结果的数据，非常有效。如要统计当前工作路径下所有扩展名为 txt 的文件的长度和，则可以通过如下语句来实现：

```
PS C:\Users\Administrator> $len=0; foreach($var in dir *.txt){ $len+=$var.length }
```

上面的统计还可以通过管道与 cmdlet 的 foreach-object 命令方式来实现，具体的语句如下：

```
PS C:\Users\Administrator> $len=0
PS C:\Users\Administrator> dir *.txt | foreach-object { $len+=$_.length }
```

上面的 foreach_object 语句中的 "$_" 是指代从前面的 "dir *.txt" 语句返回结果集中遍历到的对象。

5．break 与 continue 语句

break 与 continue 语句主要是控制循环的执行。其中 break 是终止循环，执行循环语句外的下一个语句；而 continue 语句是终止本次循环，让系统执行下一次循环。下面通过例子来说明两者的用法与差异。

例如输出从 1～10 中的偶数：

```
PS C:\Users\Administrator> $var=1; while($var -le 10)    { $var++;
>>if($var%2 -ne 0) { continue }
>>write-host "the number is $var"
>>}
>>
```

从上面的例子代码中可以看到，与前面用 while 语句输出从 1～10 语句相比，只是在 while 语句中增加了一个分支语句，分支语句实现对控制变量的奇偶判断，如果是奇数则停止输出，继续下一个循环。如果将上面例子中的 continue 改成 break，则该语句什么都不会输出，因为当第一次循环时，控制变量为 1，当执行循环体语句时，会执行到 break，这样循环语句被退出。

break 语句由于可以中止循环语句的执行，因此有时可以作为退出循环的另外一个途径。如下面也是实现从 1～10 的输出，用 if 与 break 配合，则将 while 语句改造成如下代码：

302

```
PS C:\Users\Administrator> $var=1; while($true)
>> { $var++;
>>if($var -gt 10) {break};
>>write-host "the number is $var"
>>}
```

注意 if 语句中的条件变化。

11.4 函数定义与调用

在 PowerShell 中存在多种命令，可以完成相对比较复杂的运算。用户也可以自己在 PowerShell 中定义一些功能强大的"命令工具"，比如函数。本节中主要介绍如何编写和调用函数。

定义函数的格式如下：

function 函数名称（形参列表） { 函数体语句块 }

其中，如果定义的函数不带形参，则函数参数列表与"（）"都可以省略；如果定义函数形参多于一个，则形参之间要用逗号隔开。

调用函数的格式分为两种，一是调用时不指出形参的方式，语法格式如下：

函数名称   实参列表

如果实参多于一个，则实参之间用空格间隔。

二是调用时指出形参的方式，调用格式如下：

函数名称   -形参名 1 实参值 1   -形参名 2 实参值 2   -形参名 3 实参值 3 …

即给指定的形参传递实参值时，形参与实参成对出现。注意形参名称前加"-"号。对于函数调用与定义，在 PowerShell 中变化较多，后面将详细讲解。

下面先编写一个不带参数的 sayHello 函数，由于没有参数，因此函数名后的参数列表被省略掉。

例如，编写一个能输出"Hello World"字符串的函数：

```
PS C:\Users\Administrator> function sayHello {"Hello World" }        #定义 sayHello 函数
PS C:\Users\Administrator> sayHello; sayHello                        #调用 sayHello 函数
Hello World
Hello World
```

函数参数的作用是在函数调用时，外部向函数传入数据的临时载体。通过这种临时载体，函数体语句块中的代码可以操作相应的数据。

在函数定义时，在函数名称给出的参数，习惯上称之为形式参数，或者被简称"形参"；调用函数时，在函数名后给的值或引用的变量名，习惯上称之为实际参数，或者被简称为"实参"。在调用函数时，系统会将实参的值赋予形参，然后执行函数体中的代码。

在定义函数时，形参可以声明成带数据类型和不数据类型两种。两者的区别是，如果在声明时形参带数据类型，则调用时传入的数据必须能够自动转换成形参声明的类型，否则函数将不能被正常调用；如果声明的形参不带数据类型，则这种参数的数据类型由调用时传入的实参数据类型确定。

1）形参不带数据类型的函数定义格式如下：

function 函数名称（参数1，参数2，...） { 函数体语句块 }

2）形参带数据类型的函数定义格式如下：

function 函数名称（数据类型 参数1，数据类型 参数2，...） { 函数体语句块 }

下面对函数定义与调用进行分类讲解。

1. 形参不带数据类型的函数

（1）$args 参数

在函数中存在一个默认隐藏的参数，即在函数定义时，即使没有声明函数的参数，在系统中也仍然会给函数分配一个名叫$args 的集合型参数。因此在调用没有声明参数的函数时，仍然可以在这种函数后面添加实参。这些实参的值均被保存到$args 集合型形参中。由于$args 集合型形参没有数据类型的约束，因此可以保存各种数据类型的值。

下面对 sayHello 函数进行改造如下：

PS C:\Users\Administrator> **function sayHello { " Hello   " +$args + "   " +$args.count}**

代码中增加了对默认形参$args 的引用，并在最后用$args.count 输出调用 sayHello 时，实参的数量。下面是几种形式的调用及其输出结果：

```
PS C:\Users\Administrator>sayHello
Hello
PS C:\Users\Administrator>sayHello  Tom                    #Tom 是实参
Hello  Tom   1
PS C:\Users\Administrator>sayHello  Tom   Join             #Tom 与 Join 是实参
Hello  Tom   Join   2
PS C:\Users\Administrator>sayHello  Tom,Join               #Tom,Join 是实参
Hello   System.Object[]   1
PS C:\Users\Administrator>sayHello  "Tom,Join"             # "Tom,Join" 是实参
Hello   Tom,Join   1
```

从上面的调用函数的操作中，可以看到实参与函数名之间，以及实参之间要用空格间隔。如果实参中出现特殊字符如“，”等，系统将其视为一个系统对象处理。如果实参中包含了特殊字符，可以用引号将字符串引起来。

（2）定义不带类型的形参模式

在函数的定义中，可以定义自己的参数。下面通过定义一个减法功能的函数来说明。

例如，定义一个可以实现两数相减的函数：

PS C:\Users\Administrator> **function subtract($from,$count){ $from-$count }**

从上面代码中，可以看到在函数 subtract 后定义了两个形参$from 与$count。函数体代码

中实现两个参数相减的运算。这种形参定义模式对于有其他编程经验的人而言，是比较熟悉的一种模式。

调用函数时，对于实参将值赋予形参的方式有两种：一是按位置顺序赋值模式，即按实参与形参出现的前后位置，依次赋值；另外一种是按名称赋值模式，即在调用时将形参与实参成对指定。下面就以 subtract 函数为例讲解这两种调用模式。

1）按参数出现的位置次序，实现实参与形参的数据传递。

```
PS C:\Users\Administrator> subtract   5   3
2
```

根据实参与形参的先后出现位置，实参 5 被赋予形参$from，而实参 3 被赋予$count。由此通过减法运算，返回结果为 2。

2）按形参与实参指定模式进行数据传递。

```
PS C:\Users\Administrator> subtract  -from  5  -count  3
2
PS C:\Users\Administrator> subtract   -count   3 -from   5
2
```

从上面函数调用的情况来看，只要实参与形参成对出现就可以将实参的值传递给形参。这与形参定义时的顺序无关。

3）综合前面两种的混合模式调用。

```
PS C:\Users\Administrator> subtract   -count   3   5
2
PS C:\Users\Administrator> subtract   -from   5  3
2
```

这两种调用方式中，一部分参数传递是以形参与实参对方式，另一部分则直接给出实参的形式。从执行结果来看，给出形参与实参对的，则按参数对模式赋值，而直接给实参的部分，则再按顺序方式赋值。

2. 指定参数类型的函数定义与调用

在有些运算中，有数据类型约束可能更有用些。在 PowerShell 中也提供了对参数类型的约束定义，即在形参前增加类型标志。下面创建一个实现两数相加函数，代码如下：

```
PS C:\Users\Administrator> function add([int]   $from, [int]   $count ){   $from + $count }
```

下面调用这个函数：

```
PS C:\Users\Administrator> add   5   3
8
PS C:\Users\Administrator> add   "5"   "3"
8
```

两者的结果相同，均输出为 8。在第二个调用中，虽然给的实参是两个字符串，但这两个字符串在系统中能够被转换成数值，因此通过函数调用能够得到运算结果。

形参被定义为数值类型（如 int、double、long 等）时，实参可以是数值类型或可以安全转换成数值类型的字符串。如果作为实参的字符串类型不能安全转换成数值，系统将会报错，如下例：

```
PS C:\Users\Administrator> add   "5a"   "b3"
```

如果被执行的话，系统则会报出无法将值"5a"转换成类型"System.Int32"的错误信息。

如果没有给形参设置类型约束，则同样执行"5"与"3"两个字符串相加，则会出现什么情况？下面先对函数 add 进行修改，去掉形参前的类型，代码如下：

```
PS C:\Users\Administrator> function add(  $from,    $count ){  $from + $count }
```

接着，进行两个数字字符串相加运算操作，代码如下：

```
PS C:\Users\Administrator> add   "5"   "3"
53
```

从运行的结果来看，两个字符串是实现的连结运算，这是因为参数没有指定类型，因此根据实参的数值类型确定两个形参的操作类型。实参为两个字符串，则当形参获取得实参数值的同时，也确定了形参的类型——字符串类型，两个字串"+"运算是字符串连接运算，由此得到结果为"53"的字符串就不难理解了。

3．再议$args 参数

在前面已经了解了一些有关默认$args 参数和函数定义参数的一些知识。下面先通过定义一个函数，查看当实参数量与形参数量不一致情况下，系统是如何进行数据传递的。

例如，定义一个输出参数的函数 paramToPrint。在函数中定义了两个参数$param1 和$param2，程序代码中将这两个参数的内容输出来，并且也输出默认参数$args 中的内容。

```
PS C:\Users\Administrator> function paramToPrint($param1 ,$param2)
>>{'$param1 is'+$param1;'$param2 is'+$param2;'$args is'+$args}
>>
```

下面通过调用 paramToPrint，来认识当实参与形参数量不一致情况下，系统是按什么规则将实参数值传递给形参的。

（1）实参数量少于形参数量

```
PS C:\Users\Administrator> paramToPrint   67
$param1 is 67
$param2 is
$args is
```

从输出结果看，系统是按顺序将实参 67 赋予第一个形参$param1，其余参数均没有被赋值。

（2）实参数量与形参数量相等

PS C:\Users\Administrator> **paramToPrint   67   88**
$param1 is 67
$param2 is 88
$args is

从输出结果看，系统是按顺序将实参 67 和 88 分别赋予第一个形参$param1 和第二个形参$param 2 ，默认参数$args 没有被赋值。

（3）实参数量多于形参数量

PS C:\Users\Administrator> **paramToPrint   67   88   55**
$param1 is 67
$param2 is 88
$args is   55
PS C:\Users\Administrator> **paramToPrint   67   88   55   66   77**
$param1 is 67
$param2 is 88
$args is   55   66   77

从输出结果看，系统是按顺序将第一个和第二个实参分别赋予第一个形参$param1 和第二个形参$param 2 ，其余多出的实参则全部被赋值给默认参数$args。

（4）实参数量不等于形参数量，但调用时给出形参名称状况

PS C:\Users\Administrator> **paramToPrint   -$param2   67   88   55**
$param1 is 88
$param2 is 67
$args is   55
PS C:\Users\Administrator> **paramToPrint   67   88   -$param1   55   66   77**
$param1 is 55
$param2 is 67
$args is   88   66   77

从输出结果看，如果在调用函数时指出了形参名称，则优先将形参名后的实参值赋予这个形参，剩余的实参再按先后顺序方式赋予其余的形参，最后多出的实参则全部被赋值给默认参数$args。

4．带默认值的形参

在函数中存在可以定义形参带默认值的定义形式。所谓带默认值的形参是指当用户在调用函数时，形参如果得到实参传送的值，则形参在函数体的语句中，以实参传送的值参与运算；如果没有得到实参传送的值，则形参在函数体的语句中，以定义时默认值参与运算。下面通过例子来说明默认参数的定义与使用。

例如，定义一个 add 函数，实现两个数相加。

PS C:\Users\Administrator> **function add($from=1 , $count=2){ $from + $count }**

这里定义的带默认参数的函数 add 的方法与前面定义的 add 方法相比，只是在形参后增加了赋值运算。下面看调用情况。

PS C:\Users\Administrator>**add**

3

调用时没有给参数，则系统按形参的默认参数参与运算，结果正确。

```
PS C:\Users\Administrator>add    2
4
```

只给一个实参，则按顺序调用时，该实参传递给第一个参数，另外一个参数则仍为默认值，计算结果正确。

```
PS C:\Users\Administrator>add    2    4
6
```

当调用函数时给出了两个实参参数，则形参原有的默认参数都被实参所替代，计算结果正确。

11.5 实训

1．理解值类型与引用类型的差异实验。

要求：完成任务 11-1 所涉及的实验内容，体验引用类型与值类型的区别。

2．实现对哈希表操作实验。

要求：先创建一个哈希表，然后通过向哈希表增加新键、移除已有键、修改键值操作。体验哈希表中数据访问的方式。

3．体验数组的操作。

要求：先创建一个数组，然后通过向数组中增加新元素、修改元素值的操作。体验数组中数据元素访问的方式。对比数组与哈希表的差异。

4．编写函数实验。

要求：编写一个函数，将菲佰拉数列的前若干项输出来。输出项的数目，由参数确定。

5．编写函数实验。

要求：编写一个求若干数和的函数，要求实现在给出实参数量不定的情况下，都能计算出所有实参之和并输出结果。

提示：用默认参数与其 count 属性来实现。

11.6 习题

1．下面哪些变量命名不符合系统要求，并请说出原因。

（1）$abc   （2）$_abc   （3）$a/bc   （4）$a bc   （5）$a:bc   （6）$abc123
（7）$123abc   （8）$abc>abc   （9）${a b +v .,m';}   （10）${abc{gf}}

2．已知字符串类型可以用双引号，也可以用单引用。请阐述一下用双引号与单引号的字符串有哪些差异？

3．在 PowerShell 中数值类型有哪些，请列举出其中 3 种。

4．如何定义一个哈希表类型变量，如何向已经建立的哈希表类型变量中增加和移除数据项？

5. 调用哈希表类型变量中的成员变量。

6. 请描述引用类型与值类型在保存数据上的差异。

7. 因增加了元素而使数组长度变大的操作前后，数组引用空间是否相同？

8. 请确定下面算术运算的结果。

（1）"2"+4 　　　（2）2+"4" 　　　（3）1，2，1+3 　　　（4）"3"*3 　　　（5）3*"3"

（6）1，2*3 　　　（7）7/5 　　　（8）13%2

9. 请确定下面的变量中保存的值是多少。在进行下面运算前变量$a=0。

（1）$a="2"+4 　　　（2）$a+=2+"4" 　　　（3）$a*=1+3 　　　（4）$a/=1+3

10. 请写出下面表达式的逻辑结果。

（1）"1" -eq "0001" 　　　（2）1 -eq "0001" 　　　（3）"123.4" -lt 123

（4）"abc"-eq "ABc" 　　　（5）"abc"-ceq "ABc" 　　　（6）[int] "123"-lt "123.4"

11. 编写一个 if 语句，实现将保存在变量$score 中的百分制成绩转换成 A、B、C、D、E 五个等级输出。即 90 分及以上的分数输出 A，80 分及以上至 90 以下的输出 B，70 分及以上至 80 以下的输出 C，60 分及以上至 70 以下的输出 D，60 分及以下的输出 E。

12. 预先给一个数值类的数组中设置若干个数，然后编写一个循环语句，将数组中的最大数与最小数分别输出来。

13. 编写函数，将 100~200 之间不能被 3 整除的数输出来。

14. 编写函数，判断某个数是否为素数。给定的数是以参数形式传入并将判断的结果输出来。

15. 已知编写了一个函数，代码如下：

function myfunction($a,$b){ … }

下面不是这个函数的形参有哪些？

（1） $a 　　　（2） $b 　　　（3） $args 　　　（4） $gs

参 考 文 献

[1] 汪荣斌. 操作系统[M]. 北京：机械工业出版社，2009.

[2] 曾稳祥. 全民学电脑——Windows XP 操作系统入门[M]. 山东：山东电子音像出版社，2007.

[3] 陈笑，袁珂. Windows Vista 操作系统简明教程（SPI 版）[M]. 北京：清华大学出版社，2009.

[4] 刘瑞新，胡国胜. Windows Server 2008 网络管理与应用[M]. 北京：机械工业出版社. 2009.

[5] 杰诚文化. Windows Vista 操作系统从入门到精通[M]. 北京：中国青年出版社，2007.

[6] 陈笑，曹小震. 精通 Windows Vista[M]. 北京：清华大学出版社，2008.

[7] 神龙工作室. 新手学修改 BIOS 与注册表[M]. 北京：人民邮电出版社，2007.

[8] 万振凯. 网络操作系统——Windows Server 2003 管理与应用[M]. 北京：清华大学出版社，2008.